기초 식품생물공학

오성훈 · 서형주 · 신광순

도서출판 효 일
www.hyoilbooks.com

머리말

생물산업이란 동식물, 미생물 등을 이용한 제품생산기술을 바탕으로 인류의 보건 건강 유지 및 질병 예방·치료에 도움을 줄 뿐만 아니라 삶의 질을 높일 수 있는 다양한 유용물질 제품 및 서비스를 제공하는 산업군을 말한다. 현재 기술의 붐을 일으키고 있는 생물산업 분야는 IT, NT, ET 등과의 기술융합과 이에 따른 상승작용으로 기술혁신이 가속화되고 있으며 의료, 식량, 환경, 농업 등과 결합하여 바이오산업의 영역이 확산되고 있는 추세이다. 이러한 생물산업을 발전시키는 중심기술 분야가 식품공학기술과 생물공학기술이라고 말할 수 있다.

그동안 식품공학과 생물공학 분야에 대해서는 전문서적 출간이 각 분야에서 꾸준히 이루어져 왔으나 현대의 기술 융합 추세에 발맞추어 식품공학 분야에서도 생물공학기술을 접목시켜 교육이 이루어지고 있는 바, 식품공학과 생물공학 분야를 동시에 충족시킬 수 있는 전문서적의 필요성을 저자들은 생각해 왔다. 또한 우리나라 생물산업에서 이루어지고 있고 추구될 수 있는 기술내용을 중심으로 한 전문서적이 있었으면 하는 바램으로 본 서를 집필하게 되었다.

본 저서는 식품생물공학(기초편)으로서 식품공학, 생명공학 등의 계열학부를 대상으로 하고 있으며, 다른 과목에서 다루는 중복되는 부분은 생략하거나 가급적 간단하게 기술하였다.

1부는 식품공학의 기초를 다루었고, 2부는 생물공학의 기초로서 미생물의 분리, 보존, 유전자 조작, 미생물 반응공학, 발효장치, 회수 및 정제를 소개하고 있다.

향후 식품생물공학(응용편)도 발간예정이며 그 내용은 단위조작기술 및 발전하는 생물공학 분야로 현재의 활용도가 높은 제품군으로 이루어질 예정이다.

저자들의 천학으로 미흡한 점이 많을 것으로 생각되며, 앞으로 계속하여 수정 보완해 나갈 것이다.

끝으로 이 교재의 알찬 내용을 위해 수고해 주신 많은 분들께 감사드리며 출판을 도와주신 도서출판 효일 김홍용 사장님께 감사드리는 바이다.

저자일동

CONTENTS

제1부 식품공학 기초

CONTENTS

CONTENTS

제 2 부 생물공학 기초

CONTENTS

CONTENTS

PART 01

식품공학 기초

제1장 단위와 차원

1. 단위와 차원

차원(次元, dimension)이란 길이, 시간, 질량, 온도 등과 같이 측정의 기본이 되는 물리량이다. 단위(單位, unit)는 이러한 차원의 구체적 표현수단이다. 가령 cm(centimeter)와 ft(feet)는 길이의 단위이고, hr(hour)와 s(second)는 시간의 단위이다. 과거에 무차원(無次元)으로 취급하였던 양 중에는 분자량처럼 사실상 단위가 있는 것이 있다. 분자량이란 실제로 물질 1 mole의 질량이다. 이와 같이 기본적으로 무차원이 아닌 모든 수치와 단위를 함께 사용하면 다음과 같은 이득이 있다.

① 계산 중 잘못하여 거꾸로 곱하거나 나누는 일을 방지한다.
② 계산과정을 간단한 비의 형태로 나타낼 수 있어 계산기 등을 이용하여 쉽게 처리할 수 있다.
③ 공식을 외우거나 수치를 외어 대입하는 대신, 논리적으로 문제를 해결할 수 있다.
④ 사용하는 수치의 물리적 의미가 분명해진다.

단위는 대수 기호처럼 다루면 된다. 즉 단위가 서로 같을 때에만 더하거나 뺄 수 있다. 따라서 다음 계산은 두 양의 차원 및 단위가 다르기 때문에 의미가 없다.

5 kilogram + 3 joule

한편, 다음 계산은 어떠한가?

10 pound + 5 gram

이 경우에는 두 양의 차원이 다 질량으로 같기 때문에, 단위를 한 가지(가령 pound나 gram)로 통일시킨 다음에 계산하면 된다.

단위가 달라도 곱하거나 나눌 수는 있지만 아래 식과 같이 같은 단위가 아니면 소거할 수는 없다.

$$10\ \text{cm} \div 4\ \text{s} = 2.5\ \text{cm/s}$$

$$3\ \text{m}^2 \div 60\ \text{cm} = 3\ \text{m}^2 \div 0.6\ \text{m} = 5\ \text{m}$$

2. 단위계

과학 및 공학에서 현재 주로 사용하고 있는 기본 단위계는 세 가지로 나눌 수 있다. 이들 중 가장 중요한 것은 m(meter), kg(kilogram), s(second)를 SI 단위계(system international units) 또는 **MKS 단위계** 라고 하며, cm(centimeter), g(gram), s(second)의 **CGS 단위계**, 그리고 ft(feet), lb(pound), s(second)의 **FPS 단위계**(영국단위계 또는 engineering unit)도 같이 사용되고 있다. 순수 과학계에서는 CGS의 물리화학적 데이터(data)가 많고, 공학에서는 FPS 단위를 사용하는 것이 편리할 때가 많아, SI 단위를 국제적으로 사용하고자 하는 많은 노력에도 불구하고 당분간 이 세 가지 단위계가 공용될 전망이다.

이러한 분류 이외에도 단위계는 **기본단위(basic units)**와 **유도단위(derived units)**로 구분된다. 기본단위는 다음과 같이 5개의 항목으로서 이 5개의 기본단위를 사용하면 모든 물리량을 결정할 수 있다.

한편 유도단위는 기본단위가 결합된 것으로 밀도(density), 힘(force), 압력(pressure), 에너지(energy) 등을 말한다.

표 1-1 모든 물리량을 결정할 수 있는 5개의 기본 단위

① 길이(length)	② 질량(mass)	③ 시간(time)	④ 온도(temperature)	⑤ 몰(mole)

아래 표에 MKS, CGS 및 FPS 단위계에서 사용되는 기본단위의 기호를 나타내었다.

표 1-2 세 가지 단위계의 사용기호

물리량	SI (MKS)	CGS	FPS
길이	m	cm	ft
질량	kg	g	lb_m
시간	s	s	s
온도	K	K	R
물질량	kgmol	gmol	lbmol

3. 기본단위의 단위환산

주어진 단위로부터 원하는 단위로 변환하는 것을 단위환산이라고 한다. 기존의 단위체계를 새로운 단위체계로 환산하기 위하여 새로운 단위와 기존의 단위의 환산관계를 이용하여 다음과 같이 하면 된다.

$$\text{새 단위} = \text{기존의 단위} \times \frac{\text{새 단위의 환산 값}}{\text{기존단위의 기본 값}}$$

이와 같이 단위환산은 기존의 단위체계를 단위환산인자(새 단위의 환산 값/기존단위의 기본 값)를 이용하여 새로운 단위체계로 변화시키는 것을 의미한다. 예를 들어 3 ft라는 거리를 m의 단위로 환산하기 위해서는 기존의 단위인

ft와 새로운 단위인 m의 환산관계, 1 ft = 0.3048 m라는 환산인자를 이용하면 쉽게 해결할 수 있다.

$$새\ 단위(m) = 기존의\ 단위(3ft) \times \frac{새\ 단위의\ 환산\ 값(0.3048m)}{기존단위의\ 기본\ 값(1ft)} = 0.914m$$

라는 새로운 단위의 결과를 얻을 수 있다. 즉 1 ft에 대응하는 거리인 0.3048 m를 환산인자로 하여 계산한 결과이다.

1) 길이, [L]

SI에서 규정한 길이의 표준단위는 미터(meter)이며 기호 m으로 나타낸다. SI에서 정한 1 m는 빛이 진공에서 1/299,792,458초 동안 이동한 거리로 정의하였다.

1 m = 100 cm = 1,000 mm	1 km = 1,000 m
1 μm = 10^{-6} m	1 nm = 10^{-9} m

그림 1-1 SI 단위와 FPS 단위를 동시에 나타낸 이정표

다음 표에 길이에 대한 SI 단위와 FPS 단위의 환산관계를 나타내었다.

표 1-3 길이 환산표

1 ft = 12 in = 0.3048 m
1 in = 2.54 cm
1 mile = 5280 ft
1 yard = 3 ft = 0.914 m

Ex.1) 380 ft = ? m

$$\frac{380\ \text{ft} \mid 0.3048\ \text{m}}{\mid 1\ \text{ft}} = 115.82\ \text{m}$$

Ex.2) 100 m = ? ft

$$\frac{100\ \text{m} \mid 1\ \text{ft}}{\mid 0.3048\ \text{m}} = 328.08\ \text{ft}$$

Ex.3) 380 ft = ? in

$$\frac{380\ \text{ft} \mid 12\ \text{in}}{\mid 1\ \text{ft}} = 4{,}560\ \text{in}$$

Ex.4) 8 in = ? cm

$$\frac{8\ \text{in} \mid 2.54\ \text{cm}}{\mid 1\ \text{in}} = 20.32\ \text{cm}$$

Ex.5) 5,000 ft = ? km

$$\frac{5{,}000\ \text{ft} \mid 0.3048\ \text{m} \mid 1\ \text{km}}{\mid 1\ \text{ft} \mid 1{,}000\ \text{m}} = 1.52\ \text{km}$$

Ex.6) 70 mile = ? km

$$\frac{70\ \text{mi}}{} \left| \frac{5{,}280\ \text{ft}}{1\ \text{mi}} \right| \frac{0.3048\ \text{m}}{1\ \text{ft}} \left| \frac{1\ \text{km}}{1{,}000\ \text{m}} \right. = 112.65\ \text{km}$$

Ex.7) 키 176 cm를 ft와 in의 복합 단위로 나타내면?

$$\frac{1.76\ \text{m}}{} \left| \frac{1\ \text{ft}}{0.3048\ \text{m}} \right. = 5.774\ \text{ft}$$

$$\frac{0.774\ \text{ft}}{} \left| \frac{12\ \text{in}}{1\ \text{ft}} \right. = 9.29\ \text{in}$$

∴ 5 ft, 9 in

(1) 길이의 파생단위

① 면적(area), $[L^2]$

Ex.1) 60 m^2 = ? ft^2

$$\frac{60\ \text{m}^2}{} \left| \frac{1\ \text{ft}^2}{(0.3048)^2\ \text{m}^2} \right. = 645.83\ \text{ft}^2$$

Ex.2) 60 m^2 = ?평(1 평 = 3.30 m^2)

$$\frac{60\ \text{m}^2}{} \left| \frac{1\ \text{평}}{3.30\ \text{m}^2} \right. = 18.15\text{평}$$

Ex.3) 28 ft^2의 면적을 m^2로 나타내라.

② 부피(volume), $[L^3]$

표 1-4 부피 환산표

1 m^3 = 1,000 L
cc = mℓ = cm^3
1 gal = 3.785 L

Ex.1) 180 L = ? m^3 = ? ft^3

$$\frac{180\ \text{L}}{} \left| \frac{1\ \text{m}^3}{1{,}000\ \text{L}} \right| \frac{1\ \text{ft}^3}{(0.3048)^3\ \text{m}^3} = 6.36\ \text{ft}^3$$

Ex.2) 35.31 ft^3을 m^3과 L로 나타내어라.

Ex.3) 보통 oil을 담는 드럼통은 50 gal이다. 이를 ft^3, m^3, 및 L로 나타내어라.

2) 질량(mass), [M]

질량의 표준 단위(SI unit)는 킬로그램(kilogram)이며 기호로 kg으로 나타낸다. 질량은 어떠한 물체의 고유한 양으로 측정하는 장소에 따라 변하지 않는다. kg은 1960년대 SI에서 새로이 정한 값이며, 보통 질량을 측정하는 데는 무게를 비교하는 방법으로 저울을 사용한다. 이때 표준이 되는 질량으로서 킬로그램 원기가 있다. 킬로그램 원기는 백금 90%, 이리듐 10%의 합금으로 만들어졌으며, 지름과 높이가 39 mm의 실린더(cylinder)인데 실물은 국제도량형국에 보관되어 있다.

표 1-5 질량 환산표

1 lb_m = 0.454 kg
1 kg = 1,000 g, 1 ton = 1,000 kg

Ex.1) 70 kg = ? lb_m

$$\frac{70\ \text{kg}}{} \left| \frac{1\ \text{lb}_m}{0.454\ \text{kg}} \right. = 154.19\ \text{lb}_m$$

Ex. 2) NaOH 90 lb_m는 몇 kg인가?

3) 시간, [θ]

시간의 표준단위는 second 기호 s로 나타낸다. 한편 s 대신 min(minute), hr(hour), d(day), yr(year) 등을 사용해도 무방하다. 1초는 세슘(cesium, Cs) 원자 133에서 복사되는 복사선이 9,192,631,770회 진동하는 시간으로 정의하였다.

4) 온도(temperature), [T]

물질의 온도는 그 물질이 존재하는 상태(고체, 액체, 기체)에 있는 분자들이 갖는 평균 운동에너지의 척도가 된다. 즉 온도가 높으면 분자운동이 활발하여 에너지가 높고, 온도가 낮아지게 되면 분자의 움직임은 둔화되어 낮은 에너지 상태가 된다. 즉 물체의 온도는 열적 상태의 척도로써 다른 물체로의 열전달 능력을 기준으로 고려한 것이다.

열적 상태는 다양한 기구로 측정할 수 있는데, 일반적으로 온도에 따라 물질의 변하는 물리적 성질(물성)을 측정함으로써 온도를 알 수 있게 된다. 가장 보편적인 온도 측정은 수은, 알코올을 투명하고 얇은 관에 채워 따뜻하고 차가운 정도에 따라 부피의 팽창 및 수축의 정도를 상대적인 수치로 나타내는 방법이다.

온도의 표준 단위는 켈빈(Kelvin)이며 기호 K로 나타낸다. 예로서 273 K는 273 Kelvin으로 읽는다. SI 온도 단위가 정해져 있음에도 불구하고 오늘날 실제로 많이 사용되는 온도 단위는 ℃(degree Celcius)와 °F(degree Fahrenheit)이다. 또 다른 온도 단위로서 R(Rankine)이 있다. 일반적으로 ℃는 SI 단위와 같이 사용하여도 무방하다.

이들 온도들의 상관관계를 아래의 표에 나타내었다.

표 1-6 온도의 상관관계

°F = 1.8℃ + 32
K = ℃ + 273
R = °F + 460

Ex.1) 부동액의 주성분인 ethylene glycol의 boiling point(bp, 끓는점)는 199℃이다. 이 온도를 K와 °F로 나타내어라. (답 : 472 K, 390 °F)

℃ 눈금은 1 atm에서 물의 어는점을 0℃, 끓는점을 100℃로 정하고 그 사이를 100등분한 눈금이다. 이에 비하여 °F 눈금은 이 두 점을 각각 32°F 및 212°F로 정하고 그 사이를 180등분한 것이다. Kelvin 눈금은 절대온도 눈금(absolute temperature scale)이라고 하며 절대 0도를 기준점으로 택하고 있다.

Ex.2) 아래의 그림을 이용하여 Celcius와 Fahrenheit 온도의 상관관계인 °F = 1.8℃ + 32를 증명하라.

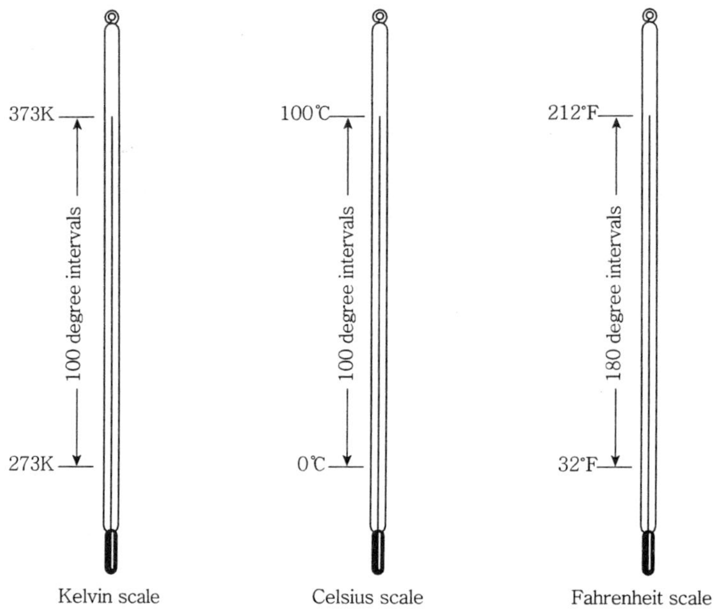

그림 1-2 Kelvin, Celcius, Fahrenheit 온도의 비교

5) 물질량

물질량(amount of substance)의 표준단위는 몰(mole)이며 기호 mol로서 나타낸다. 물질 1 mol은 어느 물질이거나 그 물질의 분자, 원자 또는 이온의 아보가르도(Avogadro) 수만큼의 양, 즉 6.023×10^{23}개의 양을 말한다. 다시 말하여 1 mol은

(분자의 경우) 6.023×10^{23}개 분자로 된 물질량이다.

$$1\ \text{g mol} = 1\ \text{mol}, \quad 1\ \text{kg mol} = 1{,}000\ \text{g mol} = 1{,}000\ \text{mol}$$
$$1\ \text{lb mol} = 454\ \text{g mol} = 454\ \text{mol} = 0.454\ \text{kg mol}$$

물질량의 단위는 다음과 같이 취급할 수도 있다.

$$\text{물질량(mol)} = \frac{\text{질량(g)}}{\text{분자량}} \qquad \text{물질량(lb mol)} = \frac{\text{질량(lb)}}{\text{분자량}}$$

또는

$$\text{질량(g)} = \text{분자량} \times \text{물질량(mol)}, \quad \text{질량(lb)} = \text{분자량} \times \text{물질량(lb mol)}$$

분자량(단위 물질량의 질량)은 구성 원소의 원자량으로부터 구할 수 있다. 원자량(atomic weight)은 탄소 원자 ^{12}C(양성자 6개와 중성자 6개 포함)의 질량을 정확히 12라고 정하였을 때의 상대적인 질량이다.

Ex.1) NaOH 2 lb가 있다. NaOH의 물질량을 lb mol과 g mol로 나타내라.

Ex.2) NaOH 7.5 g mol의 질량(lb)을 구하라.

Ex.3) 아황산가스 100 kg의 물질량을 lb mol과 kg mol로 나타내라.

4. 단위의 접두어

단위의 기술을 간소화하기 위해 각 단위에 접두어를 붙여서 10의 정수승배를 나타낸다. 예를 들면 10^{-6} m의 기호에 10^{-6}을 나타내는 접두어 μ를 붙여 μm(마이크로 미터)로 한다.

이들 단위의 접두어는 표 1−7에 있다.

접두어는 10^{-3}의 정승수(10^6, 10^3, 10^{-3}, 10^{-6}, 10^{-9} 등)가 이용되는 것이 바람직하나, 예외로서 10^1(da, 데카), 10^2(h, 헥토), 10^{-2}(c, 센티)의 사용도 인정되고 있다. 식품분석에서 종래 잘 사용되어 오던 기본 단위를 SI 단위로 표현하면 다음과 같다.

길이 1 μ(마이크로) = 10^{-6} m = 1 μm, 1 mμ(밀리마이크로) = 10^{-9} m = 1 nm, Å(옹스트롬) = 10^{-10} m = 0.1 nm = 100 pm, 무게 1 γ(감마) = 10^{-6} g = 1 μg, 1 γγ(감마·감마) = 10^{-12} g = 1 pg

표 1-7 단위의 접두어

prefix	symbol	factor	numerical value					
rera	T	10^{12}		1	000	000	000	000
giga	G	10^{9}			1	000	000	000
mega	M	10^{6}				1	000	000
kilo	k	10^{3}						1000
hecto*	h	10^{2}						100
deca*	da	10^{1}						10
deci*	d	10^{-1}	0.1					
centi*	c	10^{-2}	0.01					
milli	m	10^{-3}	0.001					
micro	μ	10^{-6}	0.000	001				
nano	n	10^{-9}	0.000	000	001			
pico	p	10^{-12}	0.000	000	000	001		
femto	f	10^{-15}	0.000	000	000	000	001	
atto	a	10^{-18}	0.000	000	000	000	000	001

제2장 중요 유도 물리량의 차원과 단위

제1장에서 다룬 5개의 기본량 이외의 물리량은 모두 유도량이다. 어떠한 유도량이라도 이들 기본량으로부터 유도되며 그 차원은 기본량의 차원을 적절히 곱하거나 나누어서 나타낼 수 있게 된다.

보기로서 앞장에서 다룬 넓이(면적)는 기본단위에서 유도된 유도량의 하나로, 그 차원은 [길이^2], 즉 [L^2]이 된다. 따라서 넓이를 나타낼 수 있는 단위의 보기를 들면 다음과 같다.

자^2, m^2, cm^2, mm^2, km^2, ha, in^2, ft^2 …

표 2-1 중요 유도량과 그 단위

구분 / 물리량	SI				Eng.	
	명칭	symbol	복합단위	구성단위	복합단위	구성단위
면적(area)				㎡		ft^2
부피(volume)				㎥		ft^3
속도(velocity)		v		m/s		ft/s
가속도(acceleration)		a		m/s^2		ft/s^2
밀도(density)	lo	ρ		kg/㎥		lb_m/ft^3
힘(force)	newton	N		$kg \cdot m/s^2$	lb_f	$lb_m \cdot ft/s^2 \cdot g_c$
압력(pressure)	pascal	Pa	N/㎡	$kg/s^2 \cdot m$	lb_f/ft^2	$lb_m/s^2 \cdot ft \cdot g_c$
일 & 에너지 (work & energy)	joule	J	N·m	$kg \cdot m^2/s^2$	$lb_f \cdot ft$	$lb_m \cdot ft^2/s^2 \cdot g_c$
동력(power)	watt	W	J/s	$kg \cdot m^2/s^3$	$lb_f \cdot ft/s$	$lb_m \cdot ft^2/s^3 \cdot g_c$

이러한 유도량의 단위 중에는 새로운 이름이 지어져 있는 것들도 여러 가지 있다. 표 2 - 1에 나타내었다.

1. 속도(velocity)와 가속도(acceleration)

1) 속도

속도는 단위시간 동안 움직인 거리를 말하며 그 정의와 주요 단위는 다음과 같다.

① 정의 : $V = \dfrac{S_2 - S_1}{t}$

② 단위: MKS : m/s, cgs : cm/s, fps : ft/s

Ex.1) 100 km/hr = ? mph(mile per hour)

100 km	1,000 m	1 ft	1 mi	= 62.14 mi/hr
hr	1 km	0.3048 m	5,280 ft	

Ex.2) 5 m/s = ? in/min

5 m	100 cm	1 in	60 s	= 11,811.02 in/min
s	1 m	2.54 cm	1 min	

Ex.3) 유속(volumetric flow rate) 3 L/hr = cc/sec

3 L	1,000 cc	1 hr	= 0.83 cc/sec
hr	1L	3,600 sec	

2) 가속도(acceleration)

가속도는 단위시간 동안의 속도의 변화를 말하며 그 정의와 주요 단위는 다음과 같다.

① 정의 : $a = \frac{V_2 - V_1}{t}$

② 단위 : MKS : m/s^2, cgs : cm/s^2, fps : ft/s^2

Ex.1) 지구 평균 중력가속도 9.8 m/s^2=? ft/s^2

답 : 32.152 ft/s^2

2. 밀도(density)와 비중(specific gravity)

1) 밀도

밀도(密度, density)는 단위 부피당 질량으로서($\rho = \frac{m}{V}$), 단위는 kg/m^3, g/m^3, lb_m/ft^3 등으로, 수치와 단위를 같이 가지는 양이다. 어떤 물질의 밀도를 알려면 그 부피와 질량을 모두 측정하여야 한다. 일반적으로 고체의 부피는 대치되는 불활성 액체의 부피를 이용하여 측정한다. 예로서, 질량을 아는 고체를 질량과 부피를 아는 액체 중에 넣고 이 액체의 질량과 부피를 측정한다. 액체의 밀도(또는 비중)는 대개 비중계(hydrometer : 질량과 부피를 아는 기기를 액체 중에

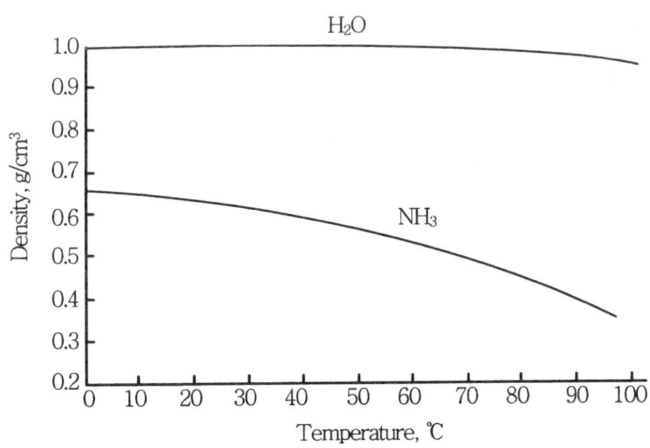

그림 2-1 물과 액체 암모니아의 밀도와 온도의 관계

담갔을 때 잠기는 깊이 측정)나 Westphal(측정 액체 속에서의 추의 무게를 물 속에서의 무게와 비교)로 측정한다. 기체의 밀도는 측정이 아주 어려우며 보편적으로 사용되는 Edward 저울은 공기를 채운 bulb의 무게와 측정기체를 채운 bulb의 무게를 비교하는 것이다.

액체와 고체의 밀도는 대개 압력에 따라 변하지 않는다. 하지만 온도에 따라서 밀도는 달라지는데 물과 액체 암모니아(ammonia)의 예를 그림 2 - 1에 나타내었다.

Ex.1) 위 그림에서 온도가 증가함에 따라 ammonia water의 밀도가 작아지는 이유는?

Ex.2) 4℃에서의 물의 밀도인 1000 kg/m^3 = ? g/m^3 = ? lb$_m$/ft^3

$$\frac{1{,}000\ \text{kg}}{\text{m}^3}\ \Big|\ \frac{1{,}000\ \text{g}}{1\ \text{kg}}\ \Big|\ \frac{1\ \text{m}^3}{(100)^3\ \text{cm}^3} = 1\ \text{g/cm}^3$$

$$\frac{1{,}000\ \text{kg}}{\text{m}^3}\ \Big|\ \frac{1\ \text{lb}_\text{m}}{0.454\ \text{kg}}\ \Big|\ \frac{(0.3048)^3\ \text{cm}^3}{1\ \text{ft}^3} = 62.37\ \text{lbm/ft}^3$$

Ex.3) 진한황산 1 cm^{3}이 차지하는 질량은 1.84 g이다. 진한황산의 밀도는 몇 lb$_m$/ft^3 인가?(답 : 114.76 lb$_m$/ft^3)

Ex.4) 휘발유(gasoline)의 밀도는 0.68 g/cm^{3}이다. 휘발유 1L의 질량은? 또한 휘발유 18 kg의 부피는 몇 L인가?

Ex.5) 휘발유는 탄소와 수소만으로 구성된 탄화수소(hydrocarbon)이다. 이러한 탄화수소는 물 분자와 결합력이 전혀 없어 서로 섞이지 않는다. 위 예제의 결과를 이용하여 휘발유가 물에 뜨는 이유를 설명하라.

2) 비중(specific gravity, sp gr.)

비중은 두 가지 밀도의 비로 무차원의 변수이다. 즉 비중은 기준 물질의 밀도에 대한 측정 물질 A의 밀도의 비이다.

$$sp\ gr. = specific\ gravity = \frac{(g/cm^3)_A}{(g/cm^3)_{ref}} = \frac{(kg/m^3)_A}{(kg/m^3)_{ref}} = \frac{(lb/ft^3)_A}{(lb/ft^3)_{ref}}$$

액체와 고체일 때는 기준 물질이 대개 물이다. 이때 비중은 물의 밀도에 대한 측정 물질의 밀도의 비가 된다. 기체의 비중은 주로 공기를 기준 물질로 나타내지만 다른 기체를 기준 물질로 사용하기도 한다. 일반적 계산에서는 액체의 밀도가 압력에 따라 변하지 않는다고 보아도 무방하지만, 온도에 따라 상당히 변하므로(그림 2 - 1 참조) 정확한 비중을 나타내야 할 때는 밀도를 측정한 온도를 명시하여야 한다. 만약, 비중(sp gr.) = $\frac{20°}{4°}$ 라고 하면 기준 물질의 온도가 4℃이고 측정물질의 온도가 20℃일 때 그 비중이 0.73임을 나타낸다.

Ex.1) 에탄올(C_2H_5OH)의 비중이 0.789이다. 밀도를 다음 단위로 각각 구하라.

(a) kg/m^3 (b) g/cm^3 (c) lb_m/ft^3

Ex.2) 98% 황산의 비중이 1.840이다. 이 황산 150 g을 취하려면 몇 mL가 필요한가?

Ex.3) 강철의 비중이 7.90이다. 강철괴 4,000 lb의 부피를 m^3과 ft^3으로 나타내라.

3. 힘(force)

뉴턴의 운동 제2법칙에 따르면 힘 f는 질량 m과 가속도 a의 곱으로 정의된다.

$f = m \cdot a$ (mass × acceleration)

힘의 표준 단위는 $kg \cdot m/s^2$이다. 그러나 이 복합단위의 새 이름을 지어서 뉴턴(newton)이라 부르고 기호 N으로 나타낸다.

$1\ N = 1\ kg \cdot 1\ m/s^2$

즉, 1 N의 힘은 1 kg의 질량이 1 m/s^2의 가속도를 가질 때의 힘이다.

Ex.1) 질량 20 kg의 물체가 50 m/s^{2}의 가속도로 움직이고 있다. 이 물체에 작용하고 있는 힘을 구하라

$f = m \cdot a$

$f = 20\ kg \cdot 50\ m/s^2 = 1000\ kg \cdot m/s^2 = 1000\ N = 1\ kN$

Ex.2) 1,565 kg의 자동차가 주행 중 20초 동안 30 km/hr에서 120 km/hr로 가속되었다. 이때 자동차에 작용하는 힘을 구하라. (답 : 1,956.25 N)

※ 1 dyne

1 dyne의 정의 : 질량 1 g의 물체가 1 cm/s^{2}로 가속될 때 받는 힘

$\Rightarrow 1\ dyne = 1\ g \cdot 1\ cm/s^2$

$\Rightarrow 1\ N = 10^5\ dyne$

1) 질량(mass)과 무게(weight)

중력가속도 g에 의하여 물체에 작용하게 되는 힘을 무게(weight)라고 한다. 힘과 무게는 같은 개념의 유도량으로 다음 식과 같이 나타낼 수 있다.

$f = m \cdot a = m \cdot g$

지구의 중력가속도는 지구상의 위치에 따라 다소 차이가 있다. 따라서 같은 질량의 물체라도 지구상의 위치에 따라 그 무게, 즉 이에 작용하는 힘이 달라질 수 있다. 위도 45°의 해수면(sea level)에서의 중력가속도를 표준 중력가속도라고 정의하며 그 값은 다음과 같다.

$g = 9.80665\ m/s^2 = 980.665\ cm/s^2 = 32.174\ ft/s^2$

Ex.1) 질량이 70 kg인 사람이 지구 표면에 가하는 힘(즉 무게)은 몇 N인가?

$70\ kg \times 9.8\ m/s^2 = 686\ N$

힘 또는 무게의 단위로 lb_f 또는 kg_f 등이 많이 사용되어 왔으며 아직도 자주 쓰이고 있다.

1 lb_f 의 정의는 질량 1 lb_m의 물체가 지구 중력장에서 받는 힘이다. 즉,

$$1\,lb_f = \frac{1\,lb_m \times 32.174\,ft/s^2}{g_c}$$

여기서 g_c는 중력가속도 32.174를 곱하여 주었기 때문에 이 수치를 1 lb_f로 보정하기 위한 보정 인자이다. 따라서 g_c의 수치는 32.174이며 단위는 $\frac{lb_m\,ft}{lb_f\,s^2}$ 이다.

반면, 1 kg_f는 질량 1 kg의 물체가 지구 중력가속도로 가속될 때 받는 힘을 말한다. 즉,

$$1\,kg_f = 1\,kg \times 9.8\,m/s^2 = 9.8\,N$$

로 보통 편의상 9.8 N을 1 kg_f로 정의한다.

Ex.2) 4℃의 물 2 ㎥의 무게를 N, kg_f 및 lb_f의 단위로 구하라. 이곳의 중력가속도는 9.8 m/s^2이다.

Ex.3) 중력가속도가 9.8 m/s^2 인 지점에서 물체에 작용하는 힘이 5 kg_f이라면 이 물체의 질량은 얼마인가?

4. 압력(pressure)

압력은 단위 면적당 받는 힘이다(pressure = force/area, P = F/A). 따라서 압력의 표준 단위는 N/㎡이다. 이 복합단위에도 새로운 이름을 붙여 그 이름을 파스칼(pascal)이라 부르고 기호 Pa로서 나타낸다. 즉,

1 N/㎡ = 1 Pa(pascal)

지구의 표면에는 대기가 둘러싸고 있어, 이 대기에 중력가속도가 작용하여 지구 표면에 힘을 미치게 되고 이 힘은 1 ㎡당 약 1.013×10^5 N이 된다(그림 2-2 참조). 이 힘으로 인한 압력을 대기압력(atmospheric pressure) 또는 간단히 대기압(atmosphere)이라고 한다. 대기압은 대기에 따라 달라질 수 있으며 표준

대기압을 1 atm이라고 한다. 또한 그림 2-3에 나타난 것처럼 Torricelli 실험에 의하면 이 대기압에 의하여 상승된 수은 기둥의 높이는 760 mm에 해당된다. 즉 1 atm = 760 mmHg = 760 torr가 된다. 이를 포함하여 보편적으로 사용되는 압력 단위 및 그 환산값을 표 2-2에 나타내었다.

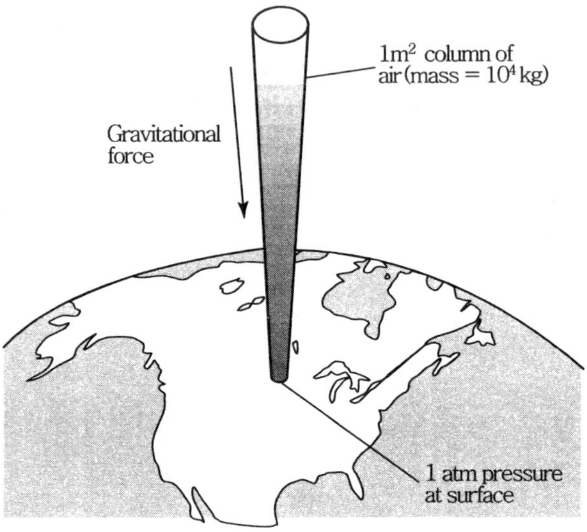

그림 2-2 대기로 인해 지구 표면에 작용하는 압력

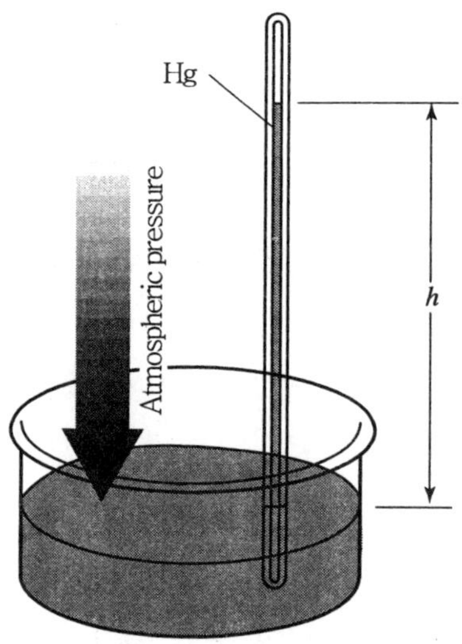

그림 2-3 Torricelli의 수은 바로미터(barometer)실험

표 2-2 압력 환산표

$1\ atm = 1.013 \times 10^5 N/m^2 = 1.013 \times 10^5 Pa = 14.7\ psi(lb_f/in^2)$
$= 760\ mmHg = 760\ torr = 10.33\ mH_2O$

※ psi(pound per square inch)

Ex.1) 2.3 atm을 Pa, N/m^2, psi, mmHg, torr로 나타내라.

Ex.2) 35 psi를 inHg로 나타내라.

Ex.3) 970 hecto pascal을 atm으로 나타내면?

Ex.4) 1 atm ⇒ ? kg_f/cm^2

1 atm	1.013×10^5 N	1kg_f	1 m^2	
	1 atm·m^2	9.8 N	100^2 cm^2	= 1.03 kgf/cm^2

정지하고 있는 유체(물 또는 공기와 같이 흐르는 물질)에 중력가속도가 작용하여 생기는 힘에 의하여 그 밑면에 미치는 압력, 즉 정지 유체의 압력을 생각해 보자. 아래 그림과 같이 높이가 h이고 밑면의 넓이가 A인 원기둥에 밀도 ρ인 유체가 가득 차 있다고 가정하자.

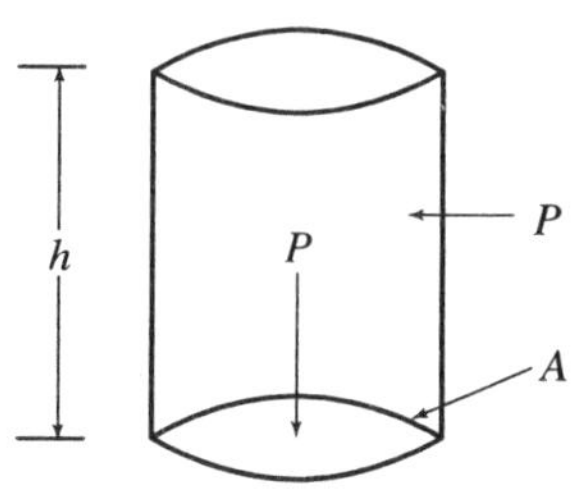

그림 2-4 정지 유체의 압력

이 정지 유체의 질량은

$$m = \rho V = \rho A h$$

이고 중력가속도에 의한 힘은

$f = mg = \rho Ahg$가 된다.

따라서 이 유체가 밑면에 미치는 압력은

$P = f/A = \rho Ahg/A = \rho gh$

Ex.5) 위 식에서 ρgh의 단위가 압력단위임을 증명하라.

$$\frac{kg}{m^3}\Big|\frac{m}{s^2}\Big|\frac{m}{} = kg \cdot \frac{m}{s^2} \cdot \frac{1}{m^2} = \frac{N}{m^2} = Pa$$

Ex.6) 호수 수면으로부터 10 m 깊은 곳의 압력을 구하라. 이때 대기압은 760 mmHg이며 중력 가속도는 9.8 m/s^2이고 호수물의 비중은 0.9982이다.

압력을 측정하는 기구는 여러 가지가 사용된다. 유체의 압력측정에 가장 많이 쓰이는 것은 그림 2-5와 같은 Bourdon gauge가 있다.

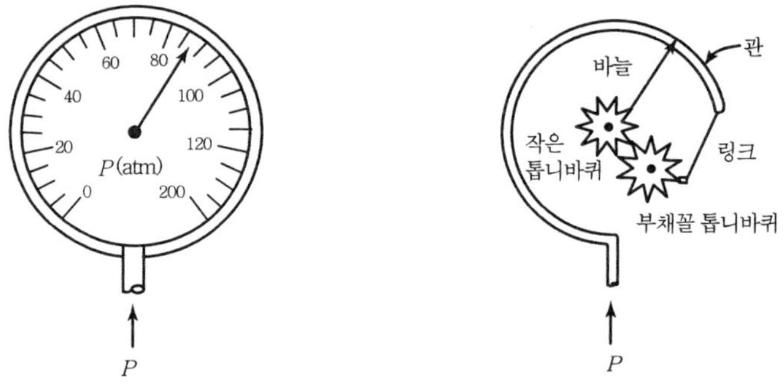

그림 2-5 Bourdon gauge

이 압력계는 위 그림에서처럼 속이 빈 C자 모양의 관으로 되어 있다. 그 한 끝은 막혀 있으며 다른 한 끝은 열려 있어 이곳으로 유체의 압력이 미치게 되며 여기에 연결된 바늘이 돌아 눈금을 가리키도록 되어 있다. 이러한 압력계를 만들 때는 일반적으로 표준대기압이 미치고 있을 때 바늘이 0을 가리키도록 조정한다. 빈 산소통(사실은 대기압이 미치고 있는 통)에 이러한 압력계가 달려 있다면 대기압이 미치고 있음에도 불구하고 0점 근처를 가리키고 있을 것이다. 따라서 계기(gauge)의 바늘이 가리키는 압력은 실제의 압력에서 그 때의 대기압을 뺀 압력이 된다. 이러한 계기에 나타난 압력에 대기압을 더한 실제의 압력을 절대압력(absolute pressure)이라고 한다. 즉,

절대압력 = 계기압력 + 대기압

계기압력 = 절대압력 − 대기압

Ex.7) 콜라, 사이다와 같은 탄산음료 제조에 사용되는 CO_2 탱크(다음 그림 참조)에 설치한 압력계가 51 psi를 가리키고 있다. 이때의 기압은 712 mmHg이다. 이 탱크의 절대압력을 psi와 Pa로 구하라.

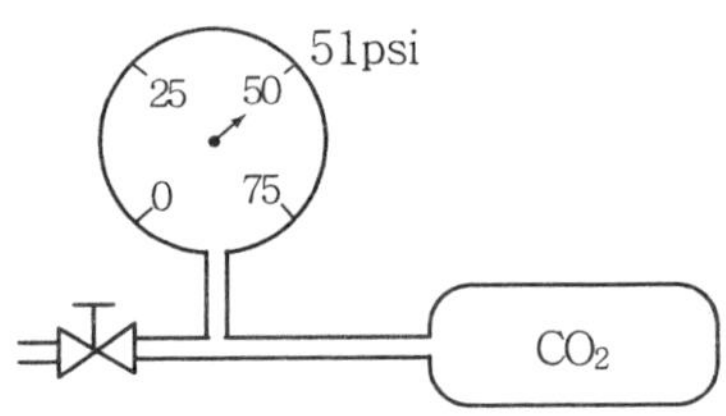

Ex.8) 산소 통에 달린 압력계가 4.2 kg_f/cm^2을 가리키고 있다. 그곳의 대기압이 1 atm이라고 하면 산소 통 안의 절대압력을 psi와 Pa로 구하라.

5. 일(work), 열(heat), 에너지(energy)

물체가 이동하는 방향으로 일정한 힘 f를 가하여 거리 L만큼 움직였을 때 한 일(work) W는 다음과 같다.

$$W = f \times L$$

즉, 일의 정의는 힘 × 거리(힘이 작용한 거리)가 되고 표준 단위는 N·m이나 이를 다시 줄(joule)이라 새로 이름을 붙여 기호 J로 나타낸다. 즉,

$$1J = 1\,N \cdot m$$

에너지는 간단히 말하면 일을 할 수 있는 능력이라 할 수 있다. 에너지는 여러 형태로 변환될 수 있다. 지상에 도달하는 태양에너지(빛에너지)의 일부는 녹색식물에 의하여 화학에너지로 변환된다. 이 화학에너지는 또한 여러 경로를 통하여 다른 형태의 에너지로 변화된다. 과거의 식물들이 퇴적되어 생성된 것으로 추정되는 화석연료(fossil fuel)을 태우면 그 화학에너지가 열의 형태로 바뀌어 방출되며, 이 열로 수증기를 발생시켜 터빈(turbine)을 돌려 기계적 에너지로 변환시켜 일을 하게 된다. 터빈의 회전으로 기계적 에너지는 다시 전기에너지로 바꿀 수 있으며, 이를 가정에 송전하면 다시 빛 또는 열에너지로 변환된다.

에너지가 한 형태에서 다른 형태로 변환될 때는 열(heat) 또는 일(work)의 형태를 취한다. 따라서 일과 열을 이동 중의 에너지(energy in transit)라고도 한다. 결국 에너지, 일, 열은 다 같은 차원의 유도량으로 모두 표준단위는 N·m, 즉 J이다.

식품공학에서 자주 사용되는 에너지는 대체로 다음과 같다.

① 기계적 에너지(mechanical energy) ⇒ 일, 운동에너지, 위치에너지
② 열에너지(thermal energy) ⇒ 열(heat)
③ 화학적 에너지(chemical energy) ⇒ 화학반응에 의하여 생기는 열
④ 전기 에너지(electrical energy)

에너지는 직접 측정할 수 있는 방법이 없다. 따라서 다른 측정 가능한 양의 값에 기초하여 간접적으로 평가하여야 한다.

기계적 에너지의 한 형태인 **운동에너지**(kinetic energy)는 운동을 하는 물체가 그 운동으로 인하여 갖게 되는 에너지이다. 질량 m인 물체가 속도 v로 움직이고 있을 때 이 물체의 운동에너지는 다음 식으로 정의된다.

$$K_E = \frac{1}{2}mv^2$$

기계적 에너지의 또 다른 형태로서 위치에너지를 들 수 있다. 이 에너지는 물체가 포텐셜 장(potential field, 중력장, 자기장 등)에서 처한 위치로 인하여 갖게 되는 에너지이기 때문에 potential energy라고도 한다. 질량 m인 물체가 중력장에서 기준면보다 높이 h만큼 위에 있을 때 이 물체의 위치에너지는

다음과 같이 정의된다.

$$P_E = m \cdot g \cdot h$$

Ex.1) 운동에너지와 위치에너지의 단위가 MKS 단위계에서 J임을 증명하라.

$$K_E = \frac{1}{2}mv^2 \Rightarrow kg \cdot \frac{m^2}{s^2} = N \cdot m = J$$

$$P_E = m \cdot g \cdot h \Rightarrow kg \cdot \frac{m}{s^2} \cdot m = N \cdot m = J$$

Ex.2) 1000 kg의 자동차가 95 km/hr로 움직이고 있을 때 운동에너지를 구하라.

Ex.3) 질량이 65 kg인 사람이 해발 820 m의 산에 있다. 해수면 기준으로 이 사람의 위치에너지를 구하라. 단 높이에 따른 중력가속도 변화는 무시한다.

Ex.4) L·atm은 에너지의 단위인가?

Ex.5) FPS 단위계에서는 일의 단위를 $lb_f \cdot ft$로 사용한다. 1 J은 몇 $lb_f \cdot ft$인가?

$1\ kg \cdot m$	$1\ lb_m$	$1\ ft$	$1\ lb_f \cdot s^2$
s^2	$0.454\ kg$	$0.3048\ m$	$32.174\ lb_m \cdot ft$

$= 0.2246\ lb_f$

$1\ N \cdot m$	$0.2246\ lb_f$	$1\ ft$
	$1\ N$	$0.3048\ m$

$= 0.737\ lb_f \cdot ft$

열(heat)의 표준 단위는 일과 마찬가지로 J이지만, 관습적으로 다음 단위들이 많이 쓰이고 있다.

> 1 cal = 4.184 J
> 1 BTU = 252 cal = 1,055 J = 778 $lb_f \cdot ft$

여기서 cal는 15℃ 물 1 g을 1℃ 올리는 데 필요한 열량을 말하며, BTU는 British thermal unit의 약자로 아직까지 많이 쓰이고 있는 단위이다.

6. 동력(power)

단위 시간에 한 일을 일률 또는 동력이라고 한다. 이 유도량의 표준 단위는 J/s이다. 이 단위에도 새 이름이 지어져 있어서 와트(watt)라고 하며 기호 W로 나타낸다.

동력의 관습적인 단위는 마력(horse power)이며 다음과 같은 관계가 성립한다.

1 hp(horse power) = 746 W

제3장 물질수지

많은 식품 가공공정에서 원하는 제품을 생산하기 위하여 여러 가지 성분을 분리하거나 혼합한다. 이와 같은 공정(工程, process)에서 물질들의 양적 관계를 계산하는 일은 **질량보존의 법칙**(mass conservation law)에 따른다. 물질 또는 질량은 창조되거나 소멸되지 않기 때문에 어떤 공정에 들어간 물질의 양은 축적된 양과 나가는 양의 합과 같아야 한다. 이와 같이 질량보존의 법칙을 어떤 계(系, system), 공정, 장치, 또는 그 일부의 속으로 흐르는 물질에 적용시키는 것을 **물질수지**(物質收支, material balance)라고 한다.

어떤 공정에 들어가고 나오는 물질은 순수한 물질일 경우도 있으며, 여러 개의 성분으로 구성되는 경우도 있다. 또한, 공정 내에서 화학반응을 일으키거나 상(相, phase)의 변화를 일으키는 경우도 있다. 그러나 물질의 양은 변화가 없으므로 물질수지의 방정식을 간단히 나타내면 다음과 같다.

계(system)에 들어간 양 − 계에서 나오는 양 = 계에 축적되는 양
(input) (output) (accumulation)

예를 들어 어떤 성분 A의 양에 대하여 다음과 같은 물질수지식이 성립한다.

계에 들어간 A 성분의 양 = 계에서 나오는 A 성분의 양
+ 계에서 축적되는 A 성분의 양
+ 반응에 의해 계 내에서 소모되는 A 성분의 양

식품산업에서 다루는 공정은 회분공정(回分工程, batch process)과 연속공정(continuous process)으로 구분할 수 있다. **회분공정**에서는 원료를 한꺼번에 장치에 넣고, 일정한 조작과정을 거친 후에 생산물을 꺼내는 방법이다. 시간의 변화에 따라 온도·압력·유량·조성 등 계의 상태가 연속적으로 변하게 된다. 이와 같은 상태를 비정상 상태(unsteady state)라고 한다.

이에 비하여 **연속공정**은 원료가 계속적으로 장치의 한쪽에서 들어가고, 같은 물질의 양이 생성물로서 다른 쪽으로 나오도록 하는 방법이다. 이와 같은 연속계(flow system)에서는 운전하는 동안 일정한 시점에서 볼 때 계에 들어가는 양과 계에서 나오는 양이 항상 같다.

따라서 장치 내에 축적되는 물질이 없기 때문에 장치나 공정 내에서 물질의 압력·온도·조성·유량 등이 일정하게 된다. 이러한 상태를 정상상태(正常狀態, steady state)라고 한다. 즉, 정상상태에서는 모든 질량유속(mass velocity)이 일정하므로 계의 축적량은 0이다. 따라서 정상상태에서는 다음과 같은 식이 성립된다.

계에 들어간 양 = 계에서 나오는 양
(input) (output)

대규모 공장에서는 연속식 장치를 이용함으로써 회분공정에 비하여 생산성을 높이고 있다. 그러나 연속공정은 설비비용이 많이 들기 때문에 수요가 한정되어 있거나, 생산공정을 조절하기가 까다롭다. 소량 생산을 할 경우는 회분공정이 오히려 유리하다. 특히 식품산업에서는 생물소재에 따른 원료의 특성으로 인하여 연속공정을 도입하기 어려운 요소가 많다. 그러나 주류공업(酒類工業), 음료공업 등 액체식품을 다루는 공정에서는 부분적으로 연속공정을 채택하고 있다.

정상상태에서 조업하는 공정은 이상적이다. 그러나 실제 공정에서는 축적량

을 적게 할 수 있으나 정확하게 0은 아니며, 유속(流速)도 시간에 따라 다소 변한다. 그러나 평균 생산속도를 기술할 때는 정상상태의 개념을 이용하는 것이 편리하며, 모든 계산이 단순화된다.

1. 물질수지의 계산법

어떤 공정에서의 물질수지를 계산할 때는 여러 가지 혼동을 피하기 위하여 다음과 같은 체계적인 절차를 밟는 것이 문제를 해결하는 데 편리하다.

① 우선 각 공정의 단계를 파악한 다음, 물질의 흐름을 그림으로 나타낸 공정도(工程圖, flow sheet)를 그려 공정을 명확히 나타낸다. 장치의 실제적인 구조는 물질수지 계산에 이용되지 않기 때문에 블록다이어그램(block diagram)으로서 계통도를 그리는 것으로 충분하다.

② 계의 경계(境界)를 선 또는 점선으로 표시하여 나타내고, 알맞은 계산의 기준(basis)을 선택한다. 그리고 각 물질의 흐름과 알고 있는 양(유속·조성 등)을 공정도에 표시한다. 화학반응의 경우는 화학반응식을 그 부분에 기입한다.

③ 구하고자 하는 미지량(未知量)을 간단한 문자 또는 기호로 나타낸다.

④ 이미 알고 있는 양과 미지량을 사용하여 여러 가지 성분들의 물질수지식을 작성한다.

⑤ 독립식의 수와 미지수의 수가 같은가를 검토하고, 미지량에 대하여 식을 풀고 답을 구한다.

일반적으로 물질수지식을 계산하는 데는 두 가지의 기본단계가 있다. 하나는 계(system)의 선택이며, 다른 하나는 기준(basis)의 선택이다. 먼저 계산에 편리하도록 계를 선택한다. 그리고 경계(boundary)를 정하여 계와 계의 밖(surrounding)을 나누고, 계에 출입하는 물질의 유속·온도·압력 등을 표시한다. 복잡한 계의 경우에는 몇 가지 부분으로 나누어, 각 부분에 대하여 독립된 물질수지식을 취한다. 계를 정한 다음에는 기준을 선택한다.

그 기준으로는 일정한 시간, 또는 계를 출입하는 공정 중에서 질량이 변하지 않는 한 성분의 무게를 선택하는 경우가 많다. 예를 들어 건조기에서 어떤 식품을 건조할 경우 시간이 경과함에 따라 수분 함량은 변한다. 그러나 고형물 함량은 변하지 않기 때문에 고형물을 기준으로 선택한다. 이와 같이 공정 중에 시간에 따라 변하지 않는 물질을 tie substance(또는 key substance)라고 한다.

기준을 선택할 경우 입량(input)이 주어지지 않았을 경우에는, 보통 기본이 되는 단위를 기준으로 하는 것이 편리하다. 예를 들어 물질의 농도를 %로 표시하는 경우 입량 기준을 1 kg으로 정하기도 하지만, 100 kg로 하면 정수로 표시할 수 있어서 편리하다.

장치 내에서 반응이 없는 경우의 물질수지로는 식품산업에서 건조 · 증발 · 증류 · 여과 · 원심분리 등과 같은 물리적인 분리조작의 예를 들 수 있다. 분리장치 내에 들어가는 물질에 대한 전체의 양과 각 성분별로 분리되어 나오는 양 사이의 관계를 이용하면 물질수지의 관계식을 얻을 수 있다. 여기에서 필요로 하는 성분의 양 또는 성분 농도를 계산할 수 있다. 그러면 식품산업에 이용되는 물질수지에 관한 문제를 예제를 통하여 알아보자.

Ex.1) 탈수기(dehydrator) 속으로 수분을 함유하고 있는 물질과 건조공기가 각각 W kg/min, A kg/min의 속도로 들어가고 탈수되어 건조된 물질이 D kg/min 속도로 빠져나오고 있다면, 이 공정을 그림으로 나타내고 물질수지식을 작성하라.

【풀이】 문제에서 물질(공기·물·피건조물)의 입력과 출력관계를 그림으로 나타내면 다음과 같다.

입력			장치		출력	
물　질	W kg/min	⟶	탈수기	⟶	물　질	D kg/min
건조공기	A kg/min	⟶		⟶	습윤공기	? kg/min

위 그림에서 가능한 물질수지식을 모두 이용한다면 다음과 같이 나타낼 수 있다.

W ＋ A ＝ 습윤공기 ＋ D

A ＋ 물 ＝ 습윤공기

W ＝ 물 ＋ D

Ex.2) 감귤주스의 농축액은 원료 감귤을 착즙하여 얻어지는 착즙주스(single strength juice)를 농축하여 65%의 고형물이 되도록 한 제품이다. 시판하고 있는 음료제품

을 만들기 위하여 오렌지 농축액과 착즙주스를 혼합하여 45%의 고형물을 가지고 있는 주스를 제조한다고 하면, 가능한 물질수지식을 작성하여 보아라.

【풀이】 위 문제를 공정별로 착즙주스를 S, 원료 공급량을 F, 증발되는 물의 양을 W, 65% 농축주스의 양을 C_{65}, 45%, 혼합주스의 양을 C_{45}, 배분기에서 공급되는 착즙주스의 양을 A라고 한다면, 이에 따른 물질수지식은 다음과 같이 나타낼 수 있다.

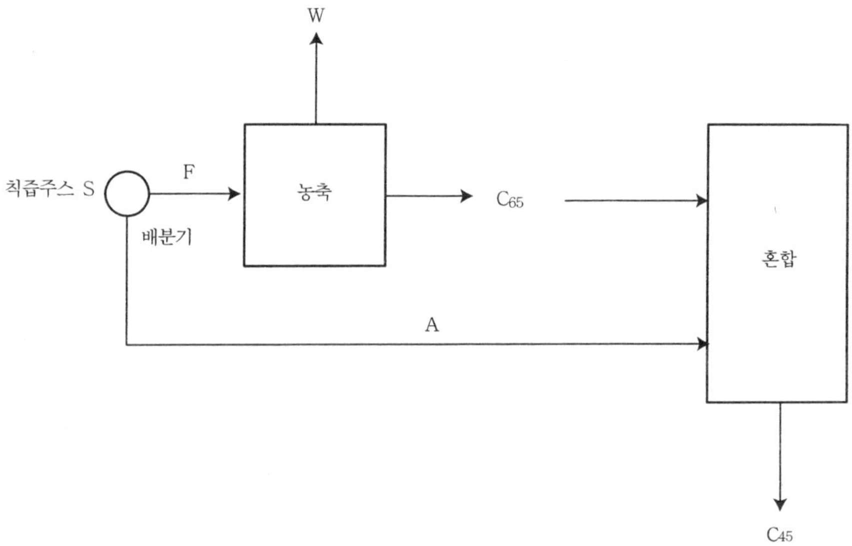

전체 물질수지(overall mass balance) : $S = W + C_{45}$

배분기(proportionator)에서의 물질수지 : $S = F + A$

증발기(evaporator)에서의 물질수지 : $F = W + C_{65}$

혼합기(blender)에서의 물질수지 : $C_{65} + A = C_{45}$

이와 같은 물질수지식을 이용하여 필요로 하는 값을 구하는 일이 가능하다.

Ex.3) 고형물이 7%인 감귤주스를 감압증발기로 농축시켜 고형물이 50%인 농축액을 얻었다면, 농축액과 제거되는 물의 양을 계산하라.

【풀이】 그림으로 나타내면 다음과 같다. 주입량(F, Feed)이 주어지지 않았으므로 기준을 100 kg로 정한다면, 물질수지식을 식 ①과 같이 나타낼 수 있다. 또한 고형물에 대한 흐름을 나타내면 식 ②가 된다.

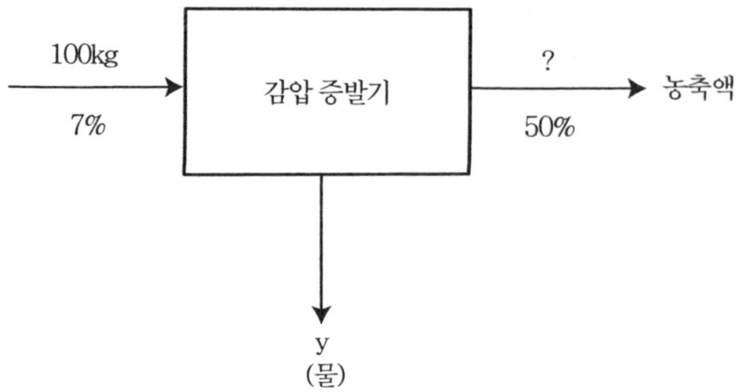

① 전체의 물질수지

x(고형분) + y(물)= 100

② 조성(고형물)에 대한 수지

(0.07)(100) = 0.5 y

식 ②로부터 y = 14를 얻고, 이를 식 ①에 대입하면 x = 86을 얻을 수 있다. 이는 7% 감귤주스 100 kg당 86 kg의 물을 제거해야 한다는 뜻이다.

Ex.4) 우유 가공공장에서 착유한 전지우유(全指牛乳, whole milk)에서 지방을 일부 제거하여 탈지유(skim milk)를 제조하려고 한다. 탈지유의 성분을 분석하였더니 수분이 90.5%, 단백질 3.5%, 탄수화물 5.1%, 지방 0.1%와 회분이 0.8%이었다. 원래 우유의 지방 함량이 4.5%이다. 지방 성분만을 제거하여 탈지유를 제조한다고 할 때 전지우유의 각 성분조성을 구하라.

【풀이】 탈지유의 기준량을 100 kg이라고 하고, 제거되는 지방의 양을 x kg이라고 하면 전지우유 중의 원래 지방의 양은 (x + 0.1) kg이고, 전체 양은 (100 + x) kg이다. 전지우유의 지방 함량이 4.5%이므로 전지우유의 성분 함량은 지방이 4.5%이고, 나머지 성분을 각각 구하면 수분이 90.5/104.6 = 86.5%, 단백질이 3.5/104.6 = 3.3%, 탄수화물이 5.1/104.6 = 4.9%, 회분이 0.8%가 된다.

Ex.5) 음료공업에서 탄산음료를 제조하는 데는 0℃, 대기압에서 용적비로 물에 대해 3배의 가스용적에 해당하는 CO_2를 주입해야 한다. 탄산가스와 물 이외의 다른 성분을 무시한다고 할 때 탄산가스의 ① mass fraction과 ② mole fraction을

각각 구하라.

【풀이】 물의 용적 1 m^3 (=1.000 kg)를 기준으로 하면, 탄산가스의 용적은 3 m^3이므로 기체방정식(PV = nRT)으로부터 1 × 3 = n × 0.08206 × 273 n = 0.134 mol이 되며, 탄산가스의 분자량이 44이므로 가해 주는 탄산가스의 무게는 0.134 × 44 = 5.9 kg이다.

Ex.6) 발효공업에서 빵효모를 연속배양하는 발효조의 용량은 20 m^3 이며, 발효조 내에 머무는 시간은 16시간이다. 배지에는 1.2%의 효모균체를 함유하는 전배양액(seed culture)을 2% 첨가해 준다. 효모의 세대시간(doubling time)이 2.9시간이며, 발효조로부터 나온 배양액은 원심분리기에 의해 7% 효모액(yeast cream)이 연속적으로 분리된다. 배양액에서 효모의 회수율이 97%라면 원심분리기에서 나오는 효모액과 상징액의 유속을 구하라.

【풀이】

① 발효조의 용량이 20 m^3이다. 체재시간이 16시간이면 발효조를 통해 배양액의 유출속도는 20/16 = 1.250 m^3/h이다.

② 배양액의 밀도를 물과 같다고 가정하면, 발효조로부터 나오는 물질의 양은 1,250 kg/h가 된다.

③ 발효조로 들어가는 배지 중의 효모농도는 (0.012) (0.02) = 2.4 kg/kg이다.

④ 매 2.9시간에 2배로 증식되므로 16시간은 16/2.9 = 5.6 doubling time이므로, 효모 1 kg은 $1 \times 2^{5.6}$ = 48.5 kg이 된다.

⑤ 발효조로부터 나오는 효모량은 (초기농도) × (발효조 내의 증식) × (유출속도, flow rate)이므로 (2.4 × 10 − 4)(48.5)(1,250) = 15 kg/h가 된다.

⑥ 효모가 없는 배양액의 유출량 = (1,250 − 5) = 1,235 kg/h

⑦ 원심분리기에서의 효모의 유출속도는 습윤량(濕潤量, wet basis)으로 계산하면 (150 × 0.97) × 100/7 = 208 kg/h

⑧ 따라서 배지의 유출량은 1,250 − 208 = 1,042 kg/h이다.

제4장 에너지 수지

에너지 수지의 기본이 되는 내용은 열역학으로서, 이는 열전달에도 기초가 된다. 열역학(thermodynamics)이란 '어떤 물질이 열에 의하여 한 형태로부터 다른 형태로 변화할 때 일어나는 상호관계를 연구하는 학문'이다. 즉, 열역학은 일(work)과 열(heat), 그리고 이들의 관계를 갖는 물질의 성질을 다루는 분야이다.

1. 계

계(系, system)란 연구 대상이 되는 일정 양의 물질과 동일성을 갖는 어떤 양의 물질이라고 정의된다. 계의 외부 둘레를 주위(surrounding)라고 하며, 계는 계의 경계(boundary)에 의하여 주위와 구분된다. 계는 밀폐계, 개방계, 절연계로 구분된다.

개방계(open system)는 유동계(flow system)라고도 하며, 계의 경계를 통하여 물질의 이동이 있는 계를 말한다.

밀폐계(closed system)는 비유동계(比流動系)라고도 한다. 열이나 일만이 전달되나 동작물질(working substance)이 유동하지 않는 계를 말하며, 질량이 변화하지 않는다.

절연계(insulated system)는 고립계(isolated system)라고도 한다. 계의 경계를 통하여 어떤 방법으로도 영향을 받지 않는 계를 말하며, 열 또는 일이 계의 경계를 넘지 않는다는 것을 뜻한다.

2. 물질의 과정과 상태

계 내의 동작물질 또는 작업유체(working fluid)가 한 상태에서 다른 상태로 변화하는 것을 상태변화라고 하며, 상태변화가 일어나는 경로(path)를 과정(process)이라고 한다.

1) 과정(process)

열역학에 있어서 과정은 다음과 같이 세 가지로 구분할 수 있다.

가역과정(reversible process)은 과정 도중에 임의의 점에 있어서 열역학적 평형(equilibrium)이 유지되며, 어떤 마찰도 수반하지 않는다. 따라서 계의 경로를 통하여 운동할 때 계의 주위에 어떤 영향도 남기지 않는 변화로서, 실제로는 존재하지 않는다.

비가역과정(irreversible process)은 현재 사용하고 있는 모든 사이클의 과정이다. 이것은 계의 주위에 영향을 미치며, 평형이 유지되지 않는 과정을 말한다.

준정적 변화(quasistatic process)는 과정 중의 각 단계에 있어서 비평형이 매우 작아서 평형을 유지해 가면서 조금씩 변화해 가는 과정이다. 이 과정 사이의 상태를 평형상태로 생각할 수 있는 과정이다.

2) 사이클(cycle)

계가 과정이 시작되기 전의 상태로 돌아오는 과정을 사이클(cycle)이라 한다. 사이클 사이에 계의 상태는 변화하지만, 사이클이 완성되면 계가 원래의 상태로 돌아오기 때문에 모든 성질의 값은 최초의 상태 값과 같아진다. 여기에는 가역과정으로만 이루어진 가역사이클(reversible cycle)과 비가역과정으로만 이루어진 비가역사이클(irreversible)이 있다.

3) 상태량과 상태식

상태량(quantity of state)이란 압력·체적·온도와 같이 물질의 상태를 표시한

양으로 상태의 과거 변화에는 관계가 없고 현재 상태에 의하여 전해지는 양이다. 상태량에는 내부에너지(internal energy)·엔탈피(enthalpy)·엔트로피(entropy) 등이 있다. 이들 상태량은 독립적으로 변화할 수 있는 것이 아니고 일정한 관계를 갖는다. 상태에 따라 값이 달라지는 함수를 점함수 또는 상태함수(state function)라 하며, 과정의 경로에 따라 달라지는 함수를 도정함수라고 한다.

3. 열역학 법칙

열평형(thermal equilibrium)이란 온도가 높은 물질과 낮은 물질을 접촉시킬 때 온도가 높은 물질에서 낮은 물질로 열이 이동하여 두 물질이 같은 온도가 되는 평형상태를 말한다. 즉, '두 물질이 또 다른 물질과 열평형을 이루고 있다면 두 물질은 서로 열평형 상태에 있다.' 이것을 열역학 제0법칙이라고 한다.

열역학 제1법칙은 '에너지 보존의 법칙'이라고도 한다. 에너지는 창조되거나 없어지지 않고, 다만 다른 에너지 형태로 전환되어 전체에너지는 항상 일정하다. 즉, 폐쇄계에 있어서 내부에너지의 변화는 0이 된다. 이에 따라 에너지를 투여하지 않고 기계를 작동시키는 일은 불가능하고, 또한 이런 종류의 영구기관을 만드는 일은 불가능하다.

열역학 제2법칙은 귀납적으로 얻게 되는 자연법칙을 말한다. 어떤 물리화학적인 변화가 가역적으로 진행할 때 그 세계의 엔트로피(entropy) 변화는 0이며, 비가역적으로 진행되는 변화에 있어서는 항상 엔트로피는 증가한다. 열역학 제2법칙을 정리하면 다음과 같이 나타낼 수 있다.

① 열은 자연적으로 저온 물체로부터 고온 물체로 흐르지 않는다. 따라서 반드시 일의 소비가 따른다.
② 열이 일로 변하기 위하여 열원 이외에 이것보다 저온으로 냉각할 수 있는 것, 즉 온도의 강하가 있어야 한다.
③ 사이클 과정에서 열원의 열이 모두 일로 변화할 수 없다.
④ 비가역과정을 한다.

제5장 반응속도론

1. 반응속도(reaction rate)

1) 반응속도

속도(또는 rate)란 단어는 여러 가지 의미를 갖는다. 차가 운행할 때 이 속도는 일정 시간 동안 주행한 거리라는 것은 익히 잘 알고 있다. 또는 욕조에 물이 채워질 때의 속도는 L/min 등으로 생각할 수 있을 것이다. 모든 경우에 있어서 **속도(rate)란 단위 시간 동안의 고려하고 있는 물리량의 변화이다**. 화학반응에 있어, **반응속도(rate of reaction)는 화학반응 중에 한 물질의 농도가 얼마나 빨리 변화하는지를 표현한 것이다**. 즉 화학반응에 있어 일정 시간 동안 한 물질의 생성 또는 소멸되는 양을 농도로 표현한 것이다.

시간 간격 Δt 동안의 **평균반응속도(average reaction rate)**는 이때의 농도 변화 ΔC를 시간 간격 Δt로 나누어 주면 된다. 즉,

$$\text{average reactionrate} = \frac{\Delta C}{\Delta t}$$

따라서 보통 반응속도의 단위로는 mol/L·s 또는 M/s가 사용된다.

다음과 같은 dinitrogen pentoxide(N_2O_5)의 분해 반응을 고려하여 보자.

dinitrogen pentoxide는 기상 또는 비활성 용매(solvent)하에서 분해되어 nitrogen dioxide(NO_2)와 산소를 형성하게 된다.

$$2N_2O_5 \rightarrow 4NO_2 + O_2$$

또한 사염화탄소(CCl_4)와 같은 비활성 용매하에서는 dinitrogen pentoxide(N_2O_5)와 nitrogen dioxide(NO_2)는 용매에 잘 녹지만 산소는 그렇지 못하다. 즉,

$$2N_2O_5(soln) \rightarrow 4NO_2(soln) + O_2(g)$$

위 반응을 실제 수행하여 얻은 실험 결과를 표 5-1에 나타내었다. 이 표에서 N_2O_5의 농도가 0.310 mol/L에서 시작된 반응은 시간이 경과함에 따라 이 농도가 점점 감소함을 알 수 있고, 반면에 포집된 산소의 부피는 점점 증가되는 것 또한 알 수 있다.

표 5-1 CCl_4 용매에서 N_2O_5의 분해 반응(40℃)

time(s)	$[N_2O_5]$ (mol/L)	V_{O_2}(cm^3)
0	0.310	0.00
600	0.254	7.22
1,200	0.208	13.07
1,800	0.172	17.79
2,400	0.141	21.67
3,000	0.116	24.88
3,600	0.0964	27.46
4,200	0.0812	29.41
4,800	0.0669	31.24
6,000	0.0464	33.88

한편 그림 5-1은 앞의 표에서 시간과 N_2O_5의 농도 변화를 그래프로 표현한 것이다. 이 그림에서 볼 수 있듯이 실험 초기에는 N_2O_5의 농도가 급격하게 떨어지고 반응 후반부로 갈수록 농도 변화가 반응 초기에 비하여 완만해진다.

반응 초기 처음 1,200초 동안의 평균반응속도를 구하고자 하면,

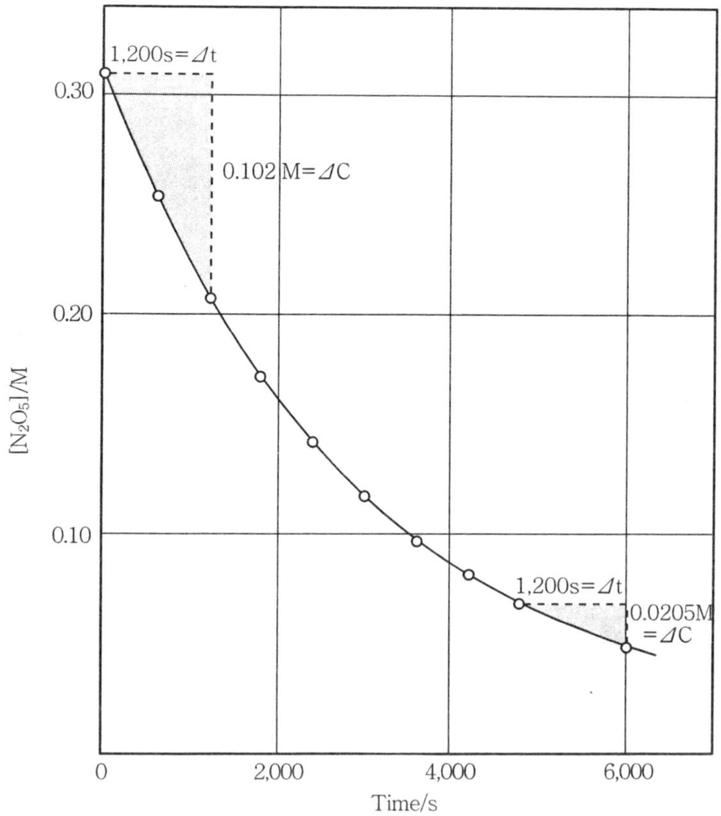

그림 5-1 시간에 따른 N_2O_5의 농도 변화

average rate =

$$-\frac{\Delta[N_2O_5]}{\Delta t} = -\frac{0.208\ mol/L - 0.301\ mol/L}{1,200\ s - 0\ s} = 8.50 \times 10^{-5}\frac{mol}{L \cdot s}$$

또한 마지막 1,200초 동안의 평균반응속도는

average rate =

$$-\frac{0.0464\ mol/L - 0.0669\ mol/L}{6,000\ s - 4,800\ s} = 1.71 \times 10^{-5}\frac{mol}{L \cdot s}$$

따라서 반응 초기 처음 1,200초 동안의 평균 반응속도는 마지막 1,200초보다 거의 5배는 빠른 것으로 계산되어 실제로 반응속도가 시간이 지남에 따라 감소되는 것을 알 수 있다.

그림 5 - 1에서 볼 수 있듯이 전체 반응시간 동안 반응속도는 현격하게 변하기 때문에 평균반응속도가 항상 유용한 것은 아니다. 따라서 가능한 한 아주 작은 시간 범위에서의 반응속도 정의가 필요하다. **시간 간격이 아주 작은 경우(즉 Δt가 0에 접근)의 속도는 순간반응속도라고 하며 다음과 같이 미분식으로 표현한다.**

$$\text{Rate} = \frac{d[C]_t}{dt}$$

여기서 $[C]_t$는 시간 t에서의 농도를 나타낸다. 반응속도를 반응물의 농도로 나타내려면 −(minus) 부호가 포함되어야 하는데 이는 반응물의 농도가 감소하기 때문이다. 따라서 N_2O_5의 분해반응에 있어서

$$(N_2O_5\text{의 소멸 속도}) = -\frac{d[N_2O_5]_t}{dt}$$

또한 생성물의 농도로 나타낼 경우는

$$(O_2\text{의 생성 속도}) = +\frac{d[O_2]_t}{dt}$$

어떤 특정한 시간의 순간반응속도는 그림 5 - 1과 같은 곡선에 그린 직선의 기울기가 된다. 접선(해당시간의 곡선에 그린 직선)의 기울기가 크면 클수록 순간 반응속도 역시 커지게 된다. 그림 5 - 2는 위 N_2O_5의 분해반응에 있어 1,200초와 4,200초에서의 접선을 그어 순간반응속도를 나타낸 것이다. 위 그림에서 1,200초에서의 기울기는 4,200초일 때보다 커서 반응속도가 빠른 것을 알 수 있다.

반응속도는 반응에 있어 모든 반응물 또는 생성물의 농도 항으로 표현할 수 있다. 따라서 N_2O_5의 분해반응을 예로 들면, 반응속도를 N_2O_5의 소멸되는 속도로(농도를 사용하여) 나타낼 수 있을 뿐만 아니라 NO_2의 생성 또는 O_2가 생성되는 것으로도 나타낼 수 있다. 이 반응식에서 알 수 있듯이 N_2O_5 분자 두 개가 반응(분해)하여 NO_2 분자 네 개를 생성시킨다. 즉 NO_2의 생성속도는 N_2O_5의 소멸속도의 2배가 된다.

$$(NO_2\text{의 생성속도}) = 2\,(N_2O_5\text{의 소멸속도})$$

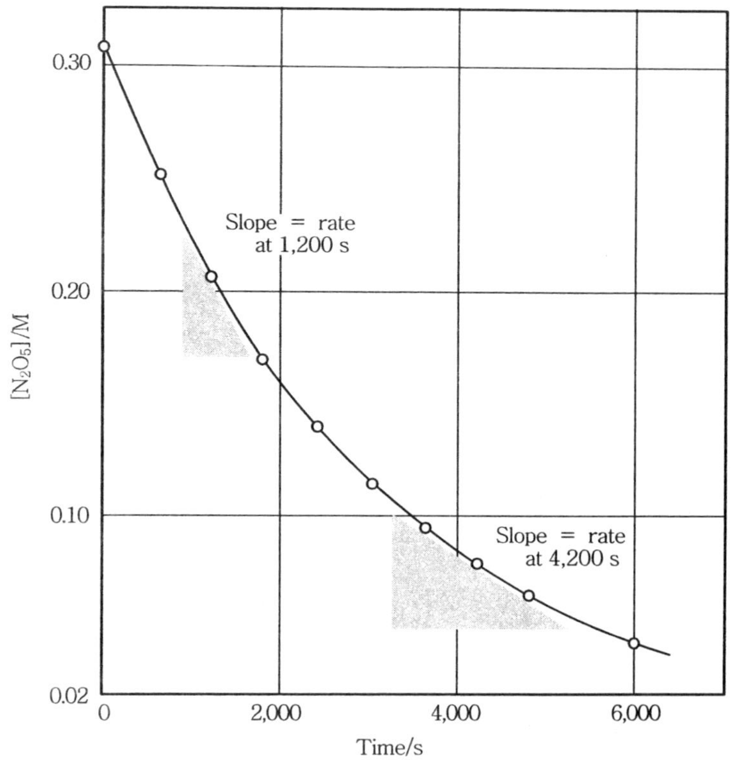

그림 5-2 순간 반응 속도

또는 $\dfrac{d[NO_2]_t}{dt} = 2\left[-\dfrac{d[N_2O_5]_t}{dt}\right]$

N_2O_5 분자 두 개가 반응(분해)하여 생성되는 O_2 분자는 하나이다. 따라서 N_2O_5의 소멸속도는 산소의 생성속도의 2배가 된다.

(N_2O_5의 소멸속도) = 2(O_2의 생성속도)

또는 $-\dfrac{d[N_2O_5]_t}{dt} = 2\left[\dfrac{d[O_2]_t}{dt}\right]$

Ex.1) 위 반응에서 NO_2의 생성속도와 산소의 생성속도 관계는?

(NO_2의 생성속도) = 4 (O_2의 생성속도)

또는 $\dfrac{d[NO_2]_t}{dt} = 4\left[\dfrac{d[O_2]_t}{dt}\right]$

Ex.2) 다음과 같은 반응에서 IF_3의 생성속도와 F_2의 소멸속도의 관계는?

$$I_2(g) + 3F_2(g) \rightarrow 2IF_3(g)$$

2) 반응 차수

반응 차수(reaction order)란 말 그대로 반응이 진행되는 속도에 관련된 것으로 반응물의 농도와 어떠한 관련이 있는지를 말하여 준다. 여기에서 논의할 반응은 비가역(irreversible) 반응이며 동일한 상에서 반응물과 생성물이 편중됨이 없이 고르게 분산된 형태로 존재한다고 가정한다. 비가역 반응에서는 역반응이 없기 때문에 반응물의 대부분이 생성물로 전환하게 된다. 비가역 반응에서는 화학양론적(stoichiometric)인 양의 반응물 거의 모두가 생성물로 전환하게 된다. 수처리 공학에 있어서의 거의 모든 반응은 비가역적인 반응이라 가정하여도 무방하다.

(1) 0차 반응(zero−order reaction)

반응이 반응물 또는 생성물의 농도에 전혀 무관하게 진행되는 것을 0차 반응이라고 하며, 이 경우에는 반응물 농도의 감소가 시간에 따라 비례하게 된다. 다음과 같이 하나의 반응물이 하나의 생성물로 전환되는 반응을 고려해보자.

$$\text{A (반응물)} \rightarrow \text{B (생성물)} \tag{5.1}$$

반응물 A의 농도를 C로 표시하면 A가 시간에 따라 감소하는 속도는 다음과 같은 식으로 표현할 수 있다.

$$-\frac{dc}{dt} = k = -\mathrm{r} \tag{5.2}$$

여기서 $\frac{dc}{dt} = \mathrm{r}$: 시간에 따른 A 농도의 변화(mg/L·hr)

k = 속도 상수(mg/L·hr)

(5.2)식을 적분 가능하도록 정리하면

$$\int_{C_0}^{C} dC = -k\int_0^t dt \tag{5.3}$$

여기서 C=시간 t에서의 A의 농도 (mg/L)

C_0=반응 시작의 A의 농도 (mg/L)

t=시간(hr)

(5.3)식을 적분하면

$$[C]_{C_0}^{C} = -kt \tag{5.4}$$

또는

$$C - C_0 = -kt \tag{5.5}$$

이를 다시 정리하면

$$C = C_0 - kt \tag{5.6}$$

식 (5.6)은 y = b + mx로 표현되는 직선의 방정식 형태이다. 따라서 위 식을 그래프로 그리면 그림 5 - 3과 같은 직선이 형성되는 것을 알 수 있다. 만약 반응물의 데이터를 그래프로 나타내었을 때 직선이 형성되면 이는 0차 반응이라는 것을 알 수 있고 그 기울기는 반응속도 상수 k가 된다.

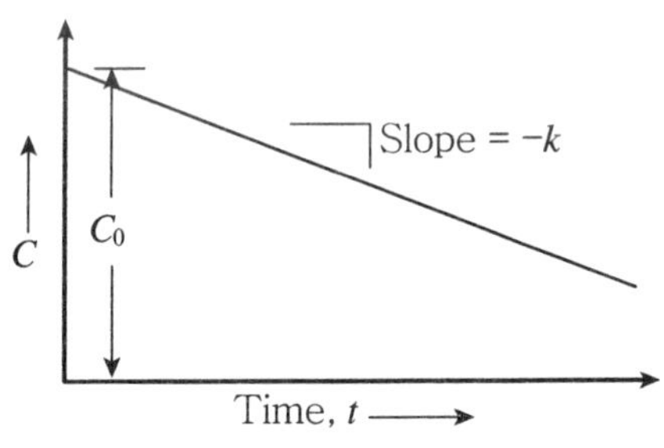

그림 5−3 0차 반응에서 시간에 따른 반응물의 농도

(2) 1차 반응

반응속도가 하나의 반응물의 농도에 비례할 경우 이를 1차 반응이라고 한다. 다시 식 (5.1)과 같은 하나의 반응물이 하나의 생성물로 전환되는 경우를 생각해 보자. 시간에 따른 반응물의 A의 농도를 C라고 하면 시간에 따라 A가 소멸되는 것은 다음과 같이 나타낼 수 있다.

$$-\frac{dc}{dt} = kC = -r \tag{5.7}$$

여기서 $\frac{dc}{dt} = r$: 시간에 따른 A 농도의 변화(mg/L·hr)

k = 속도 상수(L/hr)

C = A의 농도(mg/L)

위 식을 적분할 수 있도록 다시 정리하면

$$\int_{C_0}^{C} \frac{dC}{C} = -k\int_0^t dt \tag{5.8}$$

이를 정적분하면

$$\ln [C]_{C_0}^{C} = -kt \tag{5.9}$$

$$\ln C - \ln C_0 = -kt \tag{5.10}$$

이식을 다시 정리하면

$$\ln C = \ln C_0 - kt \tag{5.11}$$

식 (5.11)를 로그 그래프(log graph)에 그리게 되면 역시 y = b + mx 형태의 직선을 얻을 수 있다. 이러한 그래프의 전형적인 예를 그림 5-4에 나타내었다.

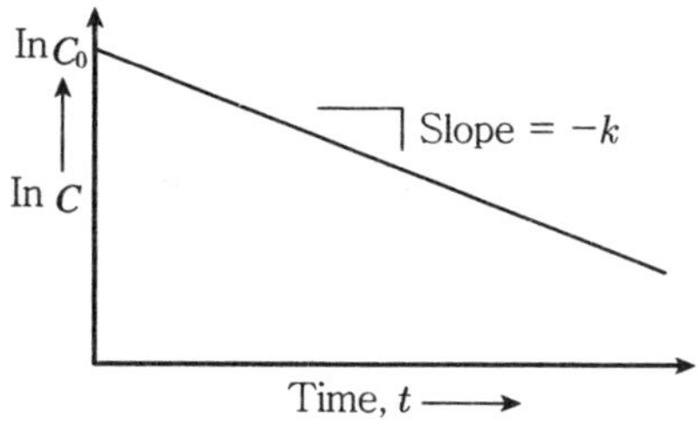

그림 5-4 1차 반응에서 시간에 따른 반응물의 농도

위 식 (5.11)는 또한 다음과 같이 나타낼 수 있다.

$$\frac{C}{C_0} = e^{-kt} \tag{5.12}$$

(3) 2차 반응

반응물이 생성물로 전환될 때 반응물의 제곱에 비례하는 경우가 있다. 이러한 형태의 반응을 2차 반응이라고 한다. 다시 하나의 반응물이 하나의 생성물로 전환되는 다음과 같은 경우를 생각해 보자.

2A(반응물) → P(생성물)

시간 t에 따른 A의 농도를 C라고 표현할 때 A의 소멸 속도는 2차 반응의 경우 다음과 같이 표현된다.

$$-\frac{dc}{dt} = kC^2 = -\mathrm{r} \tag{5.13}$$

여기서 $\frac{dc}{dt}$ = r : 시간에 따른 A 농도의 변화(mg/L·hr)

k = 속도 상수(L/mg hr)

C = A의 농도(mg/L)

식 (5.11)를 적분하면 다음과 같은 결과를 얻을 수 있다.

$$\frac{1}{C} = \frac{1}{C_0} + kt \tag{5.14}$$

x 축을 t 로 하고 y 축을 1/C로 했을 때 이것 역시 y = b + mx 형태의 직선이 얻어지게 되고 그 예를 그림 5 - 5에 나타내었다.

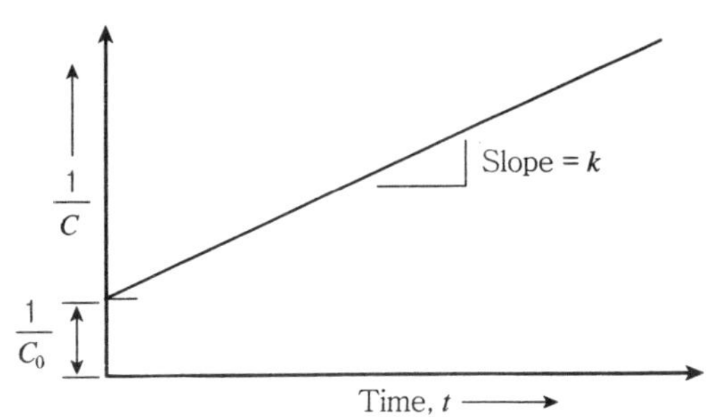

그림 5-5 2차 반응에서 시간에 따른 반응물의 농도

대부분의 화학 반응은 온도가 증가할수록 반응속도도 증가하게 된다. 온도와 반응속도 상수와의 기본적 관계식은 1889년 Arrhenius에 의하여 유도되었다. 속도 상수의 온도 의존성은 다음과 같이 쓸 수 있다.

$$k_2 = k_1 \theta^{T_2 - T_1} \tag{5.15}$$

여기서 $k_1 = T_1$에서의 속도 상수

$k_1 = T_2$에서의 속도 상수

$\theta =$ 온도 계수(temperature coefficient)

$T_1, T_2 =$ 온도(℃)

이 식은 속도 상수를 어느 주어진 온도에서 다른 온도로의 전환이 가능하게 해 준다. 온도 계수 θ는 작은 온도 범위에서는 그 값이 거의 일정하다. θ의 가장 일반적인 값은 1.072이며 온도가 10℃ 증가하면 θ는 2배 증가하게 된다.

이상 반응 차수에 따라 속도식이 어떻게 표현되는지 살펴보고 그래프를 통한 해석 방법을 알아보았다. 이러한 방법을 실제 응용하기 위하여 다시 한번 N_2O_5의 분해 반응을 고려해 보기로 한다. 표 5-2는 시간에 따른 N_2O_5의 농도를 여러 가지 방법에 의하여 나타낸 것이다.

표 5-2 시간에 따른 N_2O_5의 농도

time(s)	$[N_2O_5]$ (mol/L)	ln $[N_2O_5]$	1/ $[N_2O_5]$ $(mol/L)^{-1}$
0	0.310	−1.77	3.22
600	0.254	−1.37	3.94
1,200	0.208	−1.57	4.81
1,800	0.172	−1.76	5.81
2,400	0.141	−1.96	7.09
3,000	0.116	−2.15	8.62
3,600	0.0964	−2.34	10.37
4,200	0.0812	−2.51	12.32
4,800	0.0669	−2.70	14.95
6,000	0.0464	−3.07	21.55

이 표는 반응 차수를 알아보기 위해 여러 방법으로 표현한 것인데 만약 이 반응이 0차이면 time vs. [N_2O_5]가 직선을 형성하는 그래프가 될 것이고 만약 1차 반응이면 time vs. ln [N_2O_5]가 직선을 형성할 것이며, 만약 2차 반응이면 time vs. 1/ [N_2O_5] 가 직선을 형성하게 될 것이다.

이 그림에서 보면 time vs. ln [N_2O_5] 가 정확히 직선을 형성하여 반응 차수가 1임을 확인할 수 있다. 이때 속도 상수 값 k는

$$k = -\text{slope} = -\frac{(-3.0)-(-1.34)}{(5,700)-(500)\,\text{s}} = 3.19\times10^{-4}\text{s}^{-1}$$

제6장 유체의 흐름

식품공학에 있어 각종의 유체를 처리하거나 수송하는 일이 아주 많다. 가공식품 생산을 위한 장치의 설계 및 운전에 있어서 유체의 성질이나 거동에 관한 지식은 아주 중요한 기본이 된다. 이 지식은 또한 열이나 물질의 이동을 다루는 단위조작을 이해하는 데도 필수적이다.

유체역학은 유체가 정지상태에 있을 때의 성질에 관한 **유체정역학**과 운동할 때의 거동에 관한 **유체동역학**으로 나눈다. 유체역학 분야는 아주 광범위하기 때문에 여기서는 식품공학에서 주로 필요한 부분만 선택하여 원리 및 실제 응용에 관하여 논의하기로 한다.

1. 유 체

1) 유체의 성질

유체(fluid)란 액체, 기체, 증기 등을 한꺼번에 일컫는 말이다. 유체는 고체와 달리 그 형태가 쉽게 변화되며, 모양이 바뀔 때는 변형에 대응하는 **전단 응력**(shear stress)이 생기게 된다. 이 응력은 유체가 미끄러지는 속도나 점도 등에 따라서 그 크기가 다르게 된다. 일정한 모양을 형성하게 되면 응력은 소실되며 이때 유체는 평형상태(즉, 정지상태)가 된다.

유체는 일정한 온도와 압력에서 일정한 밀도를 갖는다. 밀도가 온도나 압력의 변화에 따라 변화되지 않는 것을(즉 유체의 밀도 변화가 크지 않은 경우) **비압축성 유체**(incompressible fluid)라고 하며, 많이 변화되면 **압축성 유체**(com- pressible fluid)라고 한다. 대개 기체는 압축성이며 액체는 비압축성이라고 생각하여도 무방하다.

2) 유체의 압력 및 압력측정기구

정지하고 있는 유체에 중력가속도가 작용하여 생기는 힘에 의하여 그 밑면에 미치는 압력, 즉 정지 유체의 압력을 생각해 보자. 아래 그림과 같이 높이가 h이고 밑면의 넓이가 A인 원기둥에 밀도 ρ인 유체가 가득 차 있다고 가정하자.

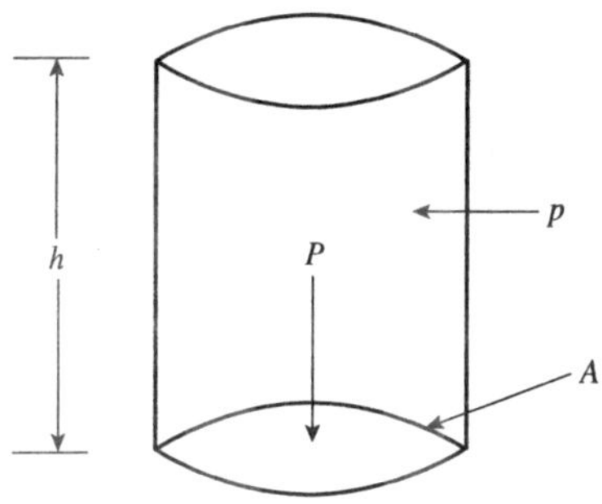

그림 6-1 정지 유체의 압력

이 정지 유체의 질량은

$m = \rho V = \rho Ah$이고

중력가속도에 의한 힘은

$f = mg = \rho Ahg$가 된다.

따라서 이 유체가 밑면에 미치는 압력은

$P = f/A = \rho Ahg/A = \rho gh$

유체의 압력차를 측정하는 중요한 기구로서 **마노미터**(manometer)가 있다. 가장 간단한 형태의 마노미터는 그림 6-2와 같은 U자관이며 그 속에 수은(mercury)과 같은 밀도를 알 수 있는 유체(A)가 채워져 있다. 처음 유체 A의 액면은 U자관 양편에 수평으로 되어 있으나 유체 B가 흐르는 곳에 두 꼭지를 연결하면 U자관 양편에 압력차가 생겨서 한쪽 면으로 올라가서 R_m의 액면차가 생기게 된다. 유체 A와 B는 물론 서로 섞이지 않는 것이어야 한다.

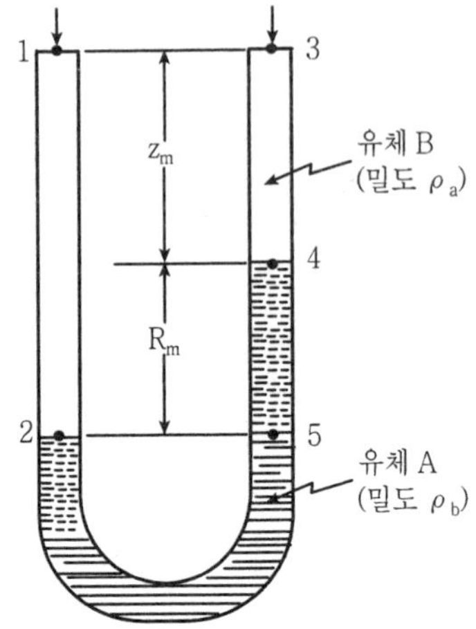

그림 6-2 U자관 마노미터

압력차 $P_a - P_b$의 값을 알아보기 위해서 각 점에서의 압력을 차례로 계산하여 보자.

Point 1. : P_a

Point 2. : $P_a + \rho_b g(z_m + R_m)$

Point 3. : P_b

Point 4. : $P_b + \rho_b g z_m$

Point 5. : $P_b + \rho_b g z_m + \rho_a g R_m$

여기서 point 2와 point 5에서의 압력은 같으므로,

$$P_a + \rho_b g(z_m + R_m) = P_b + \rho_b g z_m + \rho_a g R_m$$

이를 정리하면

$$P_a - P_b = (\rho_a - \rho_b) g R_m$$

즉 압력차는 Z_m이나 관의 굵기에는 무관하며 유체 A의 액면의 차와 두 유체의 밀도차의 함수로서 나타남을 알 수 있다. 즉 압력차를 유체 기둥의 길이의 차로부터 알 수 있게 된다. 여기서 액면의 차 R_m을 마노미터 읽음(manometer reading)이라고 한다.

Ex.1) U자관 마노미터를 유체가 흐르는 관에 연결하였더니 50 cm의 높이차가 발생하였다. 마노미터 내의 수은의 비중은 13.6이고 흐르는 유체는 물인 경우 압력차($P_a - P_b$)는?

Ex.2) 마노미터에 수은이 들어 있고 수은의 상부 유체는 비중 1.6의 사염화탄소이다. 마노미터 읽음이 28 cm일 때 압력차는?

Ex.3) 마노미터로 압력차를 측정하였더니 56,000 P_a이었다. 마노미터 내에는 수은이 들어있고 유체가 물일 때 마노미터 읽음 값은?

2. 유체의 흐름

1) 유속(流速)의 표현

관 내부를 흐르고 있는 유체(fluid)의 유속은 다음과 같이 두 가지로 나타낼 수 있다.

① 부피유속(volumetric flow rate)

$Q = u \cdot A = m^3/s$

(u = 유체의 평균속도, A = 관의 단면적)

② 질량유속(mass flow rate)

$m = \rho \cdot Q = \rho \cdot u \cdot A = kg/s$

Ex.1) 비중 0.98의 액상 혼합물이 한 시간 동안 500 m^3수송되는 공정이 있다. 이 공정에서 30분 동안 이동된 유체의 양은 몇 kg인가?

Ex.2) 비중 0.79의 액체가 평균속도 3 m/s로 내경 2 in pipe로 흐르고 있을 때 질량유속은?

Ex.3) 안지름이 2.5 cm인 원통형 관에 밀도가 0.67 g/cm^3인 액체가 7 g/s의 속도로 흐르고 있다. 이 조건에서 ① 부피유속(cm^3/s) ② 평균속도(cm/s)는?

2) 유체 흐름의 미시적 해석

흐르는 유체의 거동은 고체 벽의 영향을 받는지 또는 받지 않는지에 따라 아주 달라진다. 유체가 고체 벽을 지나서 흐를 때 고체와 유체의 계면에서는 마찰에 의하여 유체가 고체에 부착된 형태이므로 **계면에서의 유체 속도는 0이 된다.** 계면에서 떨어지면 유체는 임의의 속도를 갖게 된다. 계면에서 일정한 거리에 있는 유체의 속도가 항상 같을 때 이 유체는 **정상상태(steady state)**로 흐르고 있다고 말한다.

유체의 흐름이 마치 종이장 미끄러지듯이 계면과 평행하게 흐르고 축방향으로는 흐르지 않을 때 이 유체는 층류(laminar flow)를 이룬다고 말한다. 유체가 정상상태에서 층류로 흐를 때 속도의 변화는 그림 6-3과 같이 나타난다. 세로축은 고체 벽면으로부터 수직거리 Y이며 가로축은 그 거리에서의 속도 u이다. Y = 0일 때 즉 고체벽면에서의 유체의 속도 u = 0이며 Y가 커질수록 속도는 커지게 된다.

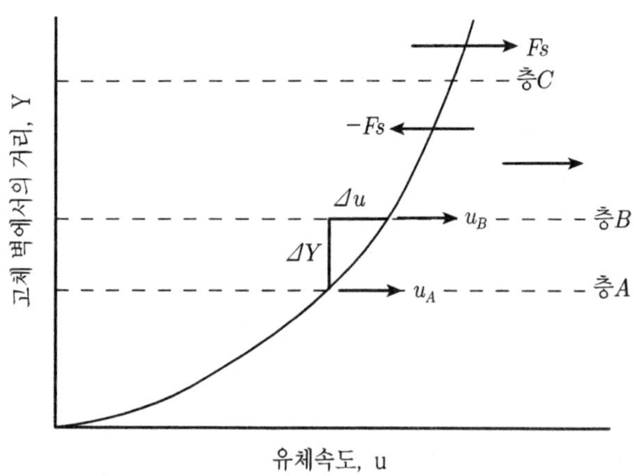

그림 6-3 유체의 속도 분포

Ex.1) 거리에 따른 속도 증가율은 Δu/Δy로 표시할 수 있다. 고체 벽으로부터 멀어질수록 속도 증가율은 증가하는가 또는 감소하는가? 이를 그래프로 나타내면 다음과 같다.

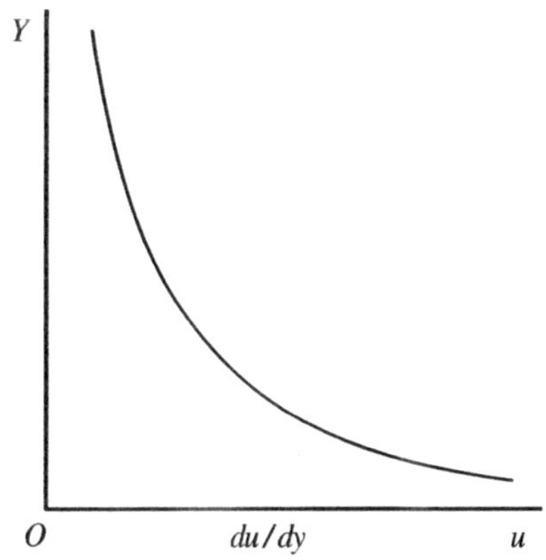

그림 6-4 거리에 따른 속도 증가율

3) 뉴턴의 법칙과 점도

다음 그림 6-5와 같이 두 평행판 사이에 가득 찬 유체의 움직임 알아보기 위해 밑판에 힘 F를 가하여 판이 속도 Δu로 움직이는 경우를 고려해 보자.

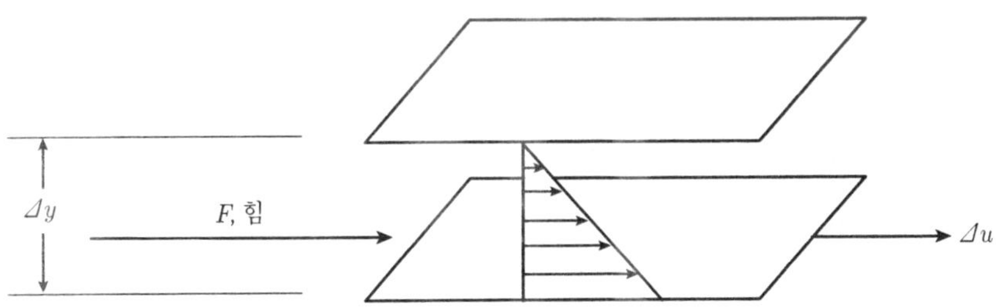

그림 6-5 두 평행판 사이 유체의 전단 모형

앞절에서 유체의 속도는 관이나 판의 표면으로부터의 거리에 따라 변하는 것을 알 수 있었다. 실험에 의하면 유체에 작용하는 힘(F)은 속도차(Δu, m/s)와 면적(A, m^2)에 비례하고 거리(Δy, m)에 반비례하는 것이 밝혀졌다. 이를 수식으

로 표현하면

$$F \propto A \frac{\Delta u}{\Delta y} \qquad \text{또는} \qquad \frac{F}{A} \propto \frac{\Delta u}{\Delta y}$$

가 된다. 위 식에서 비례관계인 '∝'을 '='으로 변환시키기 위해서는 적절한 비례상수만 넣어주면 된다. 즉,

$$\frac{F}{A} = \mu \frac{\Delta u}{\Delta y}$$

또는

$$\frac{F}{A} = \tau = \mu \frac{\Delta u}{\Delta y}$$

와 같은 형태로 쓸 수 있고 이 식을 뉴턴의 점도법칙(Newton's law of viscosity)이라고 한다.

위 식에서 τ(tau)는 전단응력(shear stress), 즉 유체가 외부 힘에 의하여 모양이 바뀔 때 변형에 대응되는 힘이다. 또한 위 식에서 μ(myu)는 비례상수로서 점도(viscosity)라고 한다.

Ex.1) 점도의 단위가 kg/m·s 또는 Pa·s 또는 N·s/m^{2}임을 증명하라.

점도의 단위로는 kg/m·s 또는 Pa·s 이외에도 CGS 단위인 g/cm·s를 사용하는데, 1 g/cm·s를 1 poise라고 부르며 1 p로 표시한다. 또한 poise의 1/100을 centipoise(cp)라고 하며 실험실에서 많이 사용하고 있다.

Ex.2) 20℃에서 물의 점도는 1 × 10^{-4} N·s/m^{2}이다. 이를 p와 cp로 나타내라.

4) 층류와 난류

유체 흐름의 상태를 조사하기 위하여 1883년 레이놀즈(Osborne Reynolds)는 다음 그림 6-6과 같은 장치를 고안하여 실험하였다.

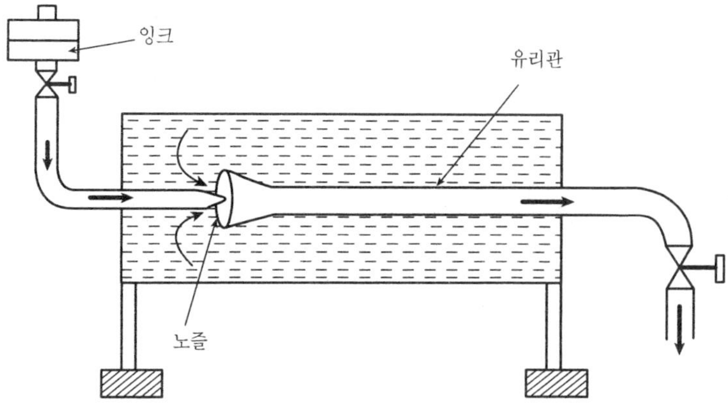

그림 6-6 레이놀즈 실험장치

수평한 유리관에 유체가 흐르게 하고 그 입구에 잉크가 흐를 수 있는 노즐을 장치하여 유량의 변화에 따른 잉크의 흐름을 살폈다. 이 실험 결과 유리관을 흐르는 유체의 속도가 작을 때는 잉크는 일직선 모양으로 흐르며 어느 속도 이상이 되면 잉크가 관 전체에 퍼져 버리는 현상이 나타났다(그림 6-7 참조).

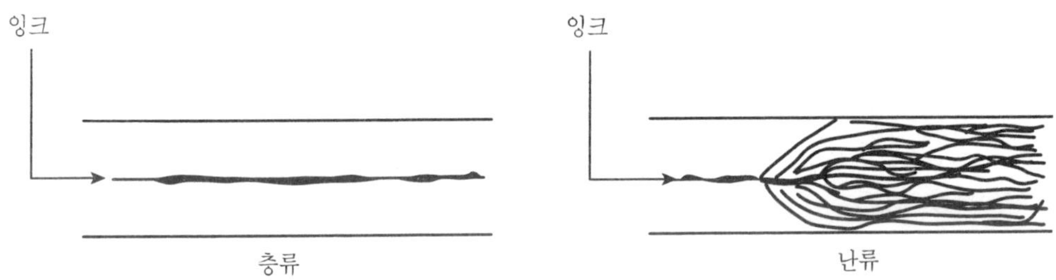

그림 6-7 층류와 난류

이 그림에서, 처음의 경우는 유체가 층을 이루어 흐르며 각각의 층간에 서로 섞이지 않는다는 것을 추론할 수 있다. 이러한 흐름을 **층류**(laminar flow)라고 한다. 반면에 두 번째 경우처럼 유체가 어떤 속도 이상이 되면 유체는 소용돌이를 이루면서 흐르기 때문에 잉크가 관 전체에 퍼지게 된다. 이러한 경우를 **난류**(turbulent flow)라고 한다. 층류와 난류에 대하여 다시 한번 정리하면 다음과 같이 요약할 수 있다.

① 층류(laminar flow) : 소용돌이가 없이 층을 이루며, 마치 유체 층이 서로 미끄러지듯

흘러 흐름 방향과 수직 방향으로 유체의 혼합이 없는 흐름

② 난류(turbulent flow) : 유속이 증가하면 유체 층간 혼합 및 소용돌이가 발생하는 흐름 형태

층류와 난류의 구분 및 층류에서 난류로의 변화는 유속뿐만이 아니라 유체의 밀도, 점도 및 유로의 모양 등에 영향을 받는다. 이러한 변수들을 결합하면 유체 흐름 형태를 판가름할 수 있는 새로운 변수, 즉 **레이놀즈수(Reynolds number)**를 얻을 수 있다.

원형 관에 밀도가 ρ, 점도가 μ, 유속 u의 유체가 직경 D인 관내로 흐를 때 Reynolds number는 다음과 같이 나타낼 수 있다.

$$Re = \frac{\rho D u}{\mu}$$

Reynolds number는 단위가 없는 수이다. 즉 무차원변수이다. 따라서 어떤 단위를 사용하더라도 단위계만 통일하면 같은 값을 얻을 수 있다. 표면이 매끈한 원관인 경우, Reynolds number가 2,100 이하이면 층류를 이루며 4,000보다 크면 완전 난류를 형성하고 2,100~4,000 사이에서는 층류에서 난류로 전이하는 현상을 보인다. 이를 정리해 보면 다음 표 6-1과 같다.

표 6-1 Reynolds number와 유체의 흐름 형태

Reynold number	Flow pattern	특징
Re < 2100	층 류 (laminar flow)	유체의 흐름은 평행으로 흐르면서 흐름방향 이외에 교차류나 소용돌이가 존재하지 않아 분자 scale의 혼합이 거의 없는 상태
2,100 < Re < 4,000	전이류 (transition flow)	층류에서 난류로 변화가 일어나는 영역
Re > 4,000	난 류 (turbulent flow)	유속이 빠르며 유체의 흐름이 불규칙적이며 소용돌이 등에 의하여 분자 scale의 강한 혼합현상이 나타나는 영역

Ex.1) 30℃ 물이 내경 3 in 유리관을 3 ft/s의 속도로 흐르고 있다. 이 유체의 흐름이 난류인지 층류인지 확인하라. 단 30℃에서의 물의 점도는 0.801 cp이다.

Ex.2) 비중 0.8, 점도 0.008 cp인 액체가 내경 1 in 관을 7 ft/s로 흐르고 있다. 이 유체의 흐름이 난류인지 층류인지 확인하라.

Ex.3) 다음의 경우에서 이 유체의 흐름이 난류인지 층류인지 확인하라.

	case 1	case 2
D	1 ft	2 mm
u	1 m/s	3 cm/s
ρ	12.5 kg/m^3	25 lb/ft^3
μ	2 × 10^{-6} cp	2 × 10^{-6} cp

3. 유체식품의 특성

모든 유체는 내부마찰(internal friction)을 가지고 있다. 유체가 흐르는 동안에 내부마찰에 의하여 유체를 흐르게 하는 원동력이 기계적 에너지를 열로 소비한다. 즉, 파이프를 통하여 유체를 흐르게 하기 위하여 에너지가 필요하며, 그 에너지의 일부가 유체의 내부마찰에 의하여 소비된다.

이때에 유체의 흐름을 방해하는 힘인 점성력(viscous force 또는 shear stress)은 유체층의 속도구배(velocity gradient, du/dy)와 다음과 같은 관계를 갖는다.

$$\frac{F}{A} = \tau = -\mu\frac{du}{dy} \qquad \text{(SI)} \qquad (6.1)$$

또는

$$\tau g_c = -\mu \cdot du/dy \qquad \text{(FPS)}$$

식 (6.1)을 뉴턴의 점도식(Newton' s law of viscosity)이라고 한다. 여기에서 속도구배(du/dy)를 전단속도(shear rate)라고도 하며, μ는 비례상수로서 점도(viscosity)이다. 점도의 단위는 SI 단위계에서는 N·s/m^{2}로 나타내며, CGS 단위계에서는 P(poise) 또는 cP(centipose)로, 그리고 FPS 단위계에서는 l b_m/ft·sec이다. 각 단위에서의 환산계수는 다음과 같다.

$$1\ P = 100\ cP = 1\ g/cm \cdot s = 0.0672\ lb/ft \cdot s$$

어떤 경우에는 점도를 유체의 밀도로 나눈 값 (μ/ρ)을 사용하는 것이 편리하다. 이를 **동점도**(kinematic viscosity)라고 하며, υ(nu)로 표시한다. 동점도를 나타낼 때 CGS 단위로는 st(stoke)이며, 1 cm^2/s이다.

예를 들어 20℃에서 물의 점도는 1 cP이며, 올리브기름의 점도는 84 cP, 설탕 용액의 점도는 60 cP이다. 점도가 클수록 액체의 흐름성인 유동도(流動度)가 작아진다. 액체의 점도는 온도에 영향을 많이 받는다. 온도가 상승함에 따라 점도는 감소하며, 이에 따라 그 액체의 유동도가 커지게 된다.

유체의 점도가 크면 유동도가 감소하게 되는데, 보통 유동도를 나타낼 때는 점도의 역수 ($1/\mu$)로 표시한다. 일반적으로 물, 술, 청징주스와 같은 저분자물질로 된 유체는 유동도가 크다. 이와 같은 유체는 뉴턴(Newton)의 식 (6.1)에 따르기 때문에 이를 뉴턴유체(Newtonian fluid)라고 한다. 꿀, 사과소스(apple sauce), 바나나퓌레(banana puree), 우유, 올리브기름 등 대부분 식품으로 이용되는 고분자물질 용액은 비뉴턴유체(non-Newtonian fluid)에 속하며, 이들은 식 (6.1) 대신에 식 (6.2)이 적용된다.

$$\tau = -m(du/dy)^n \qquad \text{(SI)} \qquad (6.2)$$

또는

$$\tau g_c = -m(du/dy)^n \qquad \text{(FPS)}$$

식 (6.2)에서 n값에 따라 유체의 흐름성이 달라지는데, $n > 1$인 경우를 dilatant 유체라고 한다. 그리고 $n < 1$인 경우를 pseudoplastic 유체라고 한다. 한편 식 (6.2)에서 $n = 1$이며, shear rate = 0에서 τ_y의 값을 갖는 경우를 Bingham plastic 유체라고 한다. 이들 비뉴턴유체의 특징을 살펴보면 그림 6-8과 같다.

식 (6.2)에서 m을 점조계수(粘調係數, consistency coefficient), n을 유동계수(流動係數, flow index)라고 하며, 이들을 유동변수(流動變數, rheological parameter)라고 한다. 일반적으로 비뉴턴유체의 성질을 말할 때는 점도로 나타내지 않고, m, n의 두 가지 수치로 나타낸다.

Pseudoplastic 유체는 n값이 $0 < n < 1$로서 전단속도가 증가하면 겉보기 점도(apparent viscosity)가 감소하는 유체를 말하며 초콜릿, 퓨레, 채소수프 등이

여기에 속한다.

Dilatant 유체는 $1 < n < \infty$로서 전단속도가 증가하면 겉보기 점도가 증가하는 유체로서 설탕용액, 땅콩버터, 소시지, 슬러리 등이 여기에 속한다.

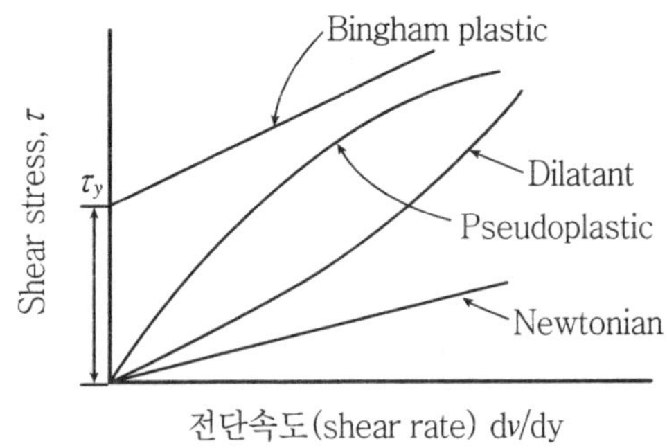

그림 6-8 뉴턴유체와 비뉴턴유체의 속도구배에 따른 전단응력의 변화

Bingham plastic 유체는 일정한 응력 τ_y이상을 주어야만 흐르는 유체로서 젤리, 우유의 커드(curd), 마요네즈 등은 이와 같은 흐름을 나타낸다. 여기에서 τ_y를 항복응력(yield stress)이라고도 한다.

전단응력과 전단속도의 관계는 전단시간에 영향을 받지 않는 경우에는 식 (6.2)가 적용되지만, 어떤 유체는 m, n, τ_y가 시간에 따라 변하는 시간 의존성(time dependent fluid)의 성질을 나타낸다. 예를 들어 thixotropic 유체 또는 rheopectic 유체는 일정한 전단속도를 주면 조직이 파괴되어 겉보기 점도(apparent viscosity)가 시간에 따라 감소하며, 이후 정지하여 두 번 조직이 다시 회복하여 점도가 높아지는 유체이다.

4. 유체의 물질수지 및 에너지수지

1) 유체의 물질수지

한 공정 또는 계(system)를 대상으로 하여 계로 들어가는 물질의 질량과 계 내에서 생성되는 질량의 합은 계 내에서 축적되거나 계로부터 나오는 물질의 질량과 같아야 한다. 따라서 유체의 흐름을 하나의 계로 선정 시 질량보존의 법칙에 의하여 다음과 같은 물질수지(material balance)가 성립된다.

input + generation = output + accumulation

만약 계 내에 화학반응이 없으면

input = output + accumulation

또한 계 내에 축적이 없으면 물질수지식은

input = output

의 간단한 형태가 되며 특히 이와 같이 계 내에 축적이 없는 계(system)를 정상상태(steady state, 시간에 따라 변화가 없는 상태)라고 한다.

물질수지식과 같이 질량보존의 법칙을 사용하여 유체 흐름에 있어 중요한 관계식인 **연속 방정식(continuity equation)**을 유도할 수 있다. 아래 그림은 비압축성(흐름에 있어 밀도가 변하지 않는 상태) 유체가 정상상태로 흐를 때 단면적이 A_1 및 A_2인 튜브(tube)의 일부를 나타낸 것이다. 이때 각 section의 속도를 각각 u_1, u_2라고 하고 튜브의 벽을 통하여 물질의 유입 및 유출은 없는 것으로 한다.

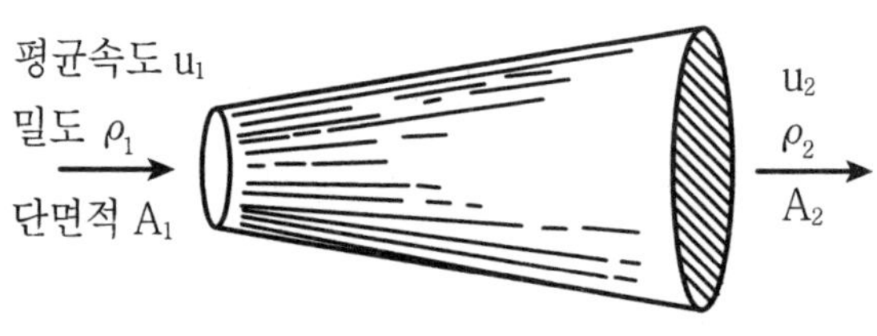

그림 6-9 비압축성 유체가 정상적으로 흐를 때의 단면적

이때 시간 Δt 동안 단면적 A_1을 통하여 흐른 유체의 부피는 위 그림에서 빗금 친 실린더(cylinder) 모양으로 단면적 A_1에 높이(유체가 움직인 거리)를 곱하여 주면 된다. 즉,

A_1을 통하여 흐른 유체의 부피 = $A_1 \times u_1 \cdot \Delta t$가 된다. 또한

A_1을 통하여 흐른 유체의 질량 = $\rho \cdot V$ = $\rho \cdot A_1 \cdot u_1 \cdot \Delta t$가 된다.

이와 유사하게

A_2를 통하여 흐른 유체의 부피 = $A_2 \times u_2 \cdot \Delta t$가 되며

A_2를 통하여 흐른 유체의 질량 = $\rho \cdot V$ = $\rho \cdot A_2 \cdot u_2 \cdot \Delta t$가 된다.

이 계는 정상상태이므로 input = output인 관계가 성립된다. 즉

$$\rho \cdot A_1 \cdot u_1 \cdot \Delta t = \rho \cdot A_2 \cdot u_2 \cdot \Delta t$$

또는

$$\rho \cdot A_1 \cdot u_1 = \rho \cdot A_2 \cdot u_2$$

따라서 밀도, 단면적, 속도의 곱은 항상 일정한 값을 갖게 된다. 즉

$$m = \rho \cdot u \cdot A = constant$$

로 표현할 수 있으며 이를 유체의 **연속 방정식(continuity equation)**이라고 한다.

한편 비압축성 유체에서는 밀도가 일정하므로

$$A_1 \cdot u_1 = A_2 \cdot u_2$$

로 표현 가능하다.

Ex.1) 단면적이 변하는 파이프(pipe) 내에서 물이 흐르고 있다. 이 파이프의 한 지점에서 단면적이 0.08 m^2이고 속도가 4 m/s일 때 다음 물음에 답하라.

a) 파이프의 단면이 다음과 같을 때 각각의 속도를 구하라

i) 0.06 m^2 ii) 0.112 m^2

b) 이 파이프의 출구에서 1초 동안 배출되는 유체의 부피는?

Ex.2) 단면적이 변하는 파이프 내에서 물이 흐르고 있다.

a) 파이프 한쪽의 직경은 0.2 m이며, 이 지점에서의 부피유량(volume flow rate)이 0.8 m^3/s 일 때 물의 속도는?

b) 물의 속도가 3.8 m/s인 지점에서의 파이프의 직경은?

Ex.3) 비중이 0.887인 원유가 아래 그림과 같은 유로에 흐르고 있다. 파이프 A의 유속은 30 gal/min이다. 각 파이프에서의 질량 유속(lb/hr), 평균 유속(ft/sec), 질량 속도 ($lb/ft^2 \cdot sec$)를 구하라.

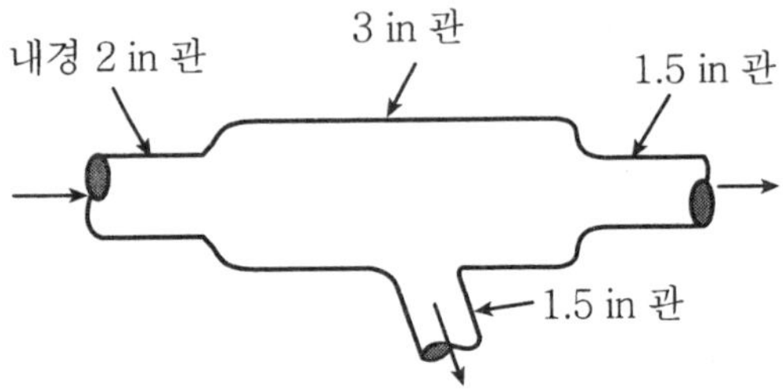

2) 유체의 에너지수지(Bernoulli's equation)

Bernoulli 방정식이라 불리는 유체의 에너지 수지식은 흐르는 유체의 압력, 속도 그리고 높이(위치)와 관련된 식이다. 그림 6 - 10과 같이 같은 시간에 단면 a와 c에 놓여져 있는 유체를 생각하여 보자. 이때 각각의 단면은 A_1 및 A_2이고 Δt의 시간이 경과하면 각각 b와 d 위치로 이동하며 그 움직인 거리를 Δs_1과 Δs_2라고 하자.

먼저 시간 Δt 동안 유체의 일(work)을 계산하기로 한다. 일 = 힘 × 거리이므로 유체에 작용하는 힘을 규명하여야 한다. 단면 a에 작용하는 힘은 $P_1 \cdot A_1$이고 단면 c에 작용하는 힘은 마찬가지로 $P_2 \cdot A_2$가 되지만 방향은 반대이다. 즉 a에 작용하는 힘은 흐름 방향이고 c에 작용하는 힘은 흐름의 반대 방향이기 때문이다. 또한 유체에 하여진 일은 각각 $P_1 \cdot A_1 \cdot \Delta s_1$ 및 $P_2 \cdot A_2 \cdot \Delta s_2$ 이고 역시 방향은 서로 반대이다. 따라서 Δt 동안 유체에 하여진 실질적인 일(net work)은

$$W = P_1 A_1 \Delta S_1 - P_2 A_2 \Delta S_2 = (P_1 - P_2) \Delta V$$

가 된다.

다음으로 유체의 흐름에서 운동에너지(kinetic energy, $K_E = \frac{1}{2} mu^2$)와 위치에너지(potential energy, $P_E = mgh$)의 변화를 생각하여 보자. Δt 동안 a에서

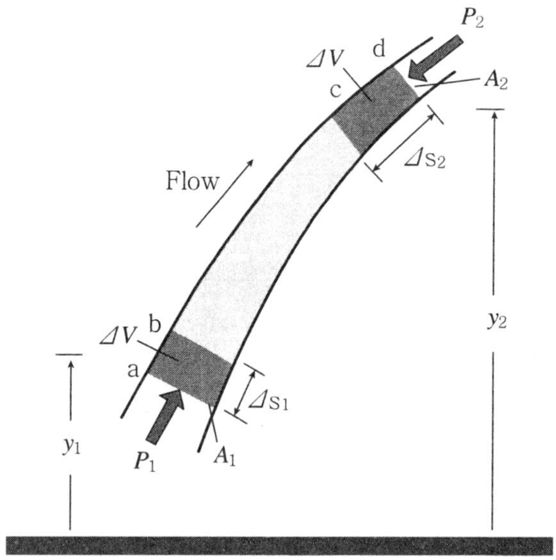

그림 6-10 같은 시간에 단면 a와 c에 놓여져 있는 유체

b로 움직인 유체의 부피는 $A_1 \Delta s_1$이고 질량은 $\rho A_1 \Delta s_1$이다. 따라서 이 때의 운동 에너지는 $1/2\,\rho(A_1 \Delta s_1)u_1^2$ 이다. 또한 유사하게 Δt 동안 c에서 d로 움직인 유체의 운동 에너지는 $1/2\rho(A_2 \Delta s_2)u_2^2$ 이다. 따라서 운동에너지의 변화량은

$$\Delta K_E = \frac{1}{2}\rho(A_2 \Delta s_2)u_1^{\ 2} - \frac{1}{2}\rho(A_1 \Delta s_1)u_1^{\ 2} = \frac{1}{2}\rho \Delta V(u_2^{\ 2} - u_2^{\ 2})$$

이다.

이와 유사하게 위치에너지의 변화량을 구할 수 있다. Δt 동안 a와 b 사이의 위치에너지는 $mgy_1 = \rho \Delta Vgy_1$ 이고 c와 d 사이에서는 $mgy_2 = \rho \Delta Vgy_2$가 된다. 따라서 위치에너지 변화량은 $\Delta P_E = \rho \Delta Vg(y_2 - y_1)$이 된다.

전체적인 에너지 변화량(일)과 내부적인 운동 및 위치에너지를 조합하면

$$(P_1 - P_2)\Delta V = \frac{1}{2}\rho \Delta V(u_2^{\ 2} - u_1^{\ 2}) + \rho \Delta Vg(y_2 - y_1)$$

또는

$$(P_1 - P_2) = \frac{1}{2}\rho(u_2^{\ 2} - u_1^{\ 2}) + \rho g(y_2 - y_1)$$

가 된다.

이를 다시 정리하면

$$P_1 + \rho g y_1 + \frac{1}{2}\rho u_1^2 = P_2 + \rho g y_2 + \frac{1}{2}\rho u_2^2$$

또는

$$\frac{P_1}{\rho} + g y_1 + \frac{1}{2} u_1^2 = \frac{P_2}{\rho} + g y_2 + \frac{1}{2} u_2^2$$

가 된다.

이를 좀 더 일반적인 형태로 표현하면

$$\frac{P}{\rho} + g y + \frac{1}{2} u^2 = \text{constant}$$

가 되며 이 식을 유체 흐름에 있어 에너지 수지식인 Bernoulli 방정식이라고 한다.

Ex.1) 집으로 공급되는 물이 내경 2 cm인 파이프를 통하여 4×10^5 Pa(약 4기압)으로 유입되고 있다. 이 물을 내경 1 cm 파이프를 통하여 5 m 높이에 있는 욕실로 공급하고자 한다. 집으로 유입되는 물의 속도가 4 m/s일 때 욕실에 공급되는 물의 속도와 압력을 구하라.

3) Bernoulli's equation 응용

지배 방정식 : $\frac{P_1}{\rho} + g y_1 + \frac{1}{2} u_1^2 = \frac{P_2}{\rho} + g y_2 + \frac{1}{2} u_2^2$

(1) 유체 정역학 : 깊이에 따른 유체의 압력 변화

그림과 같이 정지하고 있는 유체를 고려하여 보자. 이 경우 모든 유체의 속도는 없는 상태, 즉 $u_1 = u_2 = 0$ 인 상태이다. 따라서

$$\frac{P_1}{\rho} + g y_1 = \frac{P_2}{\rho} + g y_2$$

가 되고 이를 정리하면

$$P_1 - P_2 = \rho g (y_2 - y_1) = \rho g h$$

가 된다.

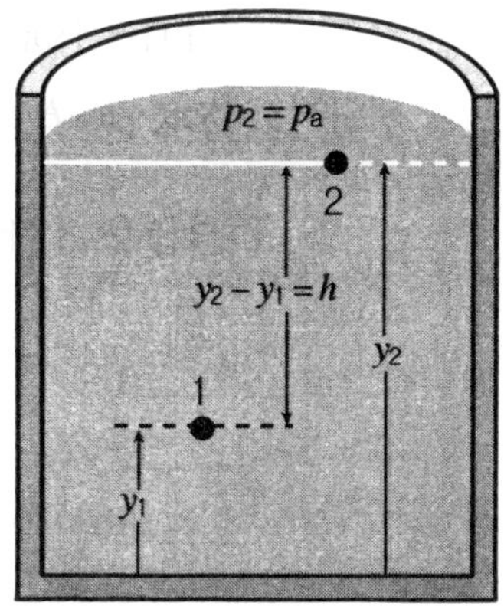

(2) 유체 유출속도(speed of efflux)

그림과 같이 단면적이 A_1이고 밀도가 ρ인 액체가 h 높이 만큼 차 있는 탱크(tank)를 생각해 보자. 탱크의 액상 상부의 공기압은 P이고 액상은 단면적이 A_2인 orifice를 통하여 유출되고 있고 상층부 수면에서의 속도를 u_1, orifice를 통하여 유출되는 속도를 u_2라고 하자. 또한 point 2에서의 압력은 대기 중으로 배출되기 때문에 대기압인 Pa라고 할 수 있다. point 1을 기준점으로 하여 point 1과 2에 대하여 Bernoulli 방정식을 적용하면

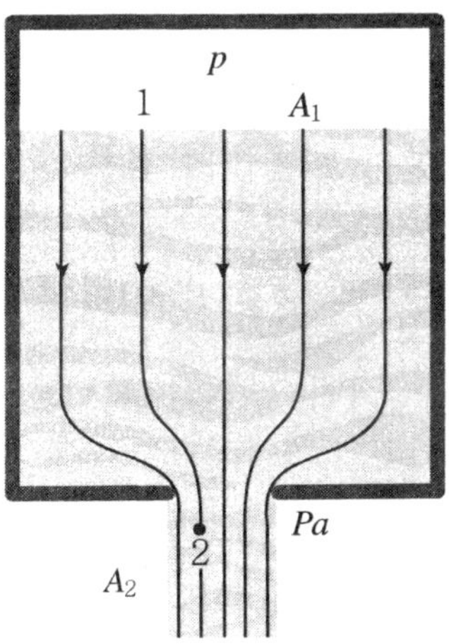

$$\frac{P}{\rho} + gh + \frac{1}{2} u_1^2 = \frac{P_a}{\rho} + \frac{1}{2} u_2^2$$

또는

$$u_2^2 = u_1^2 + 2\frac{P - P_a}{\rho} + 2gh$$

가 된다. 만약 그림에서 탱크가 open 되어 있다면(대기에 open 되어 있다면)

$$P = P_a \quad \text{그러므로} \quad P - P_a = 0$$

또한 위 그림에서 볼 수 있듯이 $A_1 \gg A_2$이다. 따라서 $u_1^2 \ll u_2^2$ 이 된다(힌트 : continuity equation). 즉 u_1^2은 u_2^2에 비하여 매우 작기 때문에 무시할 정도가 되면

$$u_2 = \sqrt{2gh}$$

가 되고 이를 유체의 Torricelli의 유출속도라 한다.

(3) 로켓(rocket) 추진

앞의 유출속도 그림에서 탱크 내에는 고압의 가스로만 채워져 있는 것으로 가정하자. 이때도 역시 $A_1 \gg A_2$ 이기 때문에 $u_1^2 \ll u_2^2$ 이 되어 u_1^2은 무시할 정도가 된다. 따라서

$$u_2^2 = 2\frac{P - P_a}{\rho} + 2gh$$

가 된다. 하지만 로켓에서 2gh 항은 압력 항에 비하면 상당히 작아 무시할 정도가 되어

$$u_2 = \sqrt{2(P - P_a)/\rho}$$

가 되고 이것이 로켓 추진에 필요한 연료(gas)의 유출 속도이다.

(4) Venturi 유량계

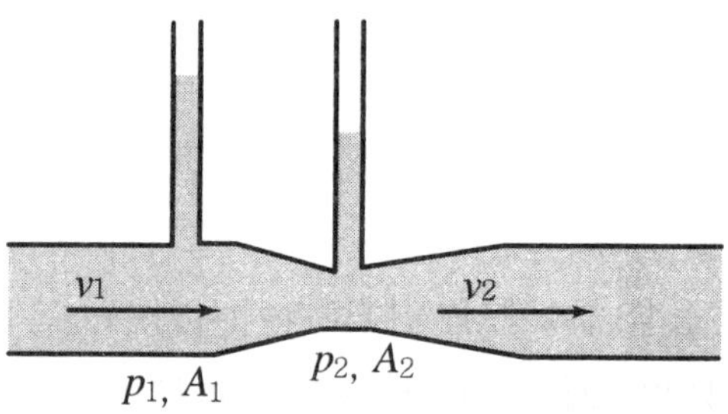

그림 6-11 Venturi 유량계

그림 6-11는 유량을 측정하기 위하여 산업적으로 보편적으로 사용되는 Venturi 유량계를 나타낸 것이다. 수평으로 설치된 Venturi 유량계에 Bernoulli 식을 적용하면

$$\frac{P_1}{\rho} + \frac{1}{2}u_1^2 = \frac{P_2}{\rho} + \frac{1}{2}u_2^2$$

가 된다.

Ex.1) 앞의 그림 6-11에서 파이프를 흐르는 유체의 속도 u_1을 구하라.

4) 유체 속의 물체에 대한 흐름 거동

많은 공정에서 고체 입자나 액체 방울의 움직임이 유체 속에서 일어나는 경우가 있다. 이때 유체는 액체나 기체일 수 있으며 정지해 있거나 흐르고 있는 경우도 있다. 예를 들면 공기나 유출 기체 내 먼지 또는 고체 입자를 제거하는 공정이나, 폐수에서 고체 입자를 제거하는 경우, 산(acid)처리 공정에서 폐 가스에서 산을 회수하는 경우가 있다. 따라서 이 장에서는 유체 속에서의 입자의 운동을 에너지 수식으로 표현해 보기로 한다.

유체 속에서 입자의 운동은 유체와 입자 사이의 밀도 차이를 필요로 한다. 또한 외적인 힘도 운동에 영향을 주게 된다. 이때 외적인 힘은 보통 중력이다. 만일 유체의 밀도와 입자의 밀도가 같은 경우, 입자는 유체 속에서 정지하여 있게 된다. 입자와 유체 사이의 밀도 차가 크면 클수록 공정은 보다 효과적이게 된다.

질량 m인 입자가 유체 속에서 움직인다고 가정해 보자. 이 경우 입자를 중심으로 다음과 같이 세 가지 힘이 작용하게 된다.

① 중력(F_g)
② 중력과 반대 방향으로 부력(F_b)
③ 입자의 운동 방향과 반대인 항력(마찰력, F_D)

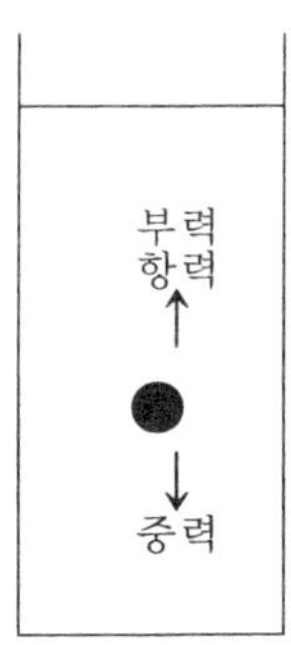

그림 6-12 유체 속의 입자에 작용하는 힘

위 그림에서 입자는 완전한 구형이며 속도 u로 움직일 때, 입자에 작용하는 힘의 합(알짜 힘, net force)은 다음과 같이 표시할 수 있다.

힘의 합 = 중력 - 부력 - 마찰력

$$F_{net} = F_g - F_b - F_D$$

이때

① 중력 : $F_g = mg$

$\rho = \frac{m}{V}$에서 $m = \rho V$이므로

$$m = \rho_s \cdot V = \rho_s \cdot \frac{4}{3}\pi r^3 = \rho_s \cdot \frac{4}{3}\pi\left(\frac{Dp}{2}\right)^3 = \rho_s \cdot \frac{\pi}{6} D_p^{\ 3}$$

$$\therefore F_g = \rho_s \cdot \frac{\pi}{6} D_p^{\ 3} \cdot g$$

② 부력(buoyancy) : $F_b = \rho_L V g$

$$V = \frac{4}{3}\pi\left(\frac{Dp}{2}\right)^3 = \frac{\pi}{6} D_p^{\ 3}$$

$$\therefore F_b = \rho_L \cdot \frac{\pi}{6} D_p^{\ 3} \cdot g$$

③ 마찰력 $= F_D$

④ 입자에 작용하는 힘 : F_{net}=total force=m·a

$$\therefore F_{net} = \rho_s \frac{\pi}{6} D_p^{\ 3} \cdot a = \rho_s \frac{\pi}{6} D_p^{\ 3} \cdot \left(\frac{du}{dt}\right)$$

따라서 항력, 즉 마찰력을 제외한 모든 힘이 이론적으로 구해졌다. 마지막으로 입자에 작용하는 마찰력을 구하기 위하여 아래와 같은 그림을 생각하여 보자.

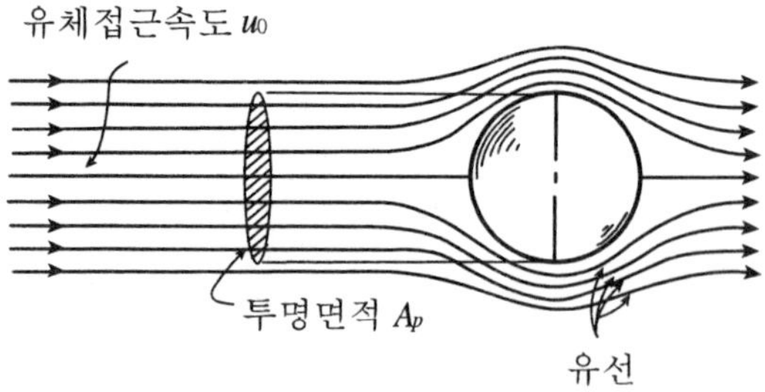

그림 6-13 입자에 대한 유체의 흐름

유체가 입자 표면에 가해 주는 힘, 즉 항력을 구하기 위하여, 흐름방향으로 입자의 맨 앞부분을 2지점으로 하고 그 상류는 1지점으로 가정하면 다음과 같은 Bernoulli 방정식이 성립된다.

$$\frac{P_1}{\rho} + gZ_1 + \frac{1}{2}u_1{}^2 = \frac{P_2}{\rho} + gZ_2 + \frac{1}{2}u_2{}^2$$

높이가 동일하다고 가정하면

$$\frac{P_1}{\rho} + \frac{1}{2}u_1{}^2 = \frac{P_2}{\rho} + \frac{1}{2}u_2{}^2$$

의 형태로 되고 2지점의 속도 u_2는 고체 표면이므로 0으로 생각할 수 있다. 따라서

$$\frac{P_2 - P_1}{\rho} = \frac{1}{2}u_1{}^2$$

$$\therefore P_2 - P_1 = \frac{1}{2}\rho u_1{}^2$$

이 된다. 압력으로부터 힘을 구하기 위해서는 압력이 작용하는 단면적을 곱해 주면 되므로($\because P = F/A$)

$$F = (P_2 - P_1)A = \frac{1}{2}\rho u_1{}^2 A$$ 이 된다.

하지만 앞의 그림에서 볼 수 있듯이 구 표면에 작용하는 압력은 평면이 아니기 때문에 계산상의 난점이 있다. 계산의 편의상 압력이 작용하는 단면적(A_p)을 평면이라고 가정하면(앞 그림에서 빗금친 부분의 면적)

$$A_p = \pi r^2 = \frac{\pi}{4}D_P{}^2$$

$$\therefore F = (P_2 - P_1)\frac{\pi}{4}D_P{}^2 = \frac{1}{2}\rho u_1{}^2\frac{\pi}{4}D_P{}^2$$

하지만 여기서 사용한 단면적은 실제 압력이 작용한 면적이 아니라 편의상 가상적으로 정한 것이다. 따라서 실제 구 표면에 작용한 힘과는 차이가 있기 때문에 이를 보정해 줄 필요가 있다. 위에서 구한 식에 보정계수 C_D를 넣어

주면 비록 C_D값이 미지수이기는 하지만 실제 구 표면에 작용하는 힘, 즉 마찰력으로 생각할 수 있다.

$$F_D = C_D \cdot \frac{1}{2} \rho u_1^2 \frac{\pi}{4} D_P^2$$

이상 이론적으로 구하여진 입자에 작용하는 힘을 $F_{net} = F_g - F_b - F_D$에 대입하면

$$\rho_s \frac{\pi}{6} D_p^3 \cdot a = \rho_s \frac{\pi}{6} D_p^3 g - \rho_L \frac{\pi}{6} D_p^3 g - C_D \cdot \frac{1}{2} \rho u^2 \frac{\pi}{4} D_P^2$$

$$= \frac{\pi}{6} D_p^3 g (\rho_S - \rho_L) - C_D \cdot \frac{1}{2} \rho u^2 \frac{\pi}{4} D_P^2$$

또한

$$a = \frac{dv}{dt} = (\rho_s - \rho_L) - \frac{6 C_D \rho_L u^2}{2 \cdot 4 \rho_S D_P^3}$$

$$= \frac{(\rho_s - \rho_L)}{\rho_s} \cdot g - \frac{3}{4} C_D (\frac{u^2}{D_P})(\frac{\rho_L}{\rho_S})$$가 된다.

구형 입자가 침강할 때 위 식의 중력과 부력 항(우변 제1항)은 침강속도 u와 관계없이 일정하지만, 마찰력(우변 제2항)은 u에 따라 증가하기 때문에, 입자의 침강속도가 증가하면 제2항이 제1항과 같아질 때까지 증가하게 된다. 이때 우변의 합이 0이 되어, $a = \frac{dv}{dt} = 0$, 침강속도가 더 이상 증가하지 않는 정상상태에 도달하게 된다. 이 속도를 입자의 종말 침강 속도(terminal settling velocity) u_t라고 하며 이 값은 침강 장치 설계에 있어 중요한 자료가 된다. 따라서 종말 침강 속도는 위 식에서 $a = \frac{dv}{dt} = 0$일 때의 값이 되므로 다음 식을 얻을 수 있다.

$$\frac{(\rho_s - \rho_L)}{\rho_s} \cdot g = \frac{3}{4} C_D (\frac{u^2}{D_P})(\frac{\rho_L}{\rho_S})$$

$$(\frac{u^2}{D_P}) = \frac{4(\rho_S - \rho_L) g}{3 \rho_L C_D}$$

$$u^2 = \frac{4(\rho_s - \rho_L) g D_P}{3\rho_L C_D}$$

$$\therefore \ u_t = \sqrt{\frac{4gD_P(\rho_S - \rho_L)}{3\rho_L C_D}}$$

5) 항력계수(마찰계수)

앞의 식들은 모두 C_D값을 포함하고 있으며 계산을 위해서는 C_D값을 알아야 한다. 이 값은 이론적으로 구할 수 있는 값이 아니고 실험을 통해서만 구할 수 있다. 다음 그림 6-14는 구의 경우에 C_D와 입자의 $N_{Re}(\frac{D_P \cdot u \cdot \rho_L}{\mu})$의 관계를 나타낸 것이다. 이 그림에서 보면 입자의 N_{Re}가 증가할수록, 즉 입자의 속도가 커질수록 C_D값은 다른 양상을 보이게 된다.

그림 6-14에서 $N_{Re} < 2$ 인 경우를 생각하여 보자. 그림 중 이 영역을 나타내는 곡선을 직선화하면 다음과 같다.

$$C_D = \frac{24}{N_{Re}} = \frac{24\mu}{\rho_L D_P u}$$

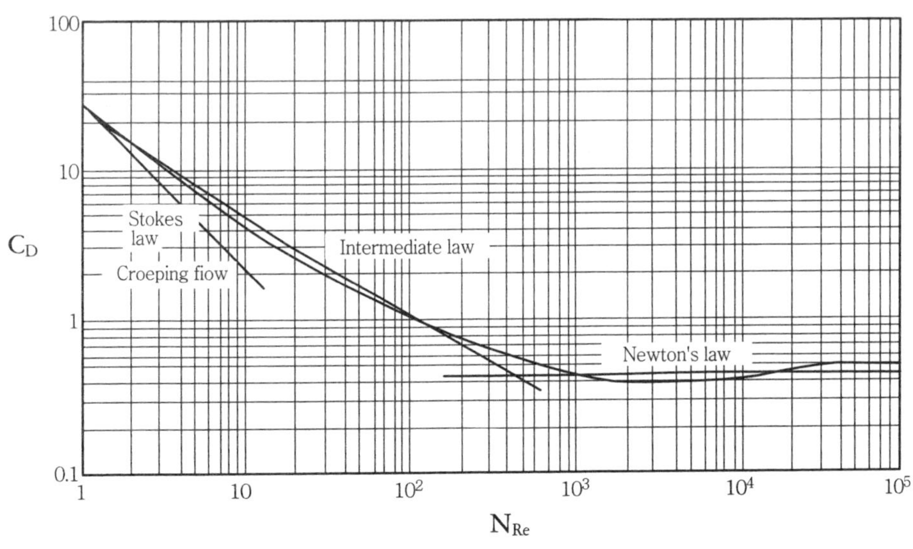

그림 6-14 C_D와 입자의 N_{Re}와의 관계(구의 경우)

이고 이를 앞에서 유도한 최종침강속도 $u_t^2 = \dfrac{4(\rho_s - \rho_L)gD_P}{3\rho_L C_D}$ 에 대입하면

$$u_t = \frac{(\rho_S - \rho_L)gD_P^2}{18\mu}$$

가 되고 이 범위를 creeping flow region 또는 Stoke's law region이라고 한다.

Ex.1) 15 μm의 직경의 기름방울이 공기 중에서 침강하고 있다. 기름의 비중은 0.9이며 이때 공기는 1 atm, 20℃($\rho_L = 1.2\text{kg/m}^3$, $\mu = 1.8 \times 10^{-5} \dfrac{\text{kg}}{\text{m} \cdot \text{s}}$)이다. 이 입자가 Stoke□s law에 따른다고 가정할 때, 침강시간을 6분으로 하고자 할 때 침강탑의 높이는 얼마가 되어야 하는가?

제7장 열전달

열전달은 여러 가지 처리 공정에서 일어나며, 열전달을 일으키는 추진력은 온도차이다. 열전달현상의 해석은 총괄 에너지 수지식으로부터 출발한다. 어떤 계에 대한 에너지수지식은 다음과 같다.

에너지의 입량 속도 + 생성속도 = 출량속도 + 축적속도

대상부피 내에서 에너지의 생성이 없을 때는 생성속도가 영이 되며, 정상상태인 경우는 축적속도가 영이다. 대상부피 내에서 에너지의 생성이 없고 정상상태에서의 에너지수지식은

에너지 입량속도 = 에너지 출량속도

열전달은 전도, 대류, 복사 등 세 가지 기구(mechanism)에 의하여 일어난다.

① **전도**(conduction) : 전도는 개개의 분자가 가지고 있는 운동에너지가 인접한 분자에 전달되는 현상으로, 온도가 높은 분자의 운동에너지가 더 크므로 운동에너지가 고온에서 저온의 분자로 이동하지만 분자 자신이 이동하지는 않는다. 이러한 에너지 전달은 고체, 액체 및 기체 등 모든 물체에서 일어난다.

② **대류**(convection) : 대류는 유체 자신이 이동하여 에너지를 전달하는 현상이다. 온도가 높은 유체가 온도가 낮은 지점으로 이동함으로써 열전달이 발생하므로 이동이 가능한 물질, 즉 기체나 액체와 같은 유체에서만 일어날 수 있고, 유체의 이동을 발생시키는 원동력이 온도차에 의한 유체의 밀도차인 경우를 자연대류라 하고, 이동의 원동력이 펌프나 송풍기 등 외부의 동력일 때를 강제대류라 한다.

③ 복사(radiation) : 복사는 전도나 대류와는 달리 열전달매체(기체, 액체, 고체)가 없이 열을 전달한다. 모든 물체는 온도가 절대영도 이상이면 절대온도의 4승에 비례하는 전자파를 복사한다. 이 에너지가 직진하여 다른 물체에 부딪히면 흡수, 반사 및 투과하는데, 그중 일부 물체에 흡수된 열복사파는 그 물체에 열 에너지를 전달하여 온도를 상승시키며 이런 형태의 열전달을 복사전열이라 한다. 복사에서 가장 주요한 예는 태양의 에너지가 우주의 빈 공간을 통과하여 지구에 전달되는 현상이다.

1. 전 도

전달속도를 결정하는 기본식은 다음과 같이 나타낼 수 있다.

$$\text{전달속도} = \frac{\text{추진력}}{\text{저항력}}$$

전도열전달의 경우 추진력과 저항력의 관계는 Fourier 법칙으로 나타낼 수 있다.

$$\frac{q}{A} = -k\frac{dT}{dx}$$

여기서 q는 에너지의 전달속도(W, J/s), A는 열이 흐르는 방향과 직각 방향의 열전달 면적 (m^2), q/A는 단위면적당 열전달 속도 또는 단위시간 단위면적당 전달된 열(에너지)로서 열플럭스(W/m^2, $J/s \cdot m^2$)라고 부른다. T는 온도(K), x는 거리(m), dT/dx는 온도구배, k는 열전도도(W/m · K)이다. Fourier식의 우변에 (−) 기호가 있는 것은 온도구배가 음의 부호를 갖기 때문이다.

여러 가지 물질의 열전도도를 표 7-1에 수록하였다. 이 표에서 볼 수 있는 것과 같이 대부분의 기체는 열전도도가 낮고, 금속성 고체는 높으며 액체는 그 중간이라 할 수 있다.

기체의 압력이 낮아지면 열전도도가 낮아지지만, 액체는 압력에 무관하다. 온도변화에 대한 액체의 열전도도는 $k = a + bT$와 같이 직선적인 변화로

표 7-1 대기압에서 여러 물질의 열전도도(단위 : W/m·K) 질

물 질	온도(K)	k	물 질	온도(K)	k
기 체	273	0.0242	**고 체**		
공기	373	0.0316	얼 음	273	2.25
수소	273	0.167	내화점토벽돌	473	1.00
n-부탄	273	0.0135	종 이	–	0.130
액 체			경성고무	273	0.151
물	273	0.569	코르크판	303	0.043
	366	0.680	석면	311	0.168
벤젠	303	0.159	암질섬유	266	0.029
	333	0.151	강철	291	45.3
생물체와 식품				373	45
쇠고기	263	1.35	구리	273	388
탈지유	275	0.538		373	377
사과소오스	296	0.692	알루미늄	273	202
연어	277	0.502			
	248	1.30			

나타낼 수 있다. 고체의 열전도도는 물질의 종류에 따라 매우 다양하다. 구리나 철과 같은 금속은 열전도도가 매우 크지만, 코르크판이나 석면 등은 매우 작다. 고체의 열전도도는 액체에서와 같이 압력에는 무관하지만 온도에 따라 변하므로 열전달에서 온도에 따른 열전도도의 변화를 고려해야 할 경우가 발생한다.

만약 그림 7-1과 같은 평판에서 Fourier식을 적용하기 위해서는 이 식을 적분해야 한다. 점 1에서의 온도를 T_1, 점 2에서의 온도를 T_2, 판의 두께를 $\Delta x = (x_2 - x_1)$라 하고, 변수를 분리한 후, Fourier식을 적분하면 다음과 같은 식을 얻을 수 있다.

여기서 R은 열전도저항으로 $\Delta x/kA$이다.

$$q = kA\frac{(T_1 - T_2)}{\Delta x} = \frac{(T_1 - T_2)}{\Delta x/kA} = \frac{(T_1 - T_2)}{R} \quad (7.1)$$

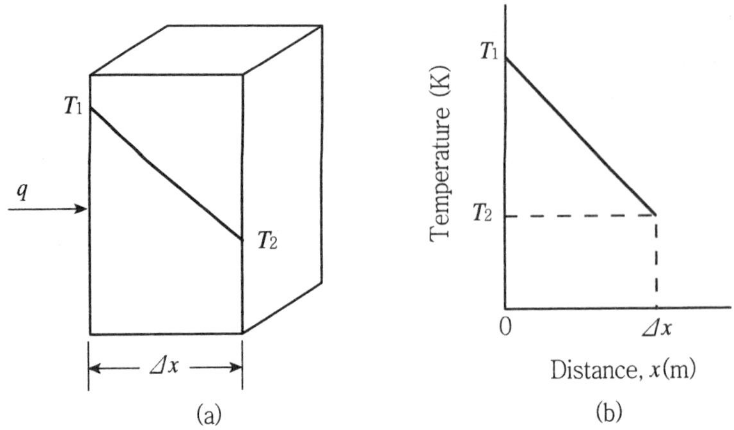

그림 7-1 평판벽의 열전도도(a : 벽의 기하학적 형태, b : 온도 변화 그림)

Ex.1) 단열된 벽면을 통한 열손실 : 벽에 25.4 mm 두께의 섬유로 된 단열재를 입혔다. 단열재 내벽의 온도는 352.7 K이고 외벽의 온도는 297.1 K이다. 이때 단열재 벽에 의한 단위면적(m^3)당 열손실을 계산하여라.

【풀이】 섬유로 된 단열재의 열전도도는 0.048 W/m·K이다. 단열재의 두께는 $x_2 - x_1 = 0.0254$m이므로 식(7.1)에 대입하면

$$\frac{q}{A} = \frac{k}{x_2 - x_1}(T_1 - T_2)$$

$$= \frac{0.048}{0.0254}(352.7 - 297.1)$$

$$= 105.1 \mathrm{W/m^2}$$

$$= (105.1\ \mathrm{W/m^2})\frac{1}{(3.1546\,\mathrm{W/m^2})(\mathrm{Btu/hr \cdot ft^2})}$$

$$= 33.30\,\mathrm{Btu/hr \cdot ft^2}$$

실린더 벽을 통한 열전도의 경우 Fourier식을 그림 7 - 2와 같은 원동좌표로 전환하여 적분한다.

$$\frac{q}{A} = -k\frac{dT}{dr}$$

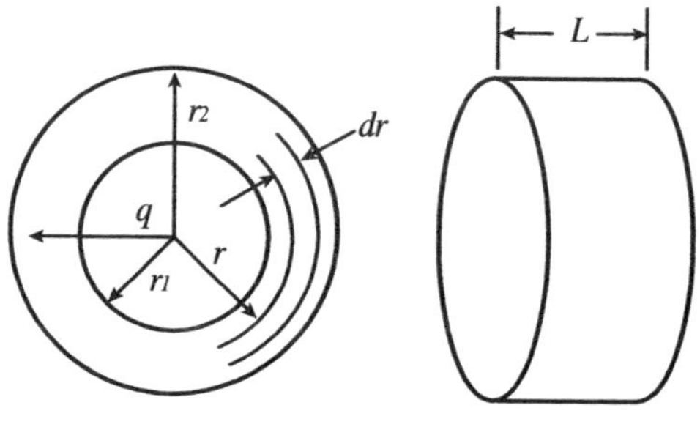

그림 7−2 실린더형의 열전도

실린더의 경우 열전달면적은 A = 2πL이다. A 대신 2πL을 위 식에 대입하고 변수 분리한 후, r 부터 r 까지 적분하면,

$$\frac{q}{2\pi L}\int_{r_1}^{r_2}\frac{dr}{r} - k\int_{T_1}^{T_2} dT$$

$$g = 2\pi kL\,\frac{(T_1 - T_2)}{\ln(r_2/r_1)}$$

위 식의 분자와 분모에 $(r_2 - r_1)$을 곱한 후 정리하여 보통 아래의 식으로 나타낸다.

$$g = kA_{lm}\frac{(T_1 - T_2)}{(r_2/r_1)}$$

여기서 $A_{lm} = \dfrac{(A_1 - A_2)}{\ln(A_2/A_1)}$

그림 7-3과 같은 다층벽면은 평판이 여러 겹쳐진 것이므로 평판의 열전도식을 적용할 수 있다. 즉 여러 개의 판이 있으므로 각 판의 저항을 각각 R_a, R_b, R_c라고 하면 다음과 같은 식을 얻을 수 있다.

$$g = \frac{T_1 - T_2}{R_a + R_b + R_c} \tag{7.2}$$

여기서 R_a, R_b, R_c 각 층에서 열전도저항은 각각 $\Delta xa/kaA$, $\Delta xb/kbA$, $\Delta xc/kcA$이다.

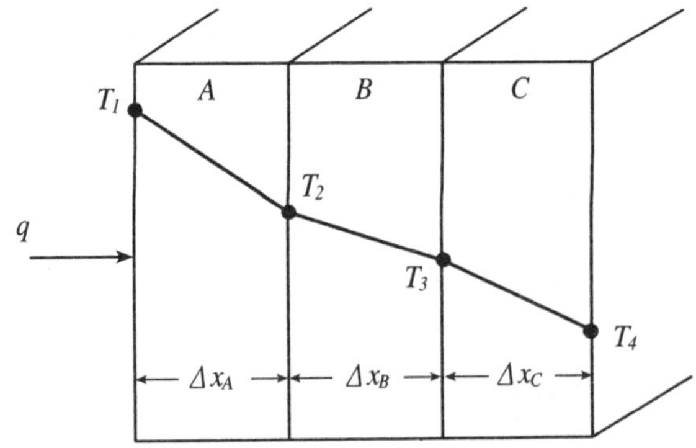

그림 7-3 다층벽면에서의 열전달

다층 실린더에서의 열전도에도 식 (7.2)을 적용할 수 있다. 그러나 각 층에서의 열전도저항은

$$R_a = (r_2 - r_1)/k_a A_{alm},\quad R_b = (r_3 - r_2)/k_b A_{alm},\quad R_c = (r_4 - r_3)/k_c A_{clm}$$

여기서

$$A_{alm} = (A_2 - A_1)/\ln(A_2/A_1)$$

$$A_{blm} = (A_3 - A_2)/\ln(A_3/A_2)$$

$$A_{clm} = (A_4 - A_3)/\ln(A_4/A_3)$$

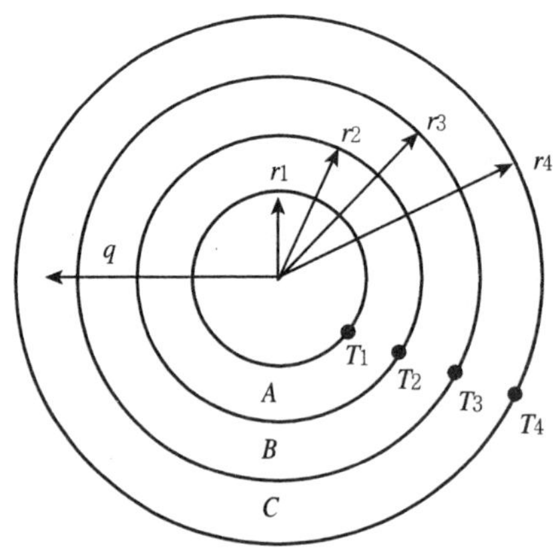

그림 7-4 연속 다중형 실린더를 통과하는 반경방향의 열흐름

2. 대 류

유체는 전도에 의한 열전달도 일어나지만 보통 대류에 의한 열전달이 매우 중요하다. 그림 7-5는 평판의 왼쪽에 찬 유체가, 오른쪽에 뜨거운 유체가 있을 때 전형적인 온도변화를 도시한 것이다. 유체가 흐르더라도 유체의 혼합이 적은 얇은 점성하층이 양쪽 벽 근처에 형성되고, 이 영역에서는 대류에 의한 열전달이 잘 안되므로 온도변화가 크다. 그러나 이 영역 밖에서는 온도차가 작아서 전도에 의한 열전달은 적지만 활발한 대류로 인하여 열전달이 잘되므로 온도차가 작다.

고체 벽과 유체가 접촉할 때 유체의 대류에 의한 열전달은 다음과 같은 대류 열전달식으로 나타낸다.

$$q = hA(T_w - T) \tag{7.3}$$

여기서 h는 대류열전달계수(W/m² K), A는 열전달면적(m²), T_w는 유체와 접촉하고 있는 고체 벽의 온도이다. 대류열전달계수는 경막계수(film coefficient)라고도 하는데, 이것은 그림 7-5에서 볼 수 있는 것과 같이 열전달저항의 대부분이 이 고체 벽 가까이에 있는 얇은 막에서 발생한다고 보기 때문이다.

대류열전달계수는 유체의 물성, 유동현상 및 열전달 면의 형태 등에 따라 주로 변하지만, 흐름이 난류가 될수록 그 값이 증가한다.

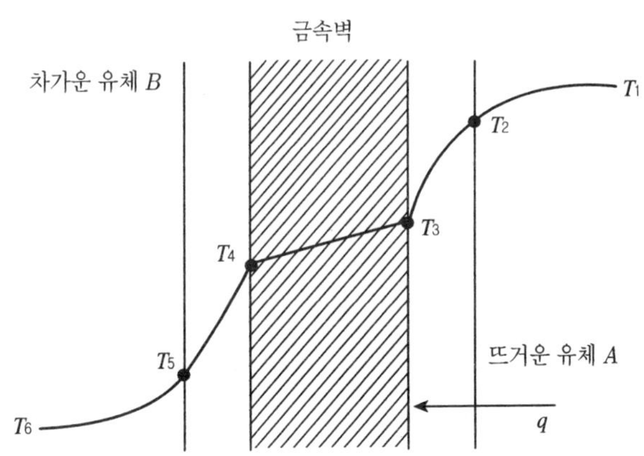

그림 7-5 대류에 의한 열전달의 온도 분포

이와 같이 대류열전달계수에 영향을 주는 여러 가지 인자들의 관계는 차원해석법으로 여러 가지 무차원군 사이에서의 관계식을 얻을 수 있다. 대류열전달계수와 관계가 있는 무차원군을 표 7-2에 수록하였다.

일반적으로 대류열전달계수(h)는 무차원군인 Nu(Nusselt수, hD/k 또는 hx/k)로 나타내며, 일반적으로 Nu는 다음과 같이 Re, Pr, Gr 및 L/D의 함수이다.

$$Nu = f(Re, Pr, Gr, L/D) = kRe^{a}Pr^{b}Gr^{c}(L/D)^{d}$$

여기서 k, a, b, c, d는 실험적으로 결정하므로 이렇게 얻은 식들을 반실험식이라 부른다.

표 7-2 열전달에 관계되는 무차원군

명 칭	기 호	식
Reynolds수	Re	$\frac{Dvp}{u}$ $\frac{DG}{u}$
Nusselt수	Nu	$\frac{hD}{k}$
Prandtl수	Pr	$\frac{Cpu}{k}$
Grashof수	Gr	$\frac{gD^{3}p^{2}\beta\Delta t}{u^{2}}$
Peclet수	Pe	$\frac{DvpCp}{k}$
Stanton수	St	$\frac{h}{CpG} = \frac{h}{Cpvp}$
Graetz수	Gz	$\frac{uCp}{KL}$
–	–	L/D

1) 관내 강제대류 시 경막계수

유체가 관내로 강제대류 유동하는 경우는 열교환기 등에서 자주 볼 수 있으며 따라서 h에 관한 연구 결과가 많이 보고되어 있다. 그중 일반적으로 널리 적용하는 식은 다음과 같다.

Re가 10000 이상이고, Pr이 0.7~700, L/D가 60 이상일 때는 다음과 같은 Dittus-Boelter식을 활용할 수 있다.

$$Nu = hD/k = 0.023Re^{0.8}Pr^{1/3}\left(\frac{\mu b}{\mu w}\right)^{0.14} \qquad (7.4)$$

여기서 u_b와 u_w는 각각 유체의 온도와 열전달 고체 표면의 온도에서 구한 점도이고, h는 관길이 전체에 대한 평균값이다.

Re가 2100 이하로 층류로 흐를 때는 다음과 같은 Sieder−Tate식을 활용할 수 있다.

$$Nu = hD/k = 1.863(Re \cdot Pr \cdot L/D)^{1/3}\left(\frac{\mu b}{\mu w}\right)^{0.14} \qquad (7.5)$$

이 식에서 (Re, Pr, L/D)가 100 이상일 때는 잘 적용되나, 그 이하가 되면 그 값이 감소할수록 오차가 증가한다.

Ex.2) 난류에서의 공기의 가열 : 평균온도 477.6 K와 압력이 206.8 kPa인 공기가 내경이 2.54 cm의 관 속을 7.62 m/s로 흐르면서 가열되고 있다. 가열 매체는 관 외부의 488.7 K 응축스팀이다. 응축스팀의 열전달계수가 수천 W/m^2K이므로 금속 벽의 저항은 매우 적다고 가정할 수 있다. 따라서 공기와 접촉되고 있는 관 벽면의 온도는 488.7 K로 가정한다. 이때 L/D > 60에 대한 열전달계수를 구하고 또 열전달플럭스 q/A를 구하라.

【풀이】 공기의 477.6 K에서의 물성값은 $\mu b = 2.60 \times 10^{-5}\ Pa \cdot s$, k = 0.03894 W/m, $Pr = 0.686$이다. 488.7 K에서는 w = 2.64 × 10 kg/m·s이다.

$$\mu b = 2.60 \times 10^{-5} Pa \cdot s = 2.60 \times 10^{-5} kg/m \cdot s$$

$$\rho = (28.97)\frac{1}{(22.141)}\frac{206.8}{(101.33)}\frac{273.2}{(477.6)} = 1.509 kg \cdot m^2$$

Re값은 477.6K인 유체온도에서 계산된다.

$$Re = \frac{D\mu b}{\mu} = \frac{(0.0254)(7.62)(1.509)}{2.6 \times 10^{-5}} = 11,220$$

따라서 유체 흐름은 난류이므로 식 (7.4)를 사용한다.

$$Nu = \frac{hD}{k} = 0.023Re^{0.8}Pr^{1/3}\left(\frac{\mu b}{\mu w}\right)^{0.14}$$

$$\frac{h(0.0254)}{0.03894} = 0.023(11.220)^{0.8}(0.686)^{1/3}\left(\frac{0.0260}{0.0264}\right)^{0.14}$$

위 식을 풀면 h = 53.8 W/m^2·K (9.48 Btu/hr · ft^2·°F)이다. 따라서 열플럭스를 구하면

$$\frac{q}{A} = h(T_w - T) = 53.8(488.7 - 477.6)$$

$$= 597.2\text{W/m}^2(189.0\,\text{Btu/hr}\cdot\text{ft}^2)$$

2) 자연대류 시 대류열전달

자연대류 열전달은 온도가 다른 유체와 고체가 접촉할 때 발생한다. 온도가 다른 고체표면에 의하여 유체의 온도가 변하면 밀도가 변하게 되므로 다른 유체보다 상대적으로 더 가벼워지거나 무거워지므로 자연대류현상을 일으킬 뿐만 아니라 열전달도 일으킨다.

자연대류에서 h에 관한 무차원식은 차원해석에 의하면 다음과 같다.

$$Nu = \frac{hL}{k} = f(Gr, Pr) = a(Gr \cdot Pr)^n \tag{7.6}$$

여기서 a와 n은 고체표면의 형태와 $Gr \cdot Pr$에 따라 변하는데 그 대표적인 값을 표 7 - 3에 수록하였으며, 무차원군 Grashof수(Gr)는 부력과 점성력의 비로서 다음 식과 같이 정의된다. 이 Grashof수는 강제대류에서의 Reynolds수와 같은 역할을 한다.

$$Gr = \frac{L^3\rho^2 g\beta\Delta T}{\mu^2} = \frac{c\rho}{k} \tag{7.7}$$

식 (7.7)을 이용하여 대류열전달계수를 구할 때는 고체판과 유체의 평균온도에서의 물성 값을 이용하며, ΔT는 유체와 고체 벽의 온도차, β는 유체의 체적팽창계수로서 절대온도의 역수와 같다.

표 7-3 자연 대류에 대한 식 (7.6)에서의 상수

형 태	$Gr \cdot Pr$	a
수직평면과 실린더		
(수직높이 L < 1 m)	$< 10^4$	1.36
	$10^4 \sim 10^9$	0.59
	$> 10^9$	0.13
수평 실린더		
(직경 D < 0.20 m)	$< 10^{-5}$	0.49
	$10^{-5} \sim 10^{-3}$	0.71
	$10^{-3} \sim 1$	1.09
	$1 \sim 10^4$	1.09
	$10^4 \sim 10^9$	0.53
	$> 10^9$	0.13
수평판		
(가열면 상향)	$10^5 \sim 2 \times 10^7$	0.54
	$2 \times 10^7 \sim 3 \times 10^{10}$	0.14
(가열면 하향)	$10^5 \sim 10^{11}$	0.58

Ex.3) 건조기의 수직 벽에 의한 자연대류 : 베이킹음식 건조기가 수직 높이 1 ft(0.305 m)인 가열판을 가지고 있다. 이 수직면의 온도는 450°F(505.4 K)이다. 이 건조기는 100°F(311 K)의 공기와 접촉하고 있다. 이때 열전달계수와 벽의 단위 폭(ft)에 대한 전열량을 구하여라. 단, 복사에 의한 전열은 고려치 않는다. 영국단위계와 SI 단위를 사용하여라.

【풀이】

필름온도는

$$Tf = \frac{Tw + Tb}{2} = \frac{450 + 100}{2} = 275\,°F = \frac{505.4 + 311}{2} = 408.2K$$

공기온도 275°F에 대한 물성값은

$$k = 0.0198\,Btu/hr \cdot ft \cdot °F = 0.034^3 W/m \cdot K,$$

$$\rho = 0.0541\,lb_m/ft^3 = 0.867\,kg/m^3$$

$Pr = 0.690$,

$\mu = (0.0232\ \text{cp}) \times (2.4191) = 0.0562\ \text{lb}_m/\text{ft} \cdot \text{hr} = 2.32 \times 10^{-5}\ \text{Pa} \cdot \text{s}$,

$\beta = 1/408.2 = 2.45 \times 10^{-3}\ \text{K}^{-1} = 1/(460 + 275) = 1.36 \times 10^{-3}\text{R}^{-1}$,

$\Delta T = T_w - T_b = 450 - 100 = 350°\text{F}(194.4\text{K})$

영국단위계로 Grashof수는

$$Gr = \frac{L^3 \rho^2 g \beta \Delta T}{\mu^2}$$

$$= \frac{(1.0)^3 (0.0541)^2 (32.174)(3,600)^2 (1.36 \times 10^{-3})(350)}{(0.0562)^2} = 1.84 \times 10^8$$

SI 단위로는

$$Gr = \frac{(0.305)^3 (0.867)^2 (9.806)(2.45 \times 10^{-3})(194.4)}{(2.32 \times 10^{-5})^2} = 1.84 \times 10^8$$

$$Gr \cdot Pr = (1.84 \times 10^8)(0.690) = 1.270 \times 10^8$$

표 7-3에서 $a = 0.59$, $m = \frac{1}{4}$을 구하여 식 (7.6)에 대입하여 h에 대하여 풀면

$$h = \frac{k}{L} = a(Gr \cdot Pr)^m$$

$$= \frac{(0.0198)}{1.0}(0.59)(1.270 \times 10^8)^{1/4} = 1.24\ \text{Btu/h} \cdot \text{ft}^2 \cdot °\text{F}$$

$$h = \frac{0.0343}{0.305}(0.59)(1.27 \times 10^8)^{1/4} = 7.03\ \text{W/m}^2 \cdot \text{K}$$

벽폭 1 ft에 대하여 $A = 1 \times 1 = 1.0\ \text{ft}^2\ (0.305 \times 0.305\ \text{m}^2)$. 따라서 단위 폭당 전열량은

$$q = hA(T_w - T_b) = (1.24)(1.0)(450 - 100) = 433\ \text{Btu/h}$$

$$q = 7.03(0.305 \times 0.305)(194.4) = 127.1\ \text{W}$$

위 전열량은 복사열에 의한 열손실을 무시한 것이다.

공기로부터 여러 가지 기하학적 표면으로 자연대류에 의한 열전달이 일어날 때 사용할 수 있는 간단한 식을 표 7-4에 나타냈다. 이 표는 공기의 절대압력이 1기압이고 $Gr \cdot Pr$값이 $10^4 \sim 10^9$ 범주에서 자주 이용되는 식을 모은 것이다. 또 SI 단위계에서 $(L^3 \Delta T)$값은 약 $4.7 m^3 \cdot K$ 이내이고, 필름온도는 255~533 K 사이이다. 만약 압력이 1기압보다 클 때는 표 7-4의 h값에 $(P/101.32)^{1/2}$을 곱하여 교정해 주면된다. 또 만약 $Gr \cdot Pr$ 값이 10^9보다 커지면 h값에 $(P/101.32)^{2/3}$을 곱하여 주면 된다. 여기서 P는 압력이며 단위는 kN/m^2이다. 위의 조건들을 영국단위계로 표현하면 $Gr \cdot Pr$값이 $10^4 \sim 10^9$사이에 있고, $(L^3 \Delta T)$값이 $300 ft^3 \cdot °F$ 미만일 때 이 표의 식을 쓸 수 있고, 만약 압력이 절대압력 1기압 이상일 때는 표 7-4의 h값에 $P^{1/2}$을 곱하고 $Gr \cdot Pr$값이 10^9 이상일 경우는 $P^{2/3}$을 곱하여 주면 된다. 물과 유기물에 대한 간단한 식들도 이 표에 같이 주어졌다.

표 7-4 여러 가지 기하학적 표면에서 자연대류에 대한 간단한 식

형 태		식: $h = Btu/hr \cdot ft^2 \cdot °F$, $L = ft$, $\Delta T = °F$, $D = ft$	식: $h = W/m^2 \cdot K$, $L = m$, $\Delta T = K$, $D = m$
101.32 kPa(1 atm) 절대압력에서 공기유통			
수직판, 수직관	$10^4 \sim 10^9$	$h = 0.28(\Delta T/L)^{1/4}$	$h = 1.37(\Delta T/L)^{1/4}$
	$> 10^9$	$h = 0.18(\Delta T/L)^{1/3}$	$h = 1.24(\Delta T/L)^{1/3}$
수평관	$10^3 \sim 10^9$	$h = 0.27(\Delta T/L)^{1/4}$	$h = 1.32(\Delta T/L)^{1/4}$
	$> 10^9$	$h = 0.18(\Delta T/L)^{2/3}$	$h = 1.24(\Delta T/L)^{1/3}$
수평판			
(가열면 상향)	$10^5 \sim 2 \times 10^7$	$h = 0.27(\Delta T/L)^{1/4}$	$h = 1.32(\Delta T/L)^{1/4}$
	$2 \times 10^7 \sim 3 \times 10^{10}$	$h = 0.22(\Delta T/L)^{1/3}$	$h = 1.52(\Delta T/L)^{1/3}$
(가열면 하향)	$3 \times 10^5 \sim 3 \times 10^{10}$	$h = 0.12(\Delta T/L)^{1/4}$	$h = 0.59(\Delta T/L)^{1/4}$
70°F(294 K)에서 물의 유동			
수직판, 수직관	$10^4 \sim 10^9$	$h = 26(\Delta T/L)^{1/4}$	$h = 127(\Delta T/L)^{1/4}$
70°F(294 K)에서 유기용매의 유동			
수직판, 수직관	$10^4 \sim 10^9$	$h = 12(\Delta T/L)^{1/4}$	$h = 59(\Delta T/L)^{1/4}$

3) 총괄열전달계수

실제 공정에서 고체 벽을 사이에 두고 온도가 서로 다른 유체가 양쪽에 흐를 때 온도 분포를 그림 7 - 6에 도시하였다. 이 그림에서 볼 수 있는 것과 같이 외부의 뜨거운 유체의 온도를 T_1, 내부의 찬 유체의 온도를 T_4라하고, 고체 벽 내면의 대류열전달계수(또는 경막계수)를 h_i, 외면의 대류열전달계수(또는 경막계수)를 h_o라 한다고 하자.

이 경우 고체 벽을 통한 열전달속도는 벽의 내면이나 외면을 통과한 양이 같으므로 다음과 같은 식이 성립한다.

$$q = h_i A_i (T_1 - T_2) = \frac{kA}{\Delta x}(T_2 - T_3) = h_0 A_0 (T_3 - T_4) \quad (7.8)$$

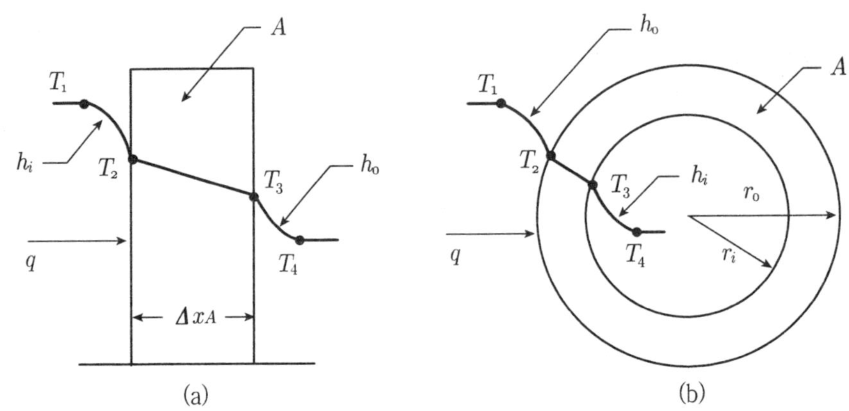

그림 7-6 대류 및 전도 열전달(a : 평면 벽 b : 실린더형 벽)

이 식을 저항과 추진력의 관계식으로 변형하면 다음 식을 얻을 수 있다.

$$q = \frac{\Delta T}{\Sigma R} = \frac{\Delta T}{R_i + R_w + R_0}$$

$$= \frac{T_1 - T_4}{1/h_i A_i + \Delta x/kA_w + 1/h_0 A_0} = U_i A_i \Delta T \quad (7.9)$$

여기서 Δx는 벽의 두께이며, 그림 7 - 6의 (a)와 같은 평면 벽에서는 $A_i = A_w = A_0$가 되며, (b)와 같은 실린더형 벽의 경우는 $\Delta x = (r_0 - r_i)$가 되고, A_w 대신 A_{lm}(A_i와 A_0의 대수평균)을 사용해야 한다. 따라서 평면 벽에서는

$$q = UA\Delta T$$

$$U = \frac{1}{1/h_i + \Delta x/k + 1/h_0} \tag{7.10}$$

단면이 원형인 관에서는

$$q = U_iA_i(T_1 - T_4) = U_0A_0(T_1 - T_4)$$

$$U_i = \frac{1}{1/h_i + (r_0 - r_i)A_i/kA_{lm} + A_i/h_0A_0} \tag{7.11}$$

$$U_0 = \frac{1}{A_0/A_ih_i + (r_0 - r_i)A_0/kA_{lm} + 1/h_0}$$

Ex.4) 총괄전열계수가 포함된 열손실 : 267°F의 포화수증기가 내경이 0.824 in, 외경이 1.050 in인 강철파이프 안을 흐르고 있다. 이 강철파이프는 외면에 1.5 in 두께의 단열재를 사용하여 단열시켰다. 파이프 내면의 수증기 표면에 대한 경막계수 h_i = 1,000 Btu/hr · ft^2 · °F이고, 파이프 외면에 대한 경막계수 h_0 = 2 Btu/hr · ft^2 · °F이다. 강철의 평균 열전도도는 45 W/m · K 혹은 26 Btu/hr · ft · °F이며 단열재의 열전도도는 0.064 W/m · K 혹은 0.037 Btu/hr · ft · °F이다.

a) 만일 파이프 면의 주위 공기 온도가 80°F라면 파이프 1 ft에 대한 열손실을 계산하여라.

b) 내면적 A_i를 기준으로 하고, 총괄전열 U_i를 사용하여 열손실을 구하여라.

【풀이】

a) 강철파이프의 내경과 단열재 두께를 포함한 외경을 r_i와 r_0라고 하면

$$r_i = \frac{0.412}{12}\text{ft}, \quad r_1 = \frac{0.525}{12}\text{ft} \quad r_0 = \frac{2.025}{12}\text{ft}$$

파이프 길이 1 ft에 대한 면적은 다음과 같다.

$$A_i = 2\pi Lr_i = 2\pi(1)(\frac{0.412}{12}) = 0.2157\text{ft}^2$$

$$A_1 = 2\pi Lr_1 = 2\pi(1)(\frac{0.525}{12}) = 0.2750\text{ft}^2$$

$$A_0 = 2\pi Lr_0 = 2\pi(1)(\frac{2.025}{12}) = 1.060\text{ft}^2$$

강철파이프(A)와 외피(B)의 대수평균면적은

$$A_{Alm} = \frac{A_1/A_i}{\ln(A_1/A_i)} = \frac{0.2750-0.2157}{\ln(0.2750/0.2157)} = 0.245$$

$$A_{Alm} = \frac{A_0/A_1}{\ln(A_0/A_1)} = \frac{1.060-0.2750}{\ln(1.060/0.2750))} = 0.583$$

식 (7.10)으로부터 여러 가지 저항을 구하면

$$R_i = \frac{1}{h_i A_i} = \frac{1}{1,000(0.2157)} = 0.00464$$

$$R_A = \frac{r_1 - r_i}{k_A A_{Alm}} = \frac{(0.525-0.412)/12}{26(0.245)} = 0.00148$$

$$R_B = \frac{r_0 - r_i}{k_B A_{Blm}} = \frac{(2.025-0.525)/12}{0.037(0.583)} = 5.80$$

따라서 식 (7.10)을 이용하여 열손실량을 구하면

$$q = \frac{T_i - T_0}{R_i + R_A + R_B + R_0}$$

$$= \frac{267-80}{0.00464+0.00148+5.80+0.472} = \frac{267-80}{6.276} = 29.8\text{Btu/hr}$$

b) 문제에 대하여 U_i를 구하기 위하여 식(7.10)을 정리하면

$$q = U_i A_i (T_i - T_0) = \frac{T_i - T_0}{\Sigma R}$$

U_i에 대하여 풀면

$$U_i = \frac{1}{A_i \Sigma R}$$

이미 계산한 값들로 치환하면

$$U_i = \frac{1}{0.2157(6.278)} = 0.738 \frac{\text{Btu}}{\text{hr} \cdot \text{ft2} \cdot {}^\circ\text{F}}$$

이때 열손실량 q를 계산하면

$$q = U_iA_{i(T_i} - T_0) = 0.738(0.2157)(267 - 80) = 29.8\text{Btu/hr}(8.73\text{W})$$

4) 열교환기와 대수평균 온도차

단위조작이나 단위공정에서 어떤 물질을 가열하거나 냉각시킬 필요가 많이 있으며, 이런 조작에 사용되는 장치를 열교환기라 한다. 보통 열교환기에서는 찬 유체와 뜨거운 유체가 직접 접촉하는 것이 아니라, 고체 벽을 사이에 두고 열전달이 일어나므로 유체와 관 사이의 대류열전달과 고체 벽을 통한 전도열전달이 동시에 일어난다.

보통 많이 쓰이는 열교환기에는 이중관 열교환기(그림 7-7)와 셀-튜브형(shell-튜브) 열교환기(그림 7-8)가 있다.

이중관 열교환기에서 찬 유체와 뜨거운 유체는 서로 병류(cocurrent)와 향류(countercurrent) 방향으로 흐르게 할 수 있으나 향류일 경우가 전열 추진력인 온도차의 증가로 전열량이 증가하기 때문에 더 많이 사용된다. 이중관 열교환기는 전열면적이 비교적 작으므로 큰 열교환기에는 사용하지 않고 간단한 액-액 열교환기에 주로 사용된다. 넓은 열전달 면적이 필요할 때 여러 형태의 셀-튜브형 열교환기가 사용된다. 그림 7-8에서 볼 수 있는 것과 같이 셀과 튜브에는 각각 다른 유체가 통과하면서 열교환이 이루어지며, (a)와 같이 셀 내에서나 튜브에서 유체의 흐름 방향이 하나일 때는 1셀과 1튜브형 열교환기, 즉 1-1열교환기라 부르며, (b)와 같이 셀 내에서는 유체의 흐름 방향이 하나이지만, 튜브에서 유체의 흐름 방향이 두개일 때는 1셀과 2튜브 통과형 열교환기, 즉 1-2열교환기라 부른다.

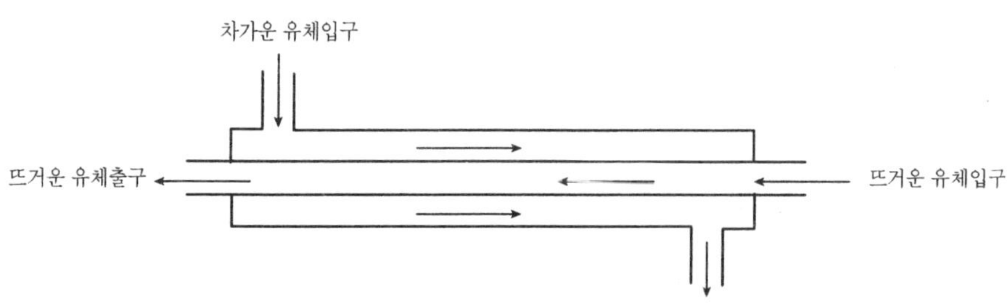

그림 7-7 이중관 열교환기에서 유체의 흐름

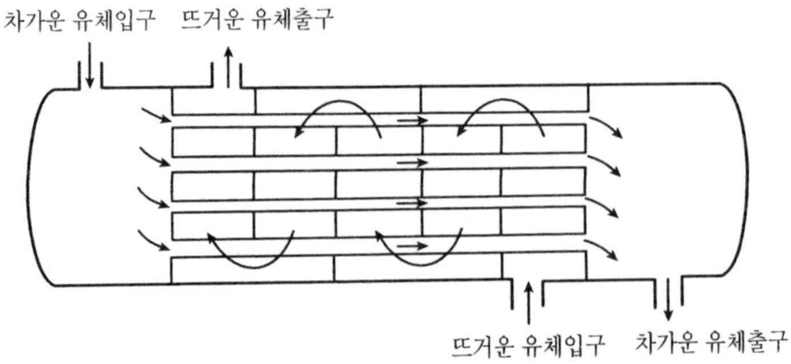

(a)

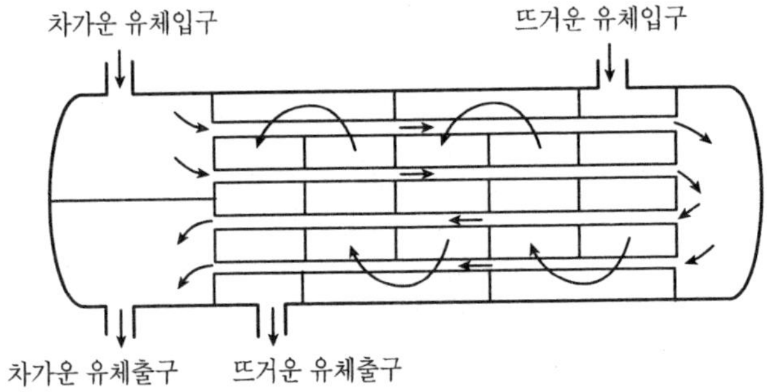

(b)

그림 7-8 셀-튜브형 경교환기 : (a) 1셀과 1튜브 통과형 열교환(1-1열교환기), (b) 1셀과 2튜브 통과형 열교환기(1-2 열교환기)

열교환기에서 뜨거운 유체와 찬 유체가 병류나 향류로 흐를 때 두 유체 간의 온도차가 일정하지 않으므로 대수평균온도차를 구하여 사용하여야 한다.

$$\Delta T_{lm} = \frac{\Delta T_2 - \Delta T_1}{\ln(\Delta T_2 / \Delta T_1)}$$

3. 복 사

1) 흡수율과 흑체

복사 열전달은 전도와 대류 열전달과는 다르게 열전달 매체가 필요 없는 전자기 복사파에 의한 에너지의 전달이다. 따라서 열복사는 광선과 같이 직진하며 빈 공간, 즉 진공 사이를 통과할 수 있다.

절대영도 이상의 모든 물체는 복사파를 방출하는데, 어떤 물체가 외부로부터 복사에너지를 받았을 때 그 일부는 반사하고, 일부는 투과하고, 또 일부는 흡수한다. 어떤 물체의 흡수율(absorptivity)을 a, 반사율(reflectivity)을 r, 투과율(transmissibility)을 t라 하면 다음 식이 성립된다.

$$a + r + t = 1$$

어떤 물체가 불투명체라면 투과율이 영이 되므로 a + r = 1이 되며, 만약 어떤 불투명체가 반사를 하지 않는다면 이 물체는 r과 t가 모두 영이 되므로 받은 복사에너지를 전부 흡수하게 되는데 이런 이상적인 물체를 흑체(black body)라 한다. 완전흑체는 존재하지 않으나 불투명한 벽으로 둘러싸인 구에 작은 구멍이 뚫려 있는 물체의 내부는 일단 이 구멍으로 빛이 들어가면 반사되어 나오기 어렵고 반복해서 반사되는 과정에서 전부 흡수되기 때문에 완전흑체라고 볼 수 있다.

모든 물체는 에너지를 흡수하고 또한 복사에너지를 방출한다. 어떤 물체가 복사한 에너지는 그 물체의 온도의 함수이며, 흑체의 복사능에 대한 어떤 물체의 복사능의 비를 복사율(ε, emissivity)이라 하며, 따라서 흑체의 복사율은 1이다. 복사율과 흡수율의 관계를 Kirchhoff 법칙이라 부르며, 이것은 동일한 온도에서 어떤 물체의 흡수율과 복사율은 서로 같다는 것이다. 즉 같은 온도에서

$$a = \varepsilon$$

흑체는 a나 ε이 모두 1이지만 흑체가 아닌 모든 물체는 ε이 1보다 작다.

2) 복사에너지

온도가 T, 복사 열전달 면적이 A인 흑체가 아닌 어떤 물체가 방출하는 복사에너지는 다음 Stefan－Boltzmann식으로 나타낼 수 있다.

$$q = A\varepsilon\sigma T^4$$

이때 σ는 Stefan － Boltzmann 상수라고 부르는데 5.676×10^{-8} $W/m^2 \cdot K^4$이며,

흑체인 경우 ε= 1이다.

온도가 다른 두 물체는 서로 복사에너지를 방출하고 흡수함으로써 열에너지를 교환한다. 온도가 T_1 표면적이 A_1인 작은 물체가 온도가 T_2인 고온 물체에 완전히 둘러 싸여 있을 때, 표면적이 A_1인 작은 물체는 A_1의 에너지를 주위로 방출하고, 또한 주위에 있는 물체로부터 $A_1\varepsilon_1\sigma T_2{}^4$의 에너지를 받으므로 작은 물체가 받는 순 복사열은 다음 식으로 나타낼 수 있다.

$$q = A_1\varepsilon_1\sigma 1({T_1}^4 - {T_2}^4) \tag{7.12}$$

Ex.5) 금속관의 복사 열전달 : 외경이 2.54 cm(1 in)인 작은 금속관이 수평으로 놓여있다. 관의 표면온도가 588 K(600°F)이며 관의 길이가 0.61 m(2 ft)이다. 이 관은 주위 공기온도가 1,088 K(1500°F)인 내화벽돌로 싸여진 매우 큰 노 속에 들어 있다. 1,088 K에서 관의 복사율은 0.600이고, 588 K에서 관의 복사율은 0.460이다. SI 단위와 영국계 단위를 사용하여 복사에 의한 관의 열전달을 계산하여라.

【풀이】

큰 노의 주위는 작은 금속관의 비하여 매우 크다. 주위가 비록 회색체일지라도 작은 관의 위치에서 보면 흑체로 나타난다. 따라서 식 (7.12)를 이용한다. 주어진 값 1,088 K에서 ε= 0.6을 대입하면 아래와 같다.

$$A_1 = \pi DL = \pi(0.0254)(0.61)m^2 = \pi(1/12)(2.0)ft^2$$

$$q = A_1\varepsilon\sigma({T_1}^4 - {T_2}^{4)}$$

$$= [\pi(0.0254)(0.61)](0/6)(5.676\times10^{-8})[(588)^4 - (1,088)^4]$$

$$= -2,130W$$

$$q = \frac{1}{[\pi(1/12)(2)]}(0/6)(0.1714\times10^{-8})[(1,060)^4 - (1,940)^4]$$

$$= -7,270\,Btu/hr$$

두 개의 평행하게 서 있는 무한히 큰 평판 사이의 복사전열에 대하여 고려하여 보자. 판 1은 온도가 T_1, 표면적이 A_1, 복사율이 ε_1이고 판 2는 온도가 T_2, 복사율이 ε_2라 할 때, 두 물체 사이(판 1에서 판 2로)에 전달된 순 복사에너지는 다음 식으로 나타낼 수 있다.

$$q_{12} = A_1\sigma(T_1{}^4 - T_2{}^4)\frac{1}{1/\varepsilon_1 + 1/\varepsilon_2 - 1}$$

위 식에서 오른쪽 마지막 항은 방출된 에너지의 몇 %가 다른 물체에 도달하는가를 보정하기 위한 보기인자(view factor)이다. 복사파는 직진하기 때문에, 어떤 물체가 방출한 복사에너지가 다른 물체의 표면에 부딪혀서 흡수되기 위해서는 방출된 에너지의 몇 %가 다른 물체에 도달하는가를 알아야 하는 데 이것을 보기인자라 한다. 무한히 큰 두 평행 평판 사이의 보기인자는 1이므로 위 식에서는 간단히 생략할 수 있으나, 보기인자가 1이 아닌 경우에는 이 값을 곱해 주어야 한다.

P·A·R·T

02 생물공학 기초

제8장 유용 미생물의 분리선발, 육종 및 보존

미생물이 생산하는 신물질인 새로운 대사산물(metabolites)을 얻기 위하여 끊임없이 자연계에서 새로운 미생물을 분리하고, 이를 검색(screening)하여 우수균주를 선발한다. 이를 위하여 첫 단계로 자연계에서 분리한 균주의 최적 배양조건을 규명하거나, 각종 물리적·화학적 방법에 의하여 변이주를 얻으며, 세포융합 또는 유전자조작에 의한 우수균주를 육종하고, 이를 이용하여 우리가 필요로 하는 대사산물을 얻게 된다.

분리균주가 산업적으로 이용되는 데까지는 많은 단계를 거치게 된다. 분리균주는 선발 및 육종과정을 거쳐 우수균주로서 사용될 수 있으며, 이를 이용한 유용물질 생산에 있어서는 크게 다음 5가지 방법에 의한다.

① 자연계에서 미생물을 검색함으로써 새로운 미생물을 분리하거나 또는 새로운 검정방법을 이용하여 유용한 물질을 찾아내는 방법으로서 현재 새로운 물질의 생산에 있어서 가장 유력한 방법으로 이용되고 있다.
② 기존에 분리된 미생물에 의해 생산된 물질을 전구물질로 사용하여 이를 화학적으로 변형(chemical modification)시켜 필요로 하는 유용물질을 생산한다.
③ 기존에 생산되고 있는 여러 가지 화학물질을 기질로 하여 효소반응 등을 통하여 화학구조를 변화(biotransformation)시킴으로써 유용물질을 생산한다.
④ 유전정보를 알고 있는 유사한 종간(種間)의 세포융합(protoplast fusion)에 의하여 새로운 균주를 얻는 방법으로서 주로 항생제 생산공업에 많이 이용된다.
⑤ 서로 다른 종간에 유전자조작(gene manipulation)에 의하여 생산성이 높거

나 새로운 물질생산을 위한 균주를 얻는 방법이다.

이 장에서는 우선 유용한 미생물의 분리선발하는 방법과 물리화학적 돌연변이 유발물질(mutagen)의 처리에 의한 균주육종에 대해 알아보기로 한다.

1. 미생물의 분리선발

미생물을 산업적으로 이용하기 위한 첫 단계는 자연계에서 미생물을 분리하는 것이며, 산업적으로 이용할 수 있는 유용한 미생물을 선발하는 데는 다음과 같은 요인들을 검토해야 한다.

① 미생물의 영양적 특성(nutritional characteristics)으로서 영양요구가 값싼 원료 또는 미리 정할 수 있는 배지조성(defined medium)에 생육이 잘되어야 한다.

② 고온성 또는 내열성 미생물로서 생육적온이 40℃ 이상인 미생물은 대규모 발효에 있어서 발효열의 제거가 용이하여 냉각비용이 적게 들고, 다른 미생물로부터의 오염에 대한 위험성이 적다.

③ 현재 사용하고 있는 공정(process) 또는 설비에 알맞은 미생물이어야 한다.

④ 생리적 및 유전적으로 안정성이 있어서 장기간 배양 중에도 변이주의 발생이나 활성의 저하가 일어나지 않아야 한다.

⑤ 사용하는 원료에 대한 제품으로의 전환율 및 단위시간당 수율인 생산성이 높아야 한다.

⑥ 배양 후에 배양액으로부터 제품의 회수가 용이해야 한다.

위와 같은 목적에 알맞고 상업성이 있는 미생물 균주를 균주 보존기관 등에서 분양을 받거나 또는 자연계에서 분리하고 육종하여 이용한다. 연구용으로 사용하는 균주는 보통 보존기관으로부터 입수가 가능하나 경제성이 있는 상업 미생물은 특허권을 인정하고 있어서 이를 사용하고자 할 때는 비싼 기술료(royalty)를 지불해야 하기 때문에 자연계로부터 유용균주를 분리하는 작업이나 또는 분리균주를 개량하려는 노력은 꾸준히 계속되고 있다.

미생물을 분리할 때는 목적하는 미생물의 종류나 특성에 따라 시료(분리원), 분리방법, 배양조건 등이 다르며, 분리선발의 성패가 이들에 의해 결정되는 경우가 많다. 일반적으로 토양, 동식물체, 바닷물, 온천수, 하수 등 자연계의 시료를 사용하여 선택배지(selective medium)에서 직접배양(enrichment culture)으로 이루어지거나, 온도, pH, 압력 등의 물리적인 조건을 조절하거나, 항생제 또는 생육저해제 등의 화학물질을 배지에 첨가하여 배양한 다음 특정한 미생물을 순수 분리한다.

미생물 균체의 구성은 그림 8 - 1에서 보는 바와 같이 간단한 화합물에서부터 점차 복잡한 고분자물질로 이루어지므로 분리하고자 하는 미생물의 생리적 및 유전적인 특성을 고려하여 분리배지를 선택하여야 하며, 이를 위해 미생물의 생리적인 현상을 이해할 필요가 있다.

		The cell ↑		
Organelles		Nucleus Mitochondria Chloroplast, etc. ↑		
Supermolecular assemblies (particle weight 0^6~10^9)		Enzyme complexes Ribosomes Contractile systems		
	↗	↑	↑	↖
Macromolecules (mol wt 10^3~10^9)	Nucleic acids	Proteins	Poly－saccharides	Lipids
	↑	↑	↑	↑
Building blocks (mol wt 100~350)	Mono－nucleotides	Amino acids	Simple sugars	Fatty acids, glycerol
	↑	↑	↑	↑
Intermediates (mol wt 50~250)	Ribose. carbamyl phosohate	α－Keto acids	Phosonoenol pyruvate, malate	Acetate, malonate
	↖	↑	↑	↗
Precursors from the environment (mol wt 18~44)		CO_2 H_2O N_2		

그림 8－1 미생물 세포의 형성을 위한 구성성분의 합성단계

미생물을 분리하는 데 이용되는 배지의 선택은 매우 중요하며, 이를 위한 guideline을 요약하면 다음과 같다.

① C, N, P 등의 생육제한(growth-limiting)을 시킬 수 있는 영양원으로 이루어진 배지를 준비한다.
② 영양결핍의 각 형태에 대해서는 다른 종류의 충분한 영양요소를 가해준다.
③ 생육제한 영양원으로서는 쉽게 분해이용이 안되는 고분자 형태의 물질(complex 또는 polymeric form)을 사용한다.
④ 쉽게 분해 이용할 수 있는 포도당과 같은 탄소원, 암모니움(NH_4^+)염과 같은 질소원의 이용을 피한다.
⑤ cofactors(Co^{3+}, Mg^{2+}, Mn^{2+}, Fe^{2+} 등)가 들어 있는지 확인한다.
⑥ 배양 도중에 pH의 변화가 심하게 일어나지 않도록 완충작용이 있는 이루어질 수 있는 배지조성을 갖춘다.

위와 같은 배지조성은 분리하고자 하는 특정 미생물만이 선택적으로 자랄 수 있는 화학적 환경을 조성함으로써 불필요한 미생물의 생육을 억제할 수 있다. 또한 이온강도(pH), 온도, 삼투압 등 필요에 따라 물리적인 환경을 조절하거나 항생물질의 첨가 등을 통하여 요구하는 미생물의 분리를 쉽게 할 수 있다.

예를 들어 특정한 미생물의 분리 및 선발에 있어서는 그 목적에 적합한 screening 방법을 사용하여 선발한다. 일반적으로 유용물질의 생산여부를 확인하기 위한 항생물질 생산균주의 경우는 시험균(test strain)에 대한 생육저해 정도를 측정하며(bioassay), 효소생산 균주의 선발에는 배양여액(culture filtrate)을 사용하여 그의 효소활성을 측정함으로써 이루어진다. 보통 분리하고자 하는 미생물은 대부분 2차 대사산물을 유용물질로 생산하는 균주일 경우가 많으며, 이는 각종 영양원의 조절(regulation)에 의해 생산량이 크게 차이가 생길 수 있으므로 배지의 선택 및 screening 방법의 선택에 유의해야 한다.

미생물에 의한 신물질 screening 과정의 예를 요약하면 그림 8-2와 같다. 앞서 설명한 방법에 의해 분리한 균주는 알맞은 배양조건을 설정하고 배양한 다음 배양여액에 대하여 여러 가지 검정법에 의한 유용물질 생성여부를 확인한다.

분리시료(토양, 식물체 등)
↓
미생물분리 → 유용물질 생산균의 동정 → 보존기관에 기탁 → 변이
↓
배양 ——————————→ 생합성에 관한 연구
↓
검정(screening) : 검정법의 검토
↓
추출 및 정제
↓
결정화(단일물질의 확인)
↓

이화학적 성질분석
: mp 원소분석, 구조식
UV, IR, NMR, Mas-Spec.,
용해성, 발색반응, Rf치 등

화학구조의 결정

합성

수식에 의한 개량

생물학적 성질을 검토
: 항균 스펙트럼 및 생리활성, 독성

in vivo 활성
작용 메커니즘, 기타 생리활성

* ▒ 의 안은 특허출원에 필요한 데이터

그림 8-2 미생물에 의한 신물질 screening 과정

필요로 하는 대사산물이 생성되는 것이 확인이 되면 이 물질을 배양여액으로부터 추출하여 정제하고, 그 이화학적 성질을 분석하기 위한 시료를 조제하기 위하여 필요에 따라 결정화시킨다. 검색과정에서의 정제정도는 물질에 따라 다르나 일반적으로 단일물질임을 확인할 수 있어야 한다.

분리 정제한 물질에 대하여 융점과 용해성 등의 물리적 성질을 측정하고, 원소분석에 의한 구성원소와 분자식을 결정하며, UV, IR, NMR, mass spectroscopy 등의 기기분석을 통하여 물질구조를 결정한 다음 기존에 발표된 물질과 비교한다. 또한, 필요에 따라 생물학적 성질을 검토함으로써 개발 필요성을 결정한다.

일반적으로 신물질로 밝혀지는 경우는 매우 드물며, 수많은 반복과정을

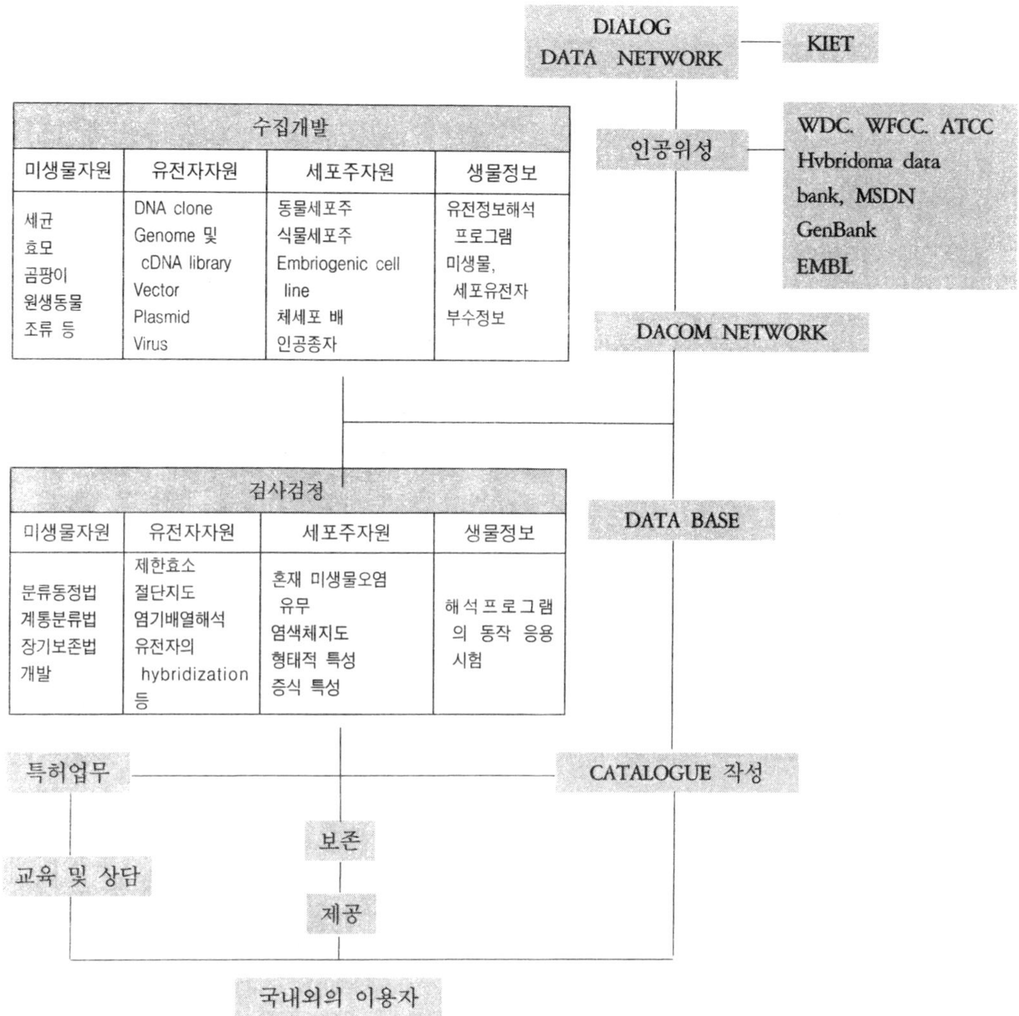

그림 8-3 유전자자원의 유통구조

거쳐 신물질의 생산여부를 확인하게 된다. 만일 새로이 분리된 균주가 생물학적 활성이 있는 신물질을 생산한다는 사실이 밝혀지는 경우에는 직접발효법에 의해 생산할 것인지, 화학적 합성에 의해 생산할 것인지, 또는 기존의 전구물질로부터 수식(modification)에 의해 개량할 것인지에 대한 경제성 여부를 결정하게 된다. 산업화 가능성이 판단될 때는 필요한 자료를 첨부하여 특허를 출원하며 균주의 개량 및 공업적 생산을 위한 여러 가지 최적조건을 설정하게 된다.위와 같은 과정을 거쳐 얻어진 유용한 균주의 유전자 자원을 보존하고 이에 관한 정보의 유통구조는 그림 8 - 3과 같다. 상업적 가치가 있는 균주는 물론 분리한 균주 중에서 생리적, 유전적 성질 등에 관한 연구결과를 토대로 유용한 균주로 판단되는 미생물은 유전자 자원으로서 보존기관에 기탁되어 필요로 하는 연구자들에게 제공된다.

2. 돌연변이 유발물질 처리에 의한 미생물 육종

일반적으로 자연계에서 분리선발한 야생균주(wild type)가 생산하는 대사산물의 양은 매우 소량으로 경제성이 없는 경우가 많다. 일반적으로 분리된 균주는 배양조건을 달리하여 배양함으로써 유용물질의 최적생산조건을 구한다. 즉, 탄소원, 질소원, 무기물, 제한인자 등의 종류와 양을 결정함으로써 최적배지조성을 구하게 되며, 그 외로 배양온도, pH, 용존산소량 등 물리적 조건을 설정하여 최적배양조건에서의 생산량을 결정한다.

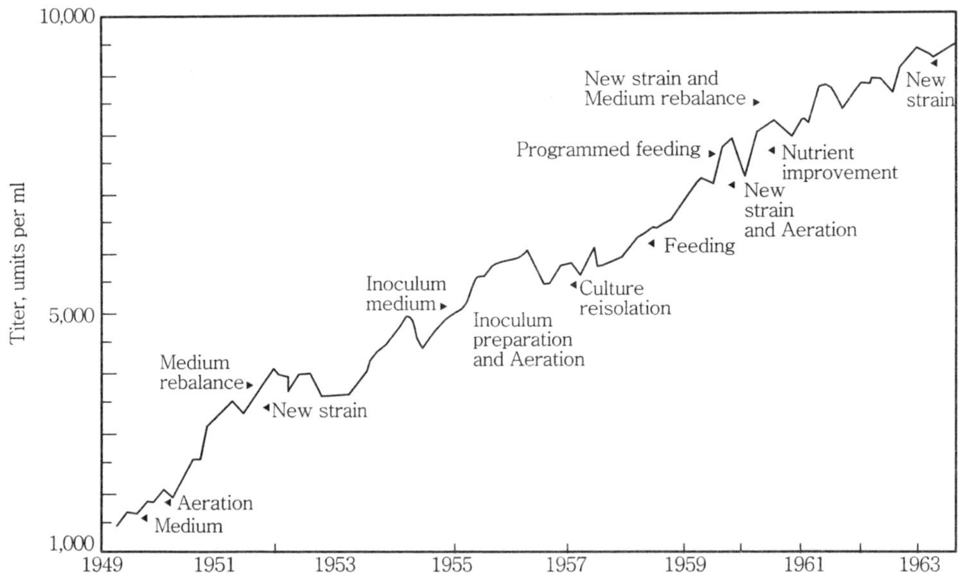

그림 8-4 전형적인 항생제 생산에 있어서의 생산성 향상방법

그러나 최적배양조건의 검토 등을 통하여 어느 정도 생산성을 높일 수는 있으나 이를 산업적으로 이용하려면 균주를 육종할 필요가 있다. 균주의 육종에 의해 변이주의 획득 또는 유전자조작에 의해 이루어지게 된다. 예를 들어 페니실린 생산에 있어서 초기단계에서는 100 unit/ml였으나 지금은 85,000 unit/ml(약 50 g/l) 정도로 생산량이 증가하였다. 대표적인 항생제생산에 있어서 생산성을 향상시킨 예를 보면 그림 8 - 4와 같다.

또한, 자연계에서 분리한 야생균주는 일반적으로 구조가 비슷한 여러 가지 화합물을 생성하는 것이 보통이다. 유용물질의 생산성을 향상시키는 기본적인 방법으로서 변이주를 얻게 되는데, 이는 야생균주에 비하여 주 생산물(main product)로 한 가지의 성분을 생산함으로써 생산성의 향상과 더불어 제품의 회수가 용이해지는 장점을 가지고 있다.

야생균주는 최적조건에서도 생산성이 제한되므로 이를 극복하기 위하여 분리균주를 여러 가지 방법에 의하여 육종하게 된다. 이 중에서 지금까지 주로 이용하여 왔던 방법은 물리적, 화학적인 방법에 의하여 변이주(mutant)를 얻는 것으로 다음과 같은 방법들을 들 수 있다.

1) 돌연변이(mutant)

변이주(mutant)는 다음과 같은 이유에서 얻어진다. 즉,

① 생합성 과정 중에 관여하는 효소들 중에서 어떤 효소들이 결핍되면 이로 인하여 중간 대사산물(intermediate metabolite)이 축적
② 최종 생성물에 의한 조절기구(control mechanism)의 결손
③ 세포막(cell membrane)의 결손으로 체외 대사산물의 급속한 분비
④ 색소와 같은 불필요한 부산물의 발생감소
⑤ 페니실린 생산에서 phenyl acetate처럼 전구물질(precursor)에 대한 독성의 감소 등이다.

미생물의 genotype의 변화는 자연적으로(spontaneous) 또는 인위적으로(induced) 이루어진다. 미생물의 생육조건에 따라 다르나 자연적인 조건하에서의 변이발생빈도는 10^{-10}~ 10^{-5}/generation/gene 정도이나 변이물질의 첨가에 의해 10^{-5}~10^{-3}으로 높일 수 있다.

변이의 발생은 genome의 구조변화에 기인한다. genome이란 기능적으로 조화

를 이루어 완전한 생활을 하기 위하여 필요한 최소한의 유전자군을 포함하는 염색체의 한 개의 조(pair)를 말한다. 세균 또는 phage 등의 1배체 생물의 염색체는 한 개의 거대한 DNA(또는 RNA) 분자로 구성되어 있으므로 그의 거대 핵산분자를 genome이라고 한다.

따라서 chromosome 수의 변화에서 오는 genome mutation은 식물유전학에서 중요한 역할을 하며, chromosome 내의 유전자 변화(deletion, inversion, duplication, translocation)에서 오는 chromosome mutation으로 나눌 수 있다. 미생물 육종에 이용되는 변이방법은 주로 구성염기의 변화이다.

2) 돌연변이 유발물질(mutagen)

유전자(DNA)의 변화를 유도하는 물질은 표 8 - 1과 같다. 이들 물질은 DNA상의 특정한 부위가 아닌 어떤 유전자든 간에 무작위로 변화를 일으킬 수 있으며, 과량으로 처리할 경우는 세포의 사멸을 일으킨다.

돌연변이 유발물질의 처리농도 및 처리시간은 세포의 성상과 밀접한 관련이 있을 뿐만 아니라 돌연변이 발생빈도와도 밀접한 관계가 있다. 처리농도가 높을수록, 그리고 처리시간이 길수록 세포의 생존율은 낮아진다. 이는 이들 물질이 DNA상에 무작위로 변화를 일으켜 생육에 필요한 유전자가 모든 기능을 수행할 수 없기 때문일 수도 있으며, 그 외 독성효과에 기인할 수도 있다. 그러나 돌연변이 발생빈도는 생존율이 1% 이하일 때 가장 높게 나타난다.

그러나 이 방법은 비교적 손쉽게 다양한 변이주를 얻을 수 있는 장점이 있어서 자주 이용되는 반면에, 특정한 유전형질이 변화된 변이주를 얻었다 하더라도 이 변이주의 DNA상에 변화가 어떻게 이루어졌는지, 얼마만큼 많은 부위에 변화가 있었는지, 그리고 변화된 부위를 찾아내는 데 어려운 결점을 가지고 있다.

표 8 - 1에 나와 있는 물질들은 흔히 사용되는 돌연변이 유발원으로 DNA 구성염기의 유사체인 경우 염기와 염기 간에 수소결합을 형성하여 정상적인 염기쌍 결합을 변화시켜 DNA 구성염기의 변화를 일으킨다. 예를 들면 5-bromouracil인 경우 guanine과 수소결합을 이룰 수 있으며, thymine의 유사체로 adenine과도 수소결합을 이룰 수 있다. 따라서 A-T 염기쌍이 G-C 염기쌍으로

바뀔 수 있다.

염기 유사체 이외에도 염기상에 변화를 주는 경우는 아민기를 제거(deamination)하거나, alkyl기를 붙여 주는(alkylation) 물질과 기타 독특한 에너지 준위를 갖는 파(wave)가 돌연변이 유발원으로 쓰인다.

표 8-1 DNA에 대한 몇 가지 변이물질과 그의 효과

돌연변이 유발원(mutagen)	작용형태	DNA에 대한 효과
5−Bromouracil	thymine analogue	A−T→G−C 또는 G−C→A−T
Aminopurine	adenine analogue	A−T→G−C 또는 G−C→A−T
Nitrous acid	deamination (a) adenine	(a) A−T→G−C
	(b) guanine 또는 cytosine	(b) G−C→A−T
Ethyl ethanesulfonate와 Ethyl methanesulfonate	alkylation	G−C→A−T alkylated base 이탈과 random base에 삽입
Acridines	DNA helix의 base 사이에 삽입	reading frame shift
X−선		DNA 파손과 base의 변화
자외선(UV)	(a) pyrimidine(특히 cytosine)의 수화	(a) G−C→A−T 또는 base의 추가 또는 삭제
	(b) thymine dimers 형성	(b) DNA strands 방해

*A=adenine, C=cytosine, G=guanine, T=thymine

3) 돌연변이주의 선발방법

비록 효과적인 돌연변이 균주가 생겼다 하더라도 여러 종류의 변이주와 야생균주가 하나의 세포를 차례대로 검색하는 일은 대단히 비능률적이다. 효과적으로 원하는 변이주를 분리하기 위하여 많이 이용하는 방법으로는 replica plating과 페니실린 농축법이 쓰인다.

replica plating은 영양요구 변이주(auxotroph)의 분리선발에 매우 유용한 방법으로서 복합배지(complex medium)에서 생육이 가능하나 최소배지(minimal medium)에서 생육이 불가능한 균주를 분리하는 것을 기본으로 한다. 최소배지의 유기영양분을 조금씩 변형시킴으로써 영양 요구성 변이주를 분리하는 데 이용한다.

페니실린 농축법은 페니실린을 혼합균체에 첨가함으로써 변이주는 사멸되지 않으면서 생육이 정지된 상태로 남아 있도록 하고, 야생균주는 생육이 이루어지는 과정에 사멸되도록 유도하여 궁극적으로 변이주의 상대적 농도를 높이는 방법이다. 이는 페니실린이 생세포의 생육 중에 세포벽 합성을 저해한다는 특성을 이용한 방법이다.

3. 균주의 보존

미생물은 앞서 설명한 대로 자연적으로 저절로 돌연변이가 일어날 수 있는 가변적인 생명체이며, 주변에 존재하는 각종 미생물에 오염될 수 있을 뿐만 아니라 지속적으로 성장하도록 방치해 두면 대사산물 등의 축적으로 사멸될 수도 있다. 따라서 필요한 균주는 목적에 따라 일정 기간 동안 적당한 방법으로 안전하게 보관하지 않으면 안 된다.

분리선발한 미생물은 그 활성을 유지하며 이용할 수 있도록 알맞은 보존방법을 선택하게 되는데 다음과 같은 방법이 이용되고 있다.

1) 동결건조 보존법(lyophilization)

감압하에서 액체질소 등에 의해 급속 동결건조시켜 장기간 보존하는 방법으로 반영구적으로 보존할 수 있으나 전처리 시간이 길고 번거로운 단점이 있다. 균주 보존기관에서는 대부분 이 방법을 이용한다.

2) 동결보존법(freezing storage)

－70℃～－20℃의 저온에서 동결시켜 보존하는 방법으로 동해(凍害) 방지제를 혼합하여 사용하며 미생물의 대사활동을 정지시킴으로써 그 활성을 유지시킬 수 있다.

3) 실온보존법(slant culture, stab culture)

한천배지상에 배양한 다음 저온저장(5℃)을 하며 일정기간마다 계대배양하는 방법으로 단기간 보존 시에 이용하며, 오염될 우려가 많고 일손이 많이 드는 결점이 있다.

4) 유동 paraffin 중 보존법(paraffin sealing)

살균한 배지 또는 미생물을 배양한 다음 표면에 oil paraffin 등으로 덮어 씌워 산소공급을 차단하여 대사작용 및 수분증발을 억제하여 보존하는 방법이다.

이 외에도 토양보존법 등 여러 가지 방법이 있다. 균주에 따라 알맞은 보존방법을 선택할 필요가 있다.

제9장 유전자 조작

1. 서 론

생물체를 이용하여 유용한 물질을 생산하는 공정인 생물공업은 생물체 자체의 특성을 개선하여 공정의 효율성이나 생산성을 높일 수 있다는 장점이 있다. 생물체의 특성을 개선하거나 또는 균주를 개량하는 일은 지속적으로 이루어져 왔고, 앞으로도 지속적으로 발전이 가능하며, 그 속도는 가속화될 것이다. 여기에는 근래 분자생물학과 유전학의 연구 진전에 힘입은 바 크다. 오늘날에는 어떠한 유전자이든 간에 인위적으로 조작이 가능하다고 보는 것이다. 생물체 개개의 특성은 유전자 지배를 받는 것이라도 볼 때 유전자 조작을 통하여 생물체를 개량할 수 있다는 것은 자명해진다.

그림 9 - 1은 *E. coli*에 진핵세포의 DNA를 cloning하는 방법을 보여준다. 이와 같은 유전자 조작을 이해하는 데 우선 관련용어를 알아야 할 필요가 있다. 이 책에서는 기본적이면서 광범위하게 이용되는 유전자 조작방법에 대하여 기술하였으며, 본문 내용을 이해하는 데 도움이 되는 관련용어를 살펴보면 다음과 같다.

① **bacteriophage** : 일종의 바이러스(virus)로서 세균을 숙주로 하며, 때로는 세균세포를 용해시킨다. 간단히 phage라고도 불리며, 대표적인 것으로서 대장균을 숙주로 하는 lambda phage가 있다.

② **base pair** : DNA 구조상(특수한 경우 RNA도 해당됨) adenine과 thymine 또는 cytosine과 guanine 사이에 수소결합을 이루는데, 이와 같은 염기 간의 짝을 나타낸다.

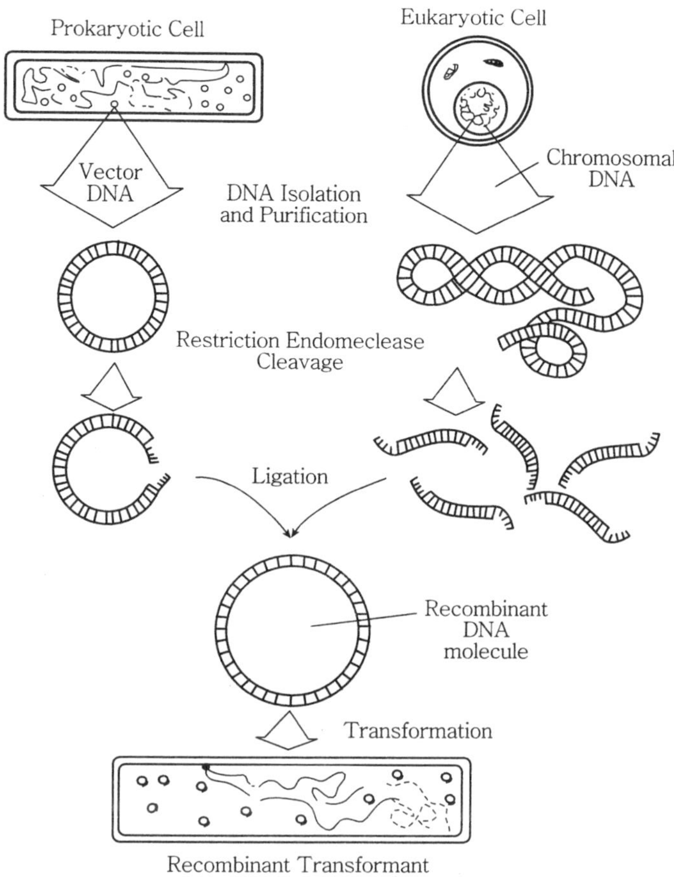

그림 9-1 전형적인 유전자 cloning 방법

③ **bp** : base pair에 대한 약자로서 DNA의 크기를 나타낼 때 사용한다.

④ **cDNA** : RNA를 주형으로 하여 역전사 효소에 의하여 실험관에서 인위적으로 합성된 DNA이다.

⑤ **cDNA clone** : RNA로부터 역전사되어 합성된 여러 종류의 DNA 조각들이 cloning vector에 연결된 상태로 모여 있는 것을 말한다.

⑥ **chromosome** : genome을 구성하는 하나의 독립된 단위로서, 그 안에는 여러 종류의 유전인자(gene)가 들어 있다. 개개의 chromosome은 기다란 이중나선 구조의 DNA와 여기에 부수된 여러 종류의 단백질로 구성되어 있다.

⑦ **clone, cloning** : 유전형질이 동일한 한 가지 종류의 세포나 분자가 여러 개 모여서 이루어진 것을 clone이라 하고, 이러한 clone을 만드는 과정을 cloning이라 한다.

⑧ **cloning vector** : 유용한 물질(또는 단백질)을 생산하는 외래 DNA를 운반하는 데 사용되는 일종의 DNA를 지칭하는 말로 특정 plasmid 또는 phage가 이에 해당된다.

⑨ **denaturation** : 변성이라고 하며, 통상 단백질이나 핵산의 특성을 나타내기 위해서 사용된다. 핵산의 변성은 두 가닥으로 되어 있는 사슬이 분리되어 외가닥 상태로 전환되는 것이며, 이러한 사슬의 분리는 가열처리나 알칼리 처리에 의해서 쉽게 이루어진다.

⑩ **exon과 intron** : 진핵생물의 DNA는 exon 부분과 intron 부분으로 구성되어 있다. DNA가 전사되어 mRNA가 합성되고, 이 mRNA는 성숙과정을 거친 후에 단백질 합성에 필요한 유전정보를 제공하게 되는데, 성숙과정에서 제거되는 mRNA에 상당하는 DNA를 intron이라 하고, 제거되지 않고 남아 있는 mRNA에 상당하는 DNA 부분을 exon이라고 한다.

⑪ **gene** : 하나의 polypeptide를 합성하는 데 필요한 DNA 조각으로, DNA 조각 내에는 exon과 intron 그리고 leader와 trailer까지 포함된다.

⑫ **genome** : 여러 종류의 chromosome이 모여서 반수체(haploid) 상태를 이루고 있는 것을 말한다.

⑬ **inducer** : 유전형질이 발현 시 조절 단백질에 결합하여 전사를 유도하는 분자량이 작은 물질을 뜻한다.

⑭ **isoschizomer** : 이름은 다르나 동일 염기배열을 인식 절단하는 제한효소로서 생산균주가 다른 경우 이에 해당된다.

예) BamHI, BsI : G↓GATCC

⑮ **library** : cloning된 여러 유전자들이 모여서 이루어진 하나의 집합체로 여기에는 전체 genome을 대표하는 각종 유전자들이 모두 들어 있다.

⑯ **ligation** : 3´OH와 5´phosphate 간에 이인산 공유결합(phosphodiester bond)을 형성함으로써 두 개의 인접 염기를 연결해 주는 것을 말한다.

⑰ **linker** : 저분자량의 합성 DNA로 분자 내에 제한효소에 의해서 절단될 수 있는 부위가 있다. 따라서 재조합체 DNA를 만들 때에 DNA 사슬의 말단에 붙여서 DNA를 조작하는 데 유용하게 사용될 수 있다.

⑱ **lysogen** : 잠재성 상태의 phage(prophage)를 자기 자신의 genome에 갖고 있는 세균을 뜻한다.

⑲ **operon** : 세균에 있어서 특정 유전자의 발현과 조절에 관계된 하나의 단위로서 구조 유전자 및 조절 인자에 상당하는 DNA 부분을 합쳐서 일컫는다.

⑳ **palindromic sequences** : 5´ 또는 3´ 어느 한쪽 방향으로 보면 염기배열 순서가 같은 DNA 조각이다.

예) 5´AACGTT 3´

3´TTGCAA 5´

㉑ **recombinant** : 모세포(분자)와 다른 유전형질을 갖고 있는 딸세포(분자)를 말한다.

예) recombinant DNA

㉒ **transcription** : 전사라고 하며, 유전형질 발현의 과정 중에 일어나는 현상으로 DNA를 주형으로 하여 RNA가 합성되는 것을 말한다.

㉓ **translation** : 번역이라고 하며, 유전형질의 발현 과정 중 전사에 이어서 일어나는 현상으로 mRNA가 갖고 있는 유전정보에 따라서 단백질이 합성되는 것을 말한다.

2. 유전자 도입방법

유전자 조작이란 특정부위의 염기배열이나 순서를 인위적으로 바꿔서 유전자의 구조나 기능에 변화를 주는 작업으로 이러한 목적을 달성하기 위해서는 그림 9-2에서와 같이 유전자를 특정 세포 내로 도입하는 방법이 필요하다.

1) transformation

원핵세포(prokaryotes)에서 관찰되는 유전형질의 변화로 일명 형질전환이라고 한다.

DNA와 세포를 섞어 두면 세포 내로 DNA가 들어가 세포질 내에 독립적으로 존재하든지, 또는 염색체 DNA와 합쳐져서 유전형질이 변하게 된다. 고초균(*B. subtilis*)에서는 인위적인 조작이 없어도 외래 DNA가 세포 내로 도입될 수 있으며, 경우에 따라서는 세포벽을 제거한 원형질체를 사용하기도 한다.

형질전환 시험의 수용체 세포로 가장 많이 쓰이는 것은 대장균(*E. coli*)으로 외래 DNA를 효율적으로 세포 내에 집어넣는 방법들이 개발되어 있다. plasimid vector에 원하는 유전자를 실어서 집어넣는 방법이 흔히 쓰인다.

2) transfection

진핵세포(eukaryotic cell)에 외래 DNA가 들어가서 새로운 유전형질이 나타나는 현상으로, 이런 현상으로 새로 생긴 세포를 transgenic cell이라고 한다. chromosome이나 정제된 DNA를 직접 수용체 세포와 섞음으로써, 또는 원하는 유전자 DNA를 적당한 plasmid에 실어서 수용체 세포의 핵내에 주사해 넣음으로써, 외래 DNA가 수용체 세포의 염색체와 합쳐지도록 하는 것이다.

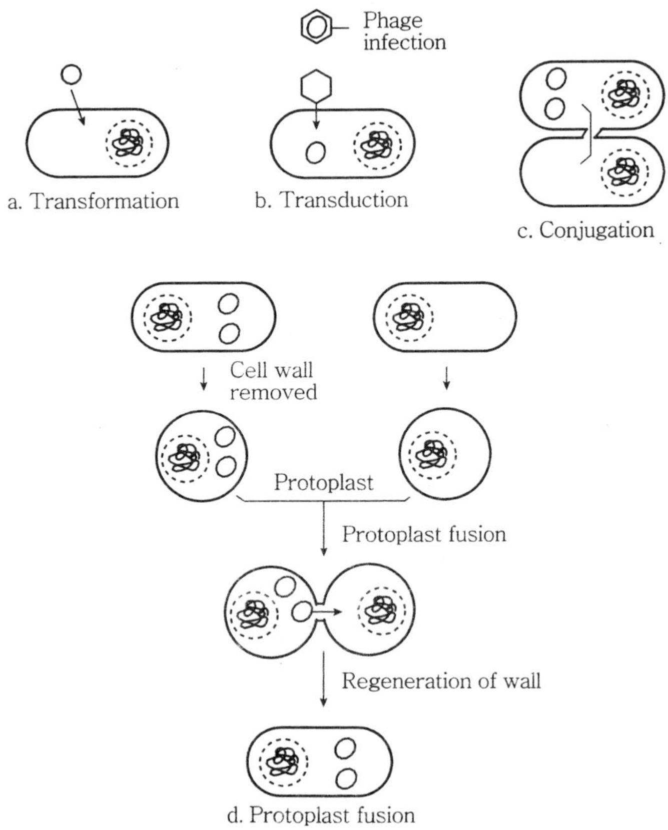

그림 9-2 유전자 도입 방법

3) transduction

Bacteriophage의 특성을 이용한 방법으로서 phage 내에 원하는 외래 DNA를 집어넣고 숙주세포를 감염시키면, phage 내의 DNA는 숙주세포 내로 들어가서 염색체 DNA와 합쳐지게 되고, DNA를 싸고 있던 phage의 껍데기 단백질은 세포 내로 들어가지 못하고 밖에서 분해된다. 여기서 DNA 공여체는 bacteriophage이다. 그러나 cosmid의 경우는 염색체 DNA로부터 독립해서 존재한다.

4) conjugation

Mating이라고도 하며, 두 개 또는 새 개의 세포가 직접 접촉함으로써 세포와 세포 간에 통로가 만들어지고, 그 통로를 통하여 공여체 세포로부터 수용체 세포로 DNA의 전달이 이루어진다. 그러나 두 개의 세포가 합쳐서 하나로 되는 것은 아니며, 조그만 물리적 충격에 의해서도 연결통로는 끊어지고, 각각의 독립된 세포로 분리된다. 이 방법으로 염색체 DNA 및 plasmid DNA의 전달이 가능하다.

5) fusion

세포와 세포가 합쳐져서 하나의 새로운 세포가 만들어지는 것으로서 염색체 DNA가 합쳐지게 된다. 여기에서 새로이 생겨난 세포는 모세포와 다른 유전형질을 갖게 된다. 통상 cell fusion(세포융합) 또는 protoplast fusion(원형질체 융합)이라고 한다. 세포의 융합을 위해서는 세포벽을 제거하여 protoplast를 만들어야 한다.

6) microinjection

목적하는 유전자 DNA를 직접 극소형의 주사기를 이용하여 현미경하에서 생세포 내에 주입시키는 방법이다. 동식물 세포의 핵 내로 외래 DNA를 도입시킬 때 주로 사용된다.

3. 운반체(vector)

Vector란 일종의 운반체로서 목적하는 유전자 DNA를 원하는 숙주세포 속에 갖고 들어가 증폭시킬 수 있는 기능이 있는 DNA를 말한다. 이를 위하여 스스로 복제하여 숙주세포 내에서 유지될 수 있어야 하고, 조작 및 취급에 용이하도록 크기가 작아야 하며, 다른 DNA 조각들과 구별될 수 있는 독특한 선택 유전자 marker가 있어야 된다. 또한, 제한효소에 의하여 절단되어도 좋은 부위가 있어서 외래 유전자를 삽입시킬 수 있어야 한다.

숙주세포를 대장균으로 한정할 때, 이와 같은 운반체의 특성을 갖춘 DNA로는 그 형태에 따라 plasmid, lambda phage, cosmid, single-stranded bacteriophage로 나눌 수 있는데, 이들은 서로 독특한 생리적 특성을 가지고 있어서 목적에 따라 적당한 vector를 선택하여 사용할 수 있다.

1) plasmid

Plasmid는 염색체 DNA와는 별도로 독립하여 세포질 내에 존재하는 두 가닥의 원형 DNA로 자가복제 능력을 가지고 있다. 그 크기는 1 kb 내지 500 kb로 다양하나, 실제로 유전자 조작에 쓰이는 plasmid는 대부분 10 kb 이내에 불과하다. 이들 plasmid들도 종류에 따라서 다음과 같은 특유한 유전형질을 가지고 있다.

① 접합을 통하여 유전물질을 전달할 수 있는 fertility가 있다.
② 항생물질에 대한 저항성을 갖는다. 따라서 항생체 처리에도 사멸되지 않는다.
③ Cd^{2+}, Hg^{2+} 등의 중금속에 대한 저항성이 있다.
④ 자외선(UV)에 대한 저항성이 있다.
⑤ 같은 종류의 species를 죽이거나 생육을 저해하는 물질인 bacteriocins을 생성하거나, methylenemycin과 chloramphenicol의 합성 code를 가짐으로써 항생물질을 생산한다.
⑥ *Pseudomonas*의 경우처럼 camphor, octane, octanol 등의 구조를 깰 수 있는 능력을 가짐으로써 일반적으로 이용되지 못하는 유기 화합물을 분해 이용할 수 있는 성질이 있다.
⑦ Enterotoxin과 hemolysin과 같은 독소와 항원을 형성한다.
⑧ *Agrobacterium*의 경우 ti plasmid에 의한 식물체의 crown gall tumor을 생성할 수

있는 능력이 있다.

⑨ Streptomyces에 있어서 포자형성 능력을 증진시킨다.

유전자 cloning에 많이 쓰이는 plasmid의 한 예는 pBR322로 그 구조는 그림 9-3과 같다. 그 크기가 약 4.3 kb로 삽입시킬 수 있는 DNA의 크기는 20 kb 이내로 제한된다.

이는 전체 plasmid의 크기가 25 kb를 초과하면 조작하기가 어렵기 때문이다. 이와 같이 cloning할 수 있는 DNA의 크기가 작게 한정되어 있는 것이 plasmid vector의 결점이다.

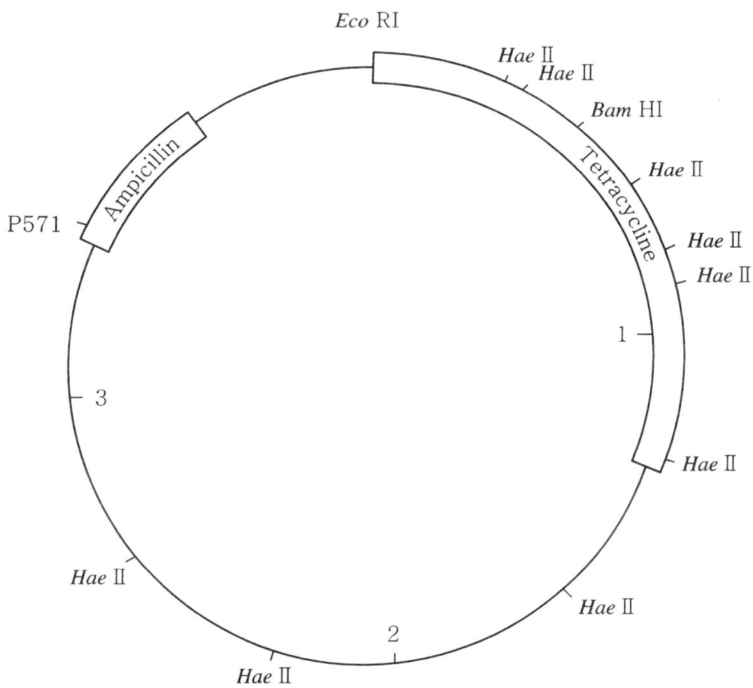

그림 9-3 Plasmid pBR322의 구조

2) lambda phage

Bacteriophage lambda는 약 50 kb에 상당하는 두 가닥 DNA를 유전자로 가지고 있으며, DNA 분자의 양 끝에 12개의 nucleotide에 상당하는 cohesive end(cos site)를 갖고 있다. 이 phage가 숙주인 대장균 세포를 감염할 때는 phage DNA가

세포 내로 들어가 cos site 간의 수소결합으로 원형화되고, 감염 초기에는 이 상태에서 phage 유전자가 전사되는데, 이때에 phage DNA의 복제방법에 따라 phage의 운명은 lytic pathway와 lysogenic pathway 두 가지 중 하나를 선택하게 된다.(그림 9 - 4 참조).

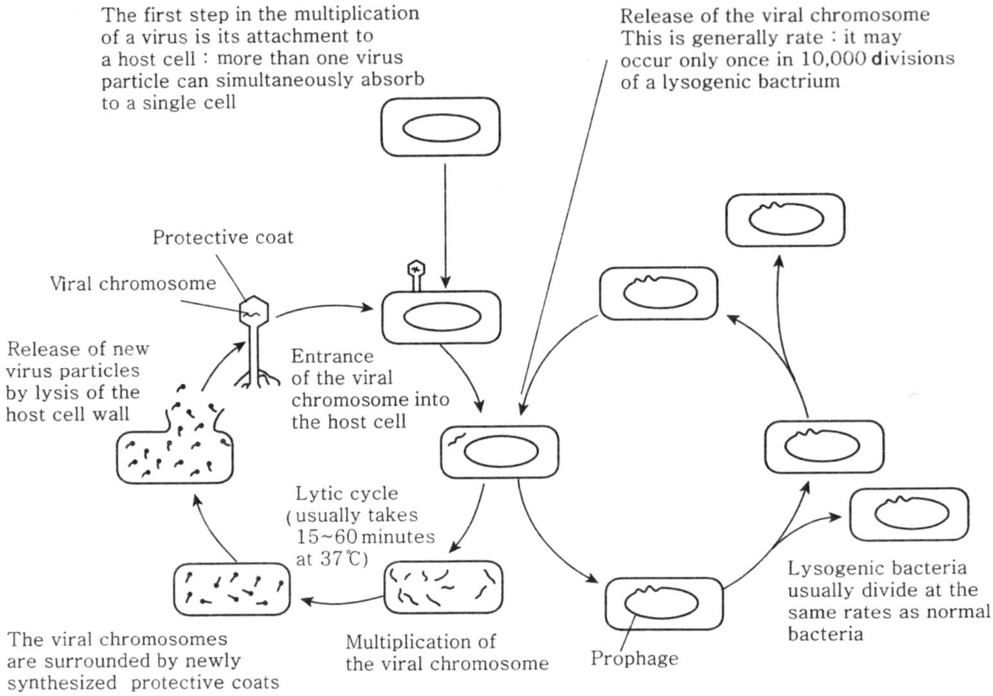

그림 9－4 Lambda phage의 생활사

Lytic pathway를 선택하게 되면 원형 DNA가 독립적으로 복제되어 수많은 phage 입자들이 만들어지고 궁극적으로 숙주세포는 파괴된다. 이에 비하여 lysogenic pathway를 선택하게 되면, 원형의 phage DNA는 숙주의 염색체와 합쳐져서 같이 복제되고 유전된다.

이러한 lambda phage의 특성을 이용하여, lambda DNA를 vector로 이용하는 방안을 찾아내었다(그림 9 - 5). 야생형의 온전한 phage DNA를 vector로 사용하는 것이 아니라, 그중 lytic growth에 필요하지 않은 DNA 등 불필요한 부분을 삭제 변형시켜 vector로서 유용한 유도체를 만들었다.

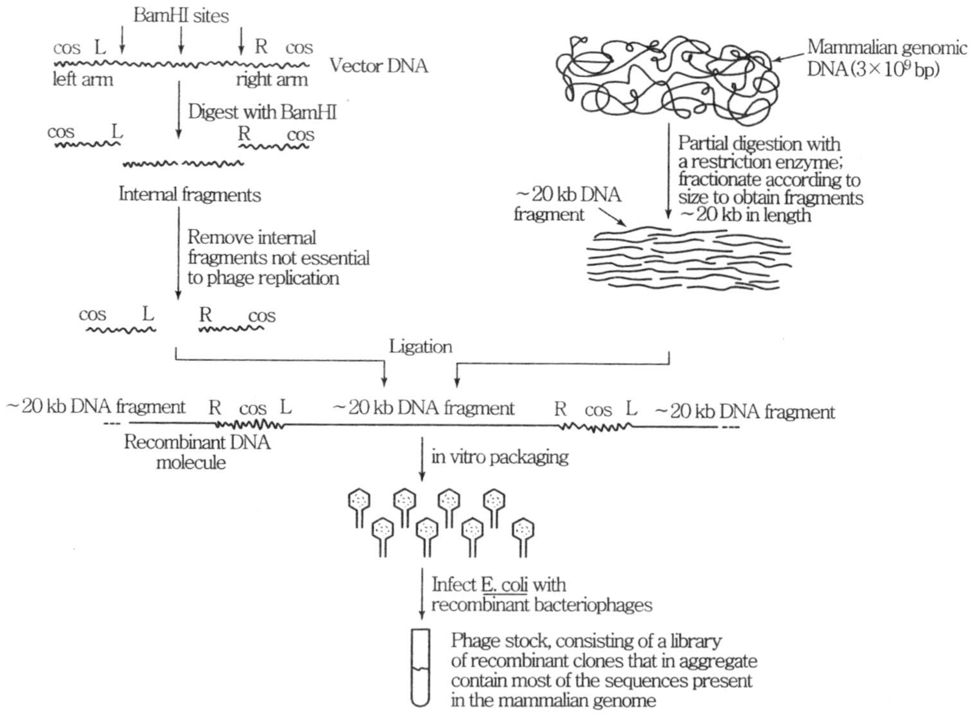

그림 9-5 Lambda vector를 이용한 cloning

phage 유전자의 약 60%만 있으면 vector로서 사용이 가능한데, 그 예를 그림 9-6에 나타내었다. 야행성 유전자의 78~100%(38.5~52.0 kb)에 상당하는 DNA를 phage 유전자로서 이용할 수 있으므로, 약 9~23 kb에 상당하는 외래 DNA를 lambda vector에 cloning할 수 있다는 계산이 나온다. 그러나 phage vector는 plasmid vector에 비해서 취급, 보관, 관리에 어려움과 번거움이 있다. 이러한 문제점을 해결하기 위해서 개량된 것이 다음에 설명하는 cosmid vector이다.

그림 9-5는 진핵생물의 유전자를 cloning하여 gene library를 만드는 방법을 보여주고 있다. 좌상부에서처럼 lambda vector를 제한효소로 완전히 절단하고, 우상부에서처럼 진핵생물의 DNA를 부분적으로 절단하여 ligation시키면 커다란 재조합체 DNA가 만들어진다.

이들 거대 DNA 분자와 phage 입자형성에 필요한 각종 난백질 등을 섞으면, DNA 분자가 phage 껍질에 둘러싸이면서 활성이 있는 bacteriophage가 생성된다. 대장균(*E. coli*)을 숙주로 하여 bacteriophage를 감염, 증폭시킴으로써 gene library가 만들어진다.

lambda phage를 개량한 vector는 매우 다양하다. 그림에 나타낸 EMBL 3는 그중에서도 자주 이용되는 phage vector이다. 그림에서 검게 칠한 부위는 phage의 생존에 필수적인 유전자가 아니기 때문에 그 부분을 제거하고 다른 외래 DNA를 삽입하더라도 무방하다. 이러한 특성으로 10~20 Kb에 상당하는 외래 DNA를 colning 하는 데 사용할 수 있다. 더욱이 이용에 편리를 도모하기 위하여 제한효소 SalI, BamHI, EcoRI에 의하여 절단될 수 있도록 인위적으로 linker를 붙여 두었다.

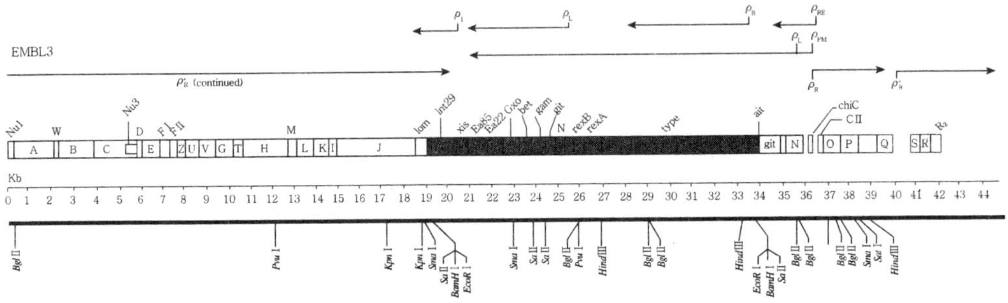

그림 9-6 Lambda phage vector의 일례

3) cosmid

cosmid는 plasmid로서의 일부 기능과 phage로서의 일부 기능을 보유한 거대 DNA 분자 cloning용 vector이다. 즉, plasmid와 같이 항생제 내성 marker를 갖고 있어서 선별이 쉬우며, 자가복제에 필요한 유전자를 갖고 있다. 또한, lambda phage 유래의 cos site를 갖고 있어서 시험관 내에서 phage 입자를 만드는 데 phage DNA처럼 이용될 수 있다. 그 크기도 5 Kb 내외로, 45 Kb에 상당하는 외래 DNA를 cloning하는 데 사용될 수 있다(그림 9 - 7).

그 특성상 숙주세포 내에서는 plasmid처럼 원형 DNA로 염색체와는 별도로 복제 유지되며, 숙주세포에 도입하는 방법으로는 직접 transformation보다는 먼저 phage 입자로 바꾼 다음에 숙주세포를 감염시키는 transduction이 효과적이다.

4) single-stranded bacteriophage

bacteriophage 중에는 lambda처럼 두 가닥(double-stranded) DNA를 갖고 있는 것도 있지만, M13 phage처럼 외가닥(single-stranded) DNA를 갖고 있는 phage도

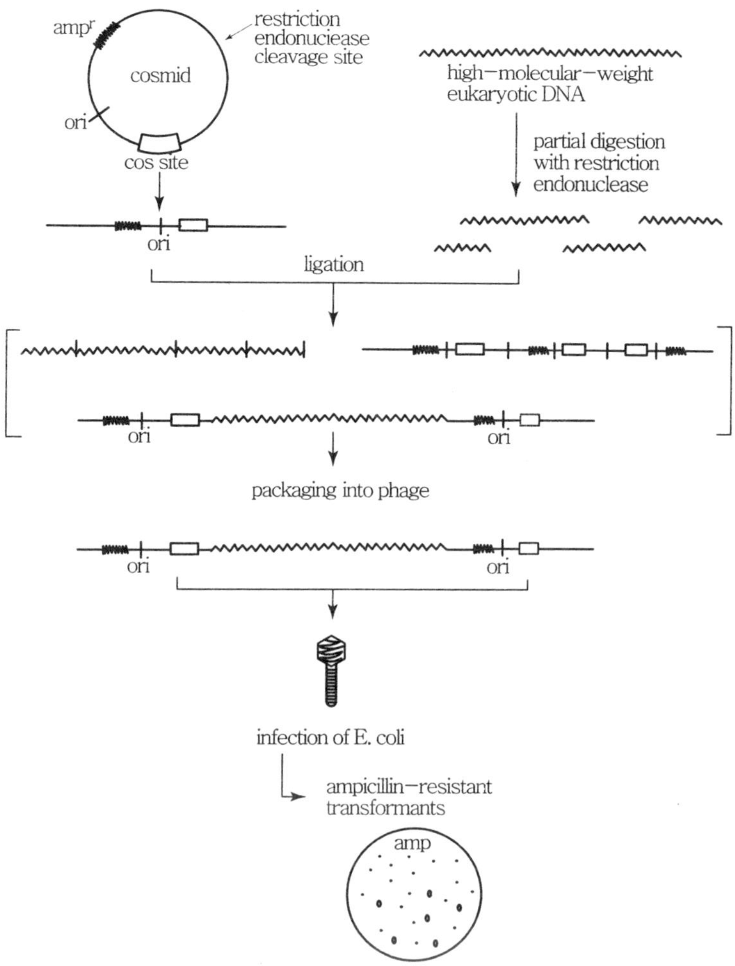

그림 9-7 Cosmid를 이용한 유전자의 cloning

있다. phage M13은 숙주대장균을 감염하면, 외가닥 DNA가 숙주세포 내로 들어가 복제되면서 세포당 100~200개의 두 가닥 DNA 복제물(replicating form, RF)이 만들어진다(그림 9-8).

이 DNA 복제물(RF)을 cloning vector로 사용하는 것이다. 그리고 숙주세포를 파괴시키지 않으면서도, 외가닥 DNA를 함유한 수많은 phage 입자를 만들어서 세포 밖으로 배출하게 된다. 이러한 특성을 이용하여 DNA의 염기서열을 결정하거나, DNA probe를 합성할 목적으로 M13 phage를 vector로 사용한다. M13 phage의 유전자 DNA 길이는 약 6.5 kb이며, 0.3~0.4 kb에 상당하는 외래 DNA를 cloning할 수 있다.

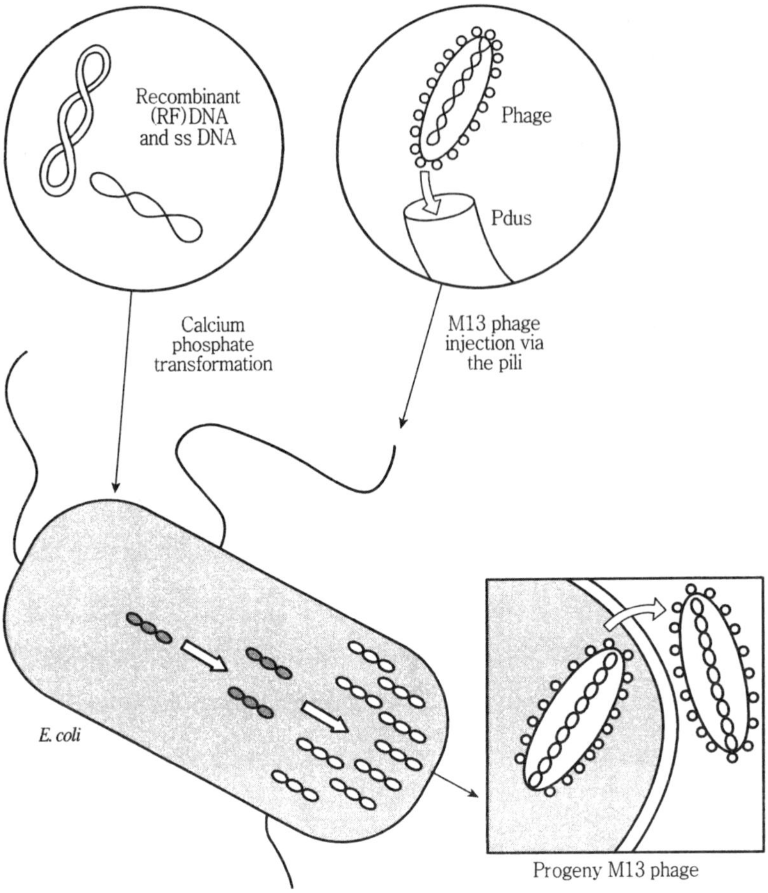

그림 9-8 Bacteriophage M13의 생활사

5) 기 타

대장균 이외에 고초균 등 gram 양성세균, 효모 등 진핵미생물, 그리고 식물 및 동물세포의 유전형질 전환에 쓰이는 여러 가지 vector들이 개발되어 있어서 목적하는 유전자를 cloning하거나 도입하는 데 광범위하게 사용되고 있다. 이에 대한 자세한 내용은 분자생물학 등에서 취급하기 때문에 여기에서는 생략하기로 한다.

이와 같이 형태에 따라 vector를 분류할 수도 있으나, 용도에 따라 다음과 같이 분류할 수도 있다. 즉, promoter를 선별적으로 cloning하는 데 쓰이는 promotor fishing vector, 유전자 발현용으로 만들어진 gene expression vector, 그리고 일반적으로 유전자 cloning이나 gene library 작성용으로 이용되는 general cloning vector 등으로 구분할 수도 있다.

위 그림은 phage M13의 생활사를 나타낸다. phage가 pilus를 통하여 숙주세포 내로 들어가고, phage가 가지고 있던 외가닥 DNA가 복제되어 겹가닥 사슬(RF) DNA로 바뀐다. 그 이후에 수많은 외가닥 DNA가 복제되어 생기고 그들 각각은 phage 입자로 만들어져서 숙주세포 밖으로 배출된다. 이 phage의 특성상 phage 입자가 아닌 순수한 phage DNA만을 통상의 plasmid 형질전환(transformation) 방법으로 숙주세포 내에 도입시켜 수많은 phage 입자를 만들 수 있다.

4. 숙주세포

목적하는 유전자를 이용하여 원하는 물질을 생산하고자 할 때 숙주세포의 생리화학적 특성을 이용하게 된다. 어떠한 세포를 숙주로 선택할 것인가는 vector의 종류에 따라서 결정되는 것이 일반적이다. 한편으로는 숙주세포를 먼저 결정하고 그에 맞추어 vector의 종류를 결정해야 할 경우도 있다.

미생물에서 일반적으로 쓰이는 숙주는 대장균(*Escherichia coil*)이다. 대장균은 그 유전적 특성 및 생리적 특성이 상세하게 연구되어 있을 뿐만 아니라, 다양한 변이주들이 알려져 있어서 적절한 균주를 구입하기가 쉽다. 대장균은 gram 음성이기 때문에 경우에 따라 gram 양성의 세균이 숙주로 필요한 경우가 있다.

고초균(*Bacillus subtilis*)은 대표적인 gram 양성세균으로 근래에 들어 그 효용가치가 크게 늘어나고 있다. 대장균이나 고초균은 모두 원핵생물(prokaryotes)이며, 진핵 미생물로서 *Saccharomyces cerevisiae*가 염색체의 단순함과 세대변이(life cycle)의 특성으로 이 효모를 숙주로 하는 vector가 개발되어 연구가 활발히 진행되고 있다.

그 밖의 숙주 미생물로서는 *Agrobacterium*과 *Lactobacillus*속의 세균 등이 중요하게 여겨지고 있다. 동식물 세포도 세포배양, 조직배양의 형태로 또는 성숙한 개체를 직접 숙주로서 이용될 수 있다.

5. 유전자 조작에 필요한 주요 효소들

1) 제한효소(restriction enzyme)

제한효소란 DNA 분자 내의 특정 염기서열을 인식 절단하는 효소를 총칭하는 것으로 특성에 따라 다음과 같이 세 종류로 분류될 수 있다.

① type Ⅰ : 특정 염기서열을 인식하여, 그 열기서열로부터 500~2,500 bp 떨어진 곳을 절단하는 효소들이다. 5~6개의 subunit으로 구성되어 있으며 효소의 활성에는 Mg^{++}, ATP, S－adenosylmethionine이 요구된다.

예) EcoB

② type Ⅱ : 특정 염기서열을 인식하여, 그 열기서열을 절단하는 효소들을 총칭하는 것으로, 활성에는 Mg^{2+}이 요구된다. 산업적으로 생산되고 있으며, 유전자조작에 빈번히 사용된다. 500종류 이상의 효소가 알려져 있다.

예) 절단에 의해 접착성 말단(cohesive end 또는 sticky end)을 만드는 효소로서 EcoR Ⅰ, BamH Ⅰ, HindⅢ 등 절단에 의해 평활성 말단(blunt end 또는 flush end)을 만드는 효소로서 Sma Ⅰ

③ type Ⅲ : 특정 염기서열을 인식하여, 그 염기서열에서 24~27 bp 떨어진 부위를 절단하는 효소들로서, 활성에는 Mg^{2+}, ATP, S－adenosylmethionine이 요구된다. 두 개의 subunit으로 구성되어 있다.

2) alkaline phosphatase

DNA와 RNA의 5′ 말단의 인산기를 제거해 주는(dephosphorylation) 효소이다.

3) polynucleotide kinase(T4－)

DNA와 RNA의 5′ 말단의 －OH기에 인산기를 붙여 주는(phosphorylation) 효소이다. 인산의 공여체로 ATP가 쓰인다.

4) T4－DNA ligase

DNA의 5′ 인산기와 3′ OH기 간에 공유결합을 형성시켜 준다.

5) DNase I

외가닥(single－stranded) DNA에 작용하여 uncleotide를 연결하고 있는 phosphodiester 결합을 가수분해한다.

6) RNase A

RNA의 phosphodiester 결합을 가수분해하는 효소이다.

7) RNA polymerase(DNA－dependent)

전사 효소로 DNA를 주형(template)으로 하여 RNA를 합성해 준다.

8) proteinase K

단백질 분해효소의 일종이다. 따라서 핵산 분해효소(nuclease)를 불활성화 시키는 데 사용된다.

9) reverse transcriptase (RNA－dependent DNA polymerase)

역전사 효소로 RNA를 주형으로 하여 DNA를 합성시켜 준다.

10) Taq DNA polymerase

Thermus aquaticus 세균에서 분리된 일종의 DNA 합성효소로 고온에서도 활성을 잃지 않는다. 따라서 polymerase chain reaction에 유용하게 쓰인다.

6. 핵산의 분리 정제법

유전자 조작 실험을 행하기 위해서는 우선 원하는 핵산 DNA 또는 RNA를 분리, 정제하여야 한다. 여기서는 미생물로부터 염색체 DNA, plasmid DNA, mDNA 등을 분리하는 방법을 중심으로 간략히 설명하고자 한다. 그 외에 동식물체나 bacteriophage로부터의 DNA 분리 방법도 이와 유사하며, 적절히 변형하거나 몇 단계를 추가함으로써 어떠한 생명체로부터도 순수하게 핵산을 분리, 정제할 수 있을 것이다.

① 먼저 균체를 얻기 위하여 배양액을 원심분리한다. 침전된 균체를 적절한 완충액에 현탁시킨다. 이 완충액은 적정 pH를 갖고 있어야 하며(대략 7.0~8.0), NaCl 및 EDTA를 함유하는 것이 보통이다. NaCl은 핵산의 구조를 안정화시키는 효과가 있고, EDTA는 chelating agent로서 Mg^{2+}과 같은 양이온을 제거해 준다.

② 세포벽을 파괴하기 위해서 세포벽 분해효소(lysozyme 등)나 계면활성제(SDS 등)를 처리한다. 필요하면 포도당이나 설탕을 첨가하여 적정 삼투압을 유지시켜 준다.

③ phenol과 chloroform을 처리하여 단백질 및 세포 찌꺼기를 용출 제거시킨다. 핵산이 녹아 있는 물층에 미량 잔존하는 phenol 또는 chloroform을 제거하기 위하여 ether를 사용할 수도 있다.

④ 핵상과 같이 물층에 녹아 있는 탄수화물을 제거할 필요가 있으면 cetyltrimethyl－ammonium bromide를 첨가하여 탄수화물을 침전시켜 제거한다.

⑤ 핵산이 용해되어 있는 물층에 알코올을 가하여 핵산을 침전시켜서 정제, 농축시킬 수 있다. 대략적으로 위와 같이 해서 분리된 핵산에는 염색체 DNA, plasmid DNA, mRNA, tRNA, rRNA 등이 혼재되어 있다. 이들을 더 정제하기 위해서는 다음과 같은 방법이 쓰일 수 있다.

⑥ ethidium bromide를 핵산 용액에 가하면, 이 평면구조를 갖고 있는 물질은 핵산의 이중나선 구조 사이에 끼어들어 이중나선 구조를 어느 정도 풀어 주게 되므로, 핵산의 밀도가 감소한다. 원형(circular)보다도 선형(linear) 핵산에 더 잘 결합하므로, 선형 핵산의 밀도보다도 원형 핵산의 밀도가 높게 된다. 이런 경우 cesium chloride를 이용하여 밀도구배 초원심분리(density gradient ultracentrifugation)를 행하면, 선형의 염색체 DNA와 원형의 plasmid DNA, 그리고 외가닥 RNA를 각각 분리해 낼 수 있다(그림 9 - 9).

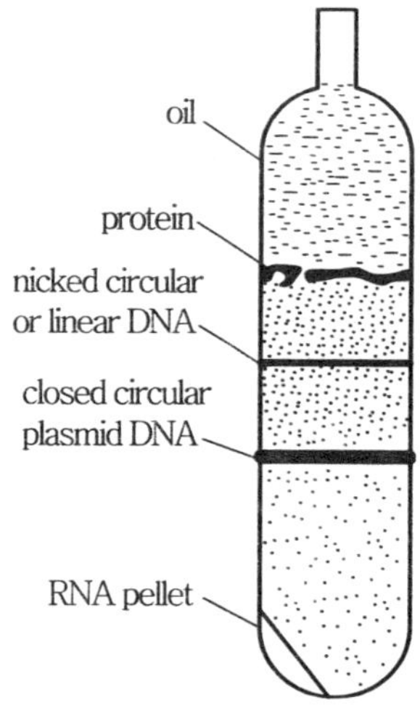

그림 9-9 CsCl-EtBr density gradient ultracentrifugation

이와 같은 핵산의 분리 정제 방법은 기본적이며 일반적인 것이고, 분리 정제하고자 하는 특정 핵산의 종류나, 생물체에 따라서 그에 적절한 방법들이 많이 있다.

7. 재조합체 DNA 구성법

1) 재조합체 DNA 구성방법

재조합체(recombinant) DNA란 운반체인 vector DNA에 원하는 외래(foreign) DNA를 공유결합시켜 만든 것을 말하며, 이는 유전자 조작의 기초기술이다. 그 방법은 매우 다양하며 지속적으로 개선 발전되고 있다. 그러나 여기서는 기초적인 재조합체 DNA 구성법에 대해서만 소개하기로 하겠다.

(1) 접착성 말단(cohesive end) 연결법

그림 9-10에서와 같이 먼저 vector DNA와 목적하는 외래 DNA를 접착성 말단을 만들어 주는 동일 제한효소로 절단시킨다. 여기서 생겨난 각각의 DNA 말단은 서로 간에 염기쌍을 이룰 수 있다. 여기에 DNA ligase를 처리하면 5′인산기와 3′OH기 간에 공유결합이 이루어져 한 분자로 연결된다.

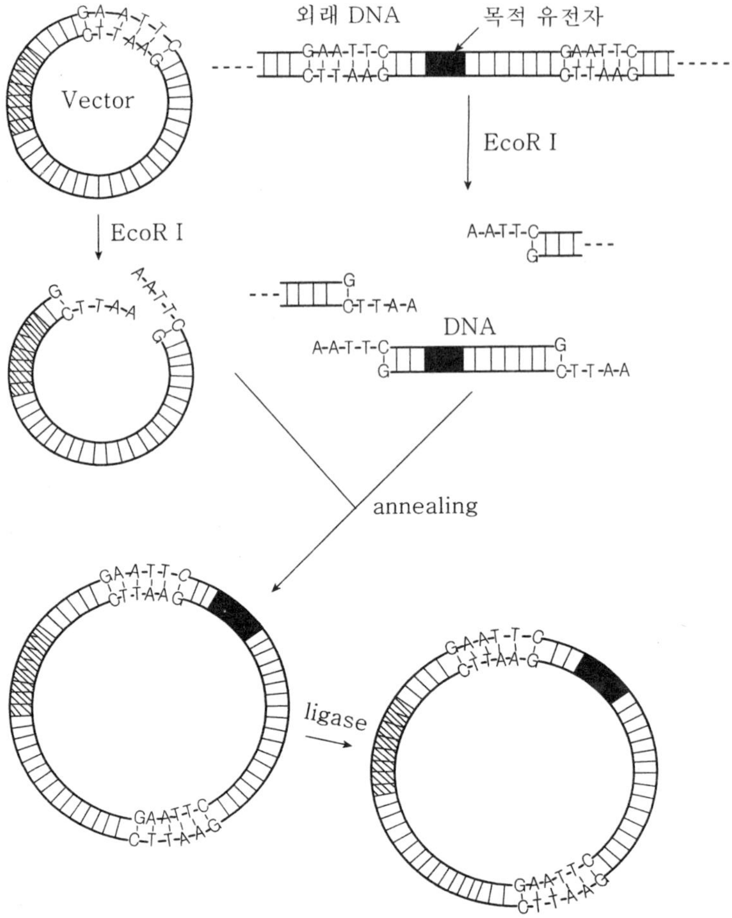

그림 9－10 접착성 말단(cohesive end) 연결법

(2) homopolymer tail 이용법

제한효소 처리에 의하여 평활성 말단(blunt end)이 생기거나, 동일 제한효소로 vector와 외래 DNA를 절단할 수 없는 경우에는 homopolymer tail이나 linker를 이용하는 편이 효과적일 수도 있다. 물론 blunt 등에 DNA ligase를 처리하여 직접 연결시킬 수도 있으나, 그림 9 - 11과 같이 분자 자체의 원형화 등으로 효율이 좋지 않다.

이런 경우에는 그림 9 - 12에서 보는 것처럼 각각의 DNA 말단에 동일 uncleotide를 여러 개 연결하여 homopolymer tail을 만들고 그들 상호간에 수소결합이 이루어지도록 한 다음에 DNA ligase를 처리하여 하나의 분자가 되도록 하는 방법을 쓸 수 있다.

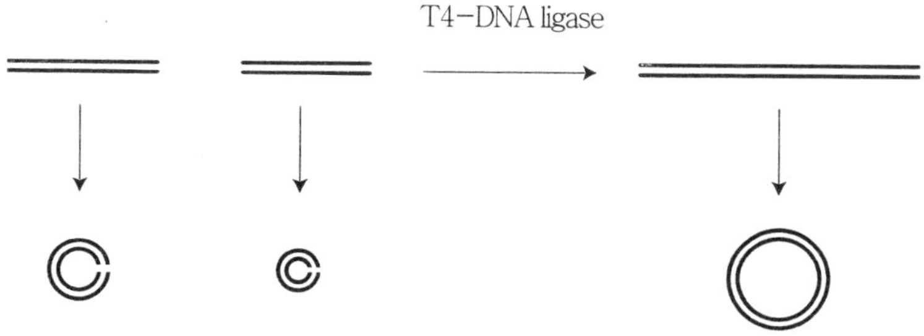

그림 9-11 평활성 말단(blunt end) 연결에 따른 부반응

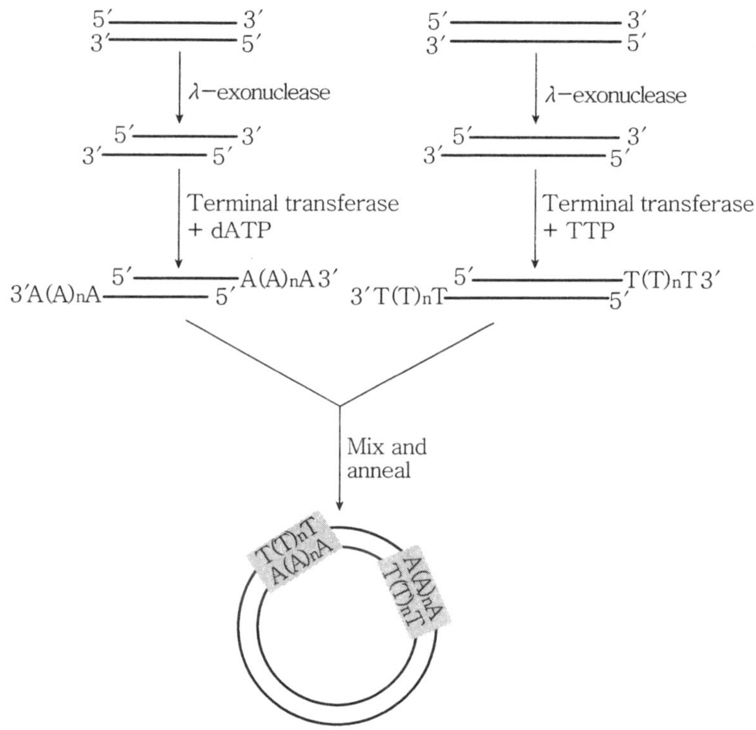

그림 9-12 Homopolymer tail 이용법

(3) linker 이용법

linker(연결자)란 nucleotide가 10개 내외 연결된 DNA 조각으로 그 자체 내에 특정 제한 효소에 의하여 절단되어 접착성 말단을 형성할 수 있도록 합성된 것이다. 따라서, vector나 외래 DNA의 말단에 우선 linker를 연결한 다음에 제한효소로 절단하고, 이때에 생겨난 접착성 말단 간에 서로 염기쌍 수소결합이 이루어지도록 한 다음에 DNA ligase를 처리하여 공유결합이 이루어지도록 하는 방법이다(그림 9 - 13).

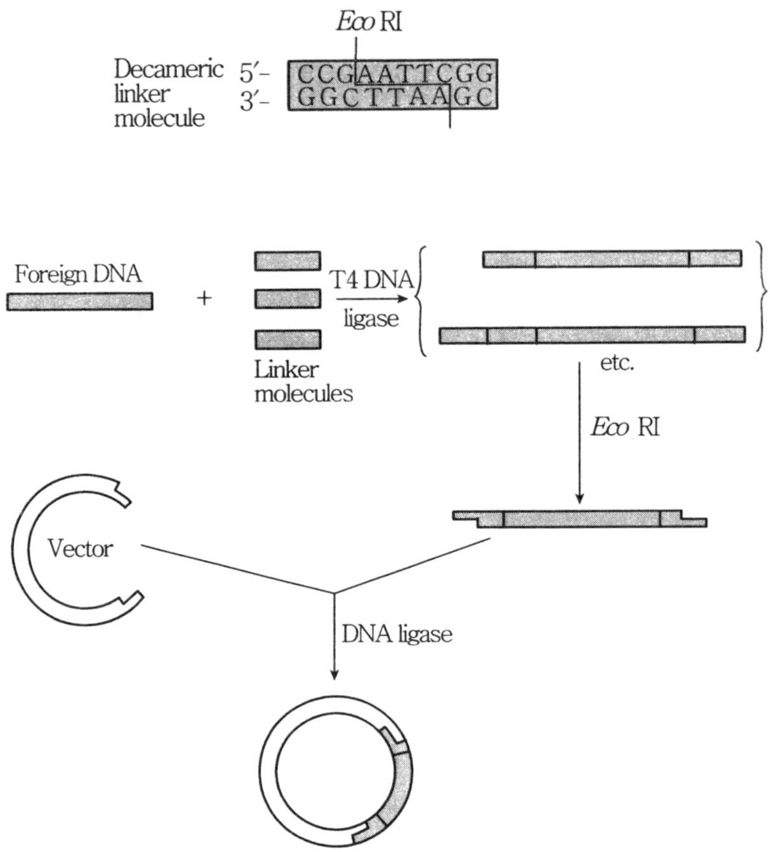

그림 9-13 Linker 이용법

2) 재조합체 DNA 검출법

DNA는 육안으로 보이지 않기 때문에 여러 종류의 DNA 분자들이 섞여 있는 경우에 재조합체 DNA를 검출할 수 있는 방법이 있어야 한다. 기본적으로 vector와 삽입된 외래 DNA의 특성을 이용하여 검출한다. 여기서는 대장균을 숙주로 한 경우를 예로 들어 차례대로 설명하기로 하자(그림 9 - 14 참고).

① 먼저 재조합체 DNA와 여타 다른 DNA의 혼합물을 대장균에 도입한다. 도입 방법은 전술한 바와 같다.

② vector의 항생제 내성이나 감수성을 이용하여, 항생제 함유 배지상에서의 세포생육

여부를 검정하고, 그중 적합한 균주를 선발한다.

③ 선발된 균주 중에서 가능하다면 삽입된 유전자가 목적하던 것인지를 확인하기 위하여 형질 발현 여부를 조사한다.

④ 선발된 균주로부터 재조합체 DNA를 분리하여, 제한효소로 분해시키고 agarose gel상에서 전기영동하여 DNA를 검색한다. 이와 같은 과정을 거쳐 목적하는 유전자가 제대로 cloning되었는지 대체적으로 확인할 수 있다.

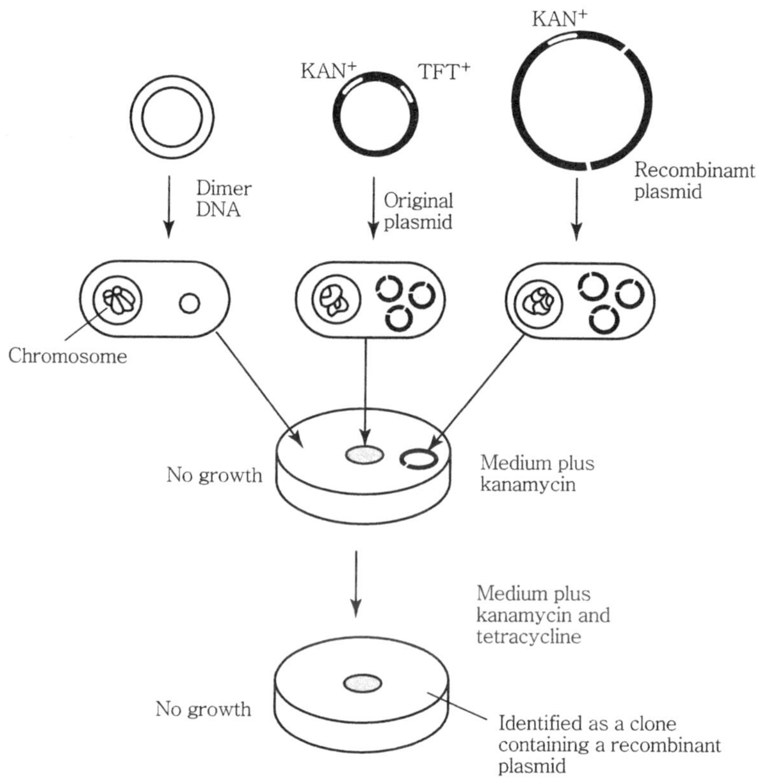

그림 9-14 재조합체 DNA를 함유한 clone의 검출 방법

8. cDNA(complementary DNA) 합성법

진핵세포(eukaryotic)로부터 유전자를 분리 cloning하기 위하여 자주 이용되는 중요한 방법이다. 그 특징은 유전 형질의 발현(또는 단백질 합성)과 직접적인 관련이 없는 intron에 해당되는 DNA 부분을 제거하고, exon에 해당되는 DNA

부분만 선별적으로 분리해 낼 수 있다는 점이다. 즉, 진핵세포로부터 DNA를 직접 분리해 내는 것이 아니라, DNA의 전사에 의해서 합성된 mRNA만을 먼저 분리해 내고, 이 mRNA를 주형(template)으로 하여 역전사 효소(reverse transcriptase)를 사용, cDNA를 합성해 내는 방법으로서 그림 9-15와 같다.

먼저 세포를 파괴하여 mRNA를 선별적으로 분리해 낸다. mRNA는 그 특성상 poly A 꼬리를 갖고 있으므로 dT column을 사용하면 흡착 분리된다. 이렇게 분리된 mRNA에 역전사 효소를 처리하여 외가닥의 cDNA를 합성한다. mRNA와 cDNA의 hybrid에 RNAseH를 처리하여 RNA를 분해시키면서 동시에 DNA polymerase I과 DNA ligase를 처리하여 새로운 가닥의 DNA 사슬을 합성한다.

이와 같이 합성된 cDNA는 원하는 vector DNA에 결합시켜 cloning될 수 있다.

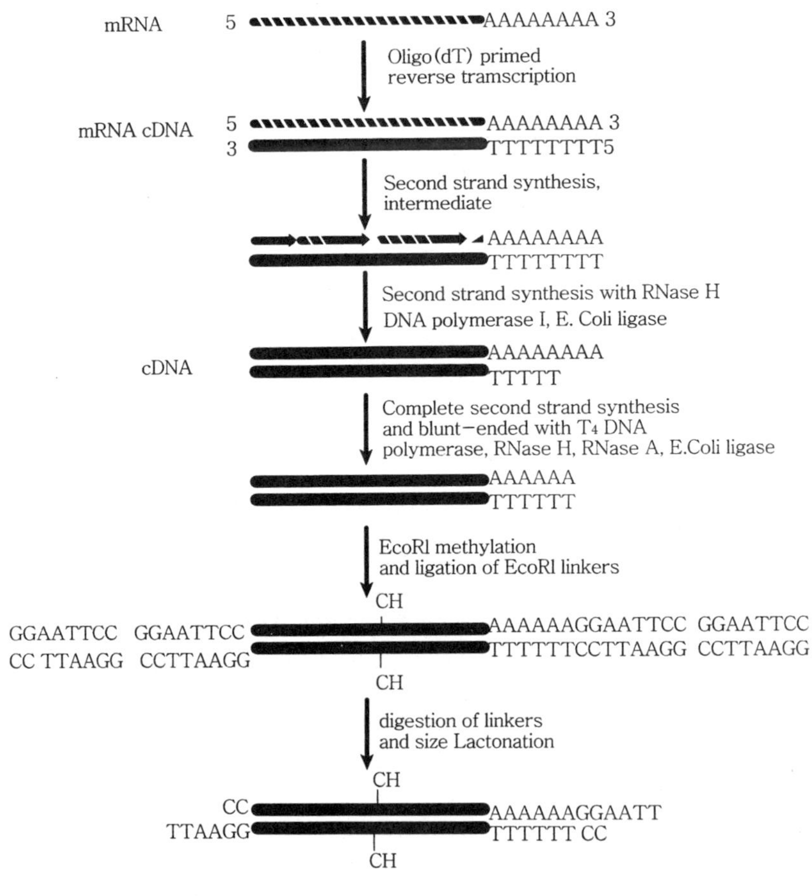

그림 9-15 Outline of cDNA synthesis and preparation for insertion into a vector

9. 유전자 조작의 산업적 이용분야

① 천연에서 쉽게 얻을 수 없는 단백질을 다량 생산할 수 있다. insulin, 생장 호르몬 (HGH, human growth hormone ; bovine growth hormone), interferon 등이 있다.

② hepatitis B, influenza, toxic diarrhea 등에 대한 백신(vaccine)개발이 이루어졌다(그림 9 - 16).

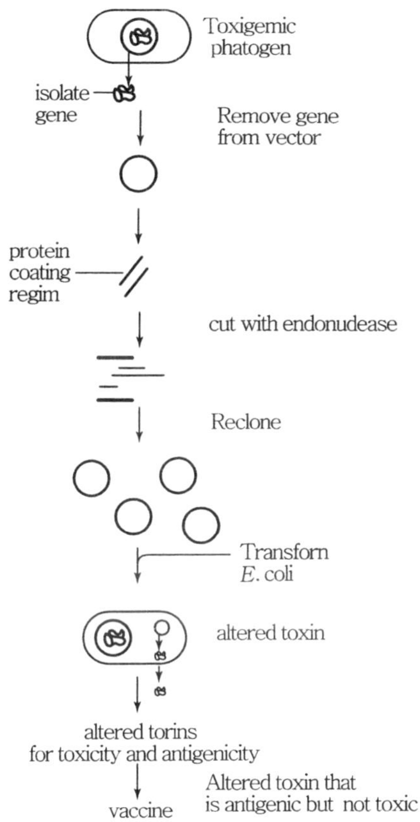

그림 9-16 백신 개발방법

③ 혈액응고인자 또는 그 외의 호르몬의 생산으로 tissue plasminogen activator는 임상실험 중이다.

④ 유전병 환자의 원인규명과 치료제의 개발로 결핍효소 또는 유전자를 주입시키는 방법을 생각할 수 있다.

⑤ 석유자원의 고갈을 대비한 농산폐기물(주로 섬유질)로부터 단백질, 연료용 알코

올, glycerol, ethylene oxide, ethylene glycol 등의 유기 화합물을 생산한다.

⑥ 쉽게 얻을 수 없는 효소의 대량생산을 들 수 있다. 예를 들어 urokinase(혈액응고제), calf rennin(응유효소) 등을 생산한다.

⑦ monoclonal antibody를 생산한다.

⑧ 내병성, 내염성, 내한성, 다수확성작물의 육종이 가능하다. 여기에는 *Agrobacterium tumefaciens* 및 Ti plasmid의 이용이 기대된다(그림 9 - 17).

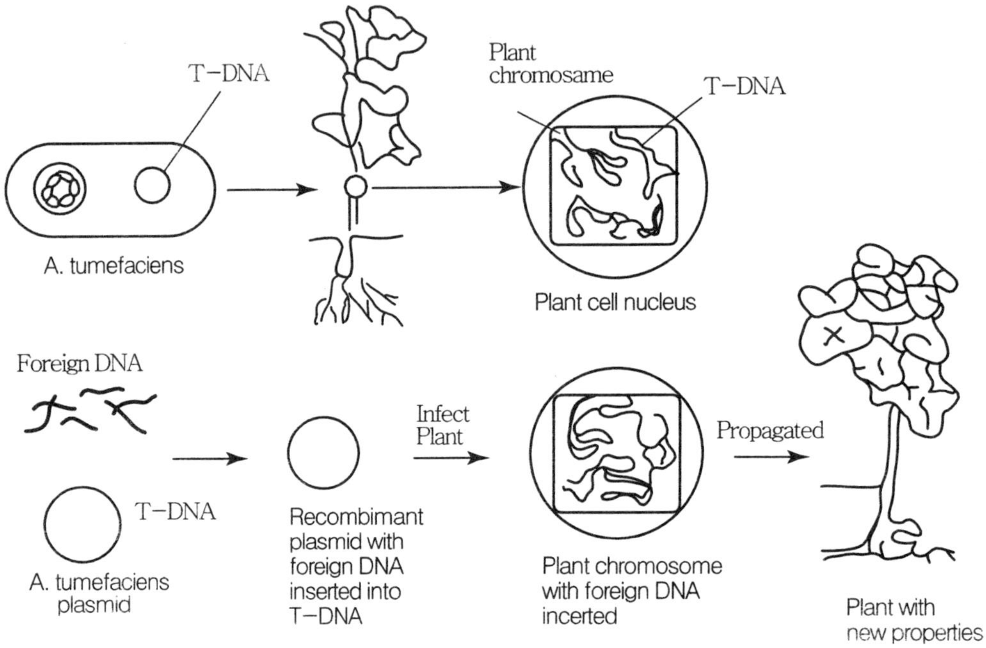

그림 9-17 *Agrobacterium tumefaciens*의 식물육종에 이용

⑨ 환경오염 물질을 생분해시킬 수 있는 미생물을 육종한다.

⑩ 미생물의 생합성경로를 변경시켜 새로운 항생물질 등을 생산한다.

⑪ 발효생산균주에 catabolic enzyme의 삽입을 통해 발효공정을 개선한다.

⑫ 육종된 균주를 이용함으로써 발효시간을 단축시키고, 수율을 향상시킨다.

새로운 종류의 생명체를 만들거나 종양(tumor) 바이러스, AIDS 바이러스 등의 DNA를 다루는 일은 잠재적인 위험이 따르는 것으로 여겨지고 있다. 따라서 각국에서는 유전자 조작에 관한 연구에 있어서 별도의 기준을 설정하여 취급 균주 및 시설 등을 규제하고 있다.

제10장 미생물 반응공학

미생물 반응공정(microbial reaction process)은 증식하는 미생물 또는 고등 동식물의 배양세포에 의해 일어나는 반응공정을 말한다. 이러한 공정에서는 다양한 생화학 반응이 유전정보에 의해 복잡하게 이루어지며, 시간의 변화에 따른 화학반응의 집합으로 볼 수 있다. 따라서 생산물은 반응의 중간과정 또는 종점에서의 물질수지에 대한 종합적 수지계산으로서 파악될 수 있다.

미생물 반응공정에는 종래의 발효공학에서 다루는 분야를 포함하여, 고정화 미생물의 반응, 조직배양(tissue culture), 폐수처리 및 미생물 정련(bacteria leaching)도 포함된다. 미생물 반응공학의 기술혁신의 중요한 내용을 역사적으로 살펴보면 표 10 - 1과 같다.

현재 발효공학에서 다루는 주요 분야는 알코올 발효(맥주, 청주, 과실주, 주정공업 등)가 중심이 되며, 그 외로 유기산 발효(구연산, 젖산, 초산 등) 아미노산 발효(glutamic acid, lysine 등), 핵산 및 핵산 관련물질(inosine, guanosine 등), 균체생산(SCP, SCO), 비타민(carotenoids, B_2, B_{12}, C), 항생물질(penicillin, streptomycin 등), 효소, 다당류(xanthan gum, pullulan, cyclodextrin) 등의 발효생산이라고 할 수 있다.

미생물 반응공학의 기술혁신에 대한 역사에서 살펴보듯이 발효기술의 발전은 경제적 생산을 위한 노력에서 이루어졌다고 할 수 있다. 따라서 생물공학(biotechnology 또는 bioengineering)의 목적은 미생물, 식물 및 동물세포 등 생물재료로부터 유용한 대사산물을 경제적으로 얻는 데 있다. 여기에는 크게 세포의 분리와 기능향상을 위한 육종 및 선발, 대량배양을 위한 발효공정(醱酵工程) 등의 upstream processing과 제품회수공정(product recovery)에 해당하는 downstream processing의 두 가지 부분으로 나눌 수 있다. 발효공정에서는 미생물에 의한 효소 또는 대사산물의 생산을 위하여 최적조건에서 배양하는 기술을 익혀야 하며, 회수공정에서는 제품을 회수하고 정제하는 공정이 포함된다.

생물공업(bioindustry)에도 화학공정(化學工程)에서와 마찬가지로 분리, 증류, 가열, 냉각, 건조 등의 단위조작이 필요하며, 특히 생물재료에서는 화학공정에 비해 대사산물의 양이 적을 뿐만 아니라 손상이 되기 쉬워 매우 까다롭다. 또한, 생물공정(生物工程)에서는 유전자조작, 배지의 최적화, 산소의 공급 및 배양 등 대부분 전 과정이 무균 조건하에서 이루어지는 경우가 많다. 그러면 생물공정의 특성을 이해하기 위하여 우선 미생물의 배양특성에 관하여 알아보도록 하자.

표 10-1 미생물 반응공학의 기술혁신

17세기 이전	자연발효법(개방 tank법)
1876, Tyndall, J.와 F. Cohn	배지살균법
1881, Koch, R.	순수배양법
1886, Hansen, E.C.	효모배양장치(300～400 L)
1893, Winogradsky, S.	선택배양법
1894, Beljerinck, M.V.	집적배양법
1916～	표면배양법(구연산 발효)
1915～1945	혐기적 대량 배양법(50～100 m^3), 아세톤, 부탄올발효
1943～	대용량 호기발효조 무균공기의 공급법(페니실린의 대량생산)
1950, Monod, J. 등	연속배양의 이론
1954, White, J.	반회분 조작(半回分 操作)
1961, Sakaguchi 등	대사 제어기술(代謝 制御技術)
1970년대	원료의 다양화(SCP), 각종 계측기술의 진보
1977	고정화 증식 미생물
1980년대	유전자 공학(hormone, interferon 등의 제조)

1. 미생물의 생육특성

많은 미생물 반응에 있어서 기질(substrate)의 대사산물의 생성은 보통 미생물 증식의 정도나 대사과정에 따라 각각 특유한 패턴을 나타낸다. 기질은 일단 미생물의 세포 속으로 들어가 정도의 차이는 있으나 일부는 새로운 세포를 구성하는 데 이용되어 균체증식이 이루어진다.

실제 미생물 반응에 있어서는 1 cm^3에 억 개 이상의 수많은 미생물이 존재하며, 하나하나의 미생물 세포는 반드시 생리학적, 형태학적 또는 유전학적 성질이 같은 것은 아니다. 따라서 우리는 미생물이 나타내는 활성의 평균치를 관찰하는 것이다. 즉, 일반적으로 세균은 분열에 의해, 효모는 출아에 의해, 방선균은 균사의 성장에 의해 각각 증식이 이루어진다. 한 개의 세포가 증식을 위해 분열이나 출아를 끝내는 데까지 걸리는 시간을 세포주기시간(cell cycle time) 또는 세대시간(generation time ; tg)이라고 하며, 살아 있는 동안의 경과시간을 균령(菌齡, cell age)이라고 한다.

미생물 배양방법은 분류기분에 따라 액체배양과 고체배양, 그리고 회분배양과 연속배양으로 나눌 수 있다. 액체배양은 표면배양(surface culture)과 심부배양(submerged culture)으로 세분된다. 고체배양은 주로 액체배양이 어려운 곰팡이 배양에 이용되며, 통기가 쉽고 생성물 회수에 소요되는 용매량이 적은 이점이 있으나 자동제어가 어려운 결점이 있다. 여기에는 회분배양, 연속배양, 유가배양에 대하여 살펴보자.

1) 회분배양

미생물의 배양은 일반적으로 회분배양(batch culture)에 의한다. 미생물의 회분배양은 폐쇄계(closed system)로 간주되며, 살균된 배지가 들어 있는 발효조 내에 미생물을 접종하여 생리적인 최적조건하에서 배양한다. 경우에 따라서 대사산물 생산의 최적화를 위하여 배양 중에 무균적으로 산소를 공급하거나, 소포제(antifoam agent)의 첨가, pH 조절을 위한 산 또는 알칼리 용액이 주입된다. 회분배양에서는 그림 10 - 1에서 보는 바와 같이 배양시간에 따라 균체, 대사산물과 기질의 양에 변화가 생긴다.

미생물은 배양시간에 따라 다음과 같은 몇 가지 단계로 나눌 수 있다. 생물공학에서 관심의 대상이 되는 것은 일반적으로 균체생산이 아니라 생리활성물질인 경우가 많다. 균체증식에 필요한 최적조건과 대사산물 생산을 위한 최적조건은 반드시 일치하지 않기 때문에 사용균주의 생리적 특성을 파악하여 배양조건을 조절해야 한다. 정도의 차이는 있으나 일반적인 균체생육의 형태는 그림 10-1과 같이 새로운 환경에 대한 적응기를 거쳐 대수적으로 균체량은 증가하다가 정지기와 사멸기를 거친다. 각 배양기간에 따른 내용은 다음과 같다.

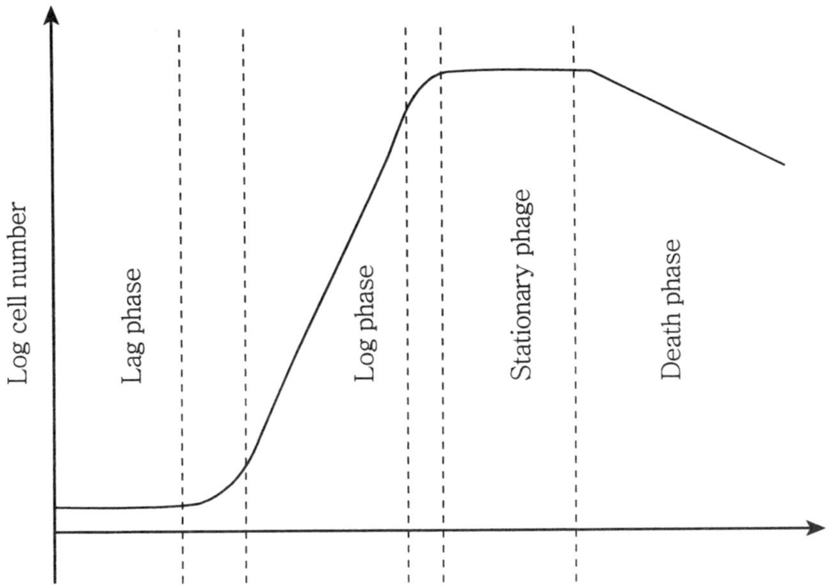

그림 10-1 배양시간에 따른 균체수의 변화

(1) 유도기(lag phase)

새로운 배지에 접종된 미생물은 이 기간 동안 증식을 위한 준비단계로 세포의 크기와 무게가 증가한다. 이는 새로운 환경에 적응하는 기간으로 미생물의 종류, 생육환경, 생리적인 조건에 따라 시간에 차이가 생긴다. 보통 전배양(preculture)과 배양조건에 따라 결정되므로 이 기간을 줄이기 위하여 전배양 단계에서부터 주의를 요한다. 이 기간은 ① 배지 영양성분의 농도변화 ② 탄소원·에너지원의 차이 ③ 세포막을 통하여 이루어지는 확산에 의한 접종균체의 내부성분의 희석 ④ 접종균체의 균령(inoculum age) ⑤ 접종량의 크기 등에 의해 영향을 받게 된다.

(2) 대수증식기(log phase)

새로운 환경에 적응한 미생물은 영양분이 충분하며, 독성물질이 없거나 매우 적어서 증식에 거의 영향을 주지 않는다. 따라서 증식은 대부분 기질농도에 관계없이 대수적으로 이루어진다. 균체수와 배양기간과의 관계를 반대수 그래프(semilog graph)에 plot하면 직선관계가 얻어지므로 이 기간을 대수증식기라고 하며, 이를 식으로 나타내면 다음과 같다.

$$\frac{dX}{dt} = \mu X, \quad \text{또는} \quad \frac{dN}{dt} = \mu N \tag{10.1}$$

여기에서

X는 균체농도(g/l)

N는 균체밀도(1/l)

μ는 비증식속도($time^{-1}$)이다.

또한, μ의 표시방법은

$$td = \ln 2/\mu \tag{10.2}$$

$$\mu = 0.693/td \tag{10.3}$$

비증식속도(specific growth rate) μ는 비례상수로서 증식속도의 크기를 나타내며, 대수증기식에서 최대 증식속도(μ_{max})를 나타낸다. 1회 분열로 2개의 세포가 생기는 보통의 미생물은 td(doubling time)는 tg(세대시간)와 같지만 녹조류의 chlorella와 같이 4분열하거나 clamydomonas와 같이 8분열하는 경우는 다르다. 따라서 이들 사이에는 다음과 같이 나타낸다.

$$td = tg \ \ln 2/\ln n \qquad n: \text{분열수} \tag{10.4}$$

표 10-2에서 보는 바와 같이 세균의 세대시간은 10~60분, 효모는 2~4시간, 조류는 수십 시간에서 수일이 걸린다.

미생물의 증식속도에 대해서는 여러 연구자에 의해 많은 수학적 모델(model)

이 제안되었으며, 이를 크게 나누면 경험적 모델과 기구론적인 모델로 구분할 수 있다. 공학적 입장에서 본다면 미생물 증식에 관한 모델을 설정하는 데는 다음과 같은 조건을 구비해야 한다.

① 우선 모델의 목적을 명확히 인식할 필요가 있다. 증식과 같은 복잡한 현상을 보다 통일적으로 이해함으로써 이 모델을 이용하여 미생물 반응기를 설계하거나 최적조작조건을 예측하며, 반응공정의 합리적 관리에 기여한다.
② 모델을 세우기 위한 가정을 명확히 하며, 적용범위를 분명히 한다.
③ 모델에 포함되는 인자(parameter)는 실험적으로 각각 구할 수 있는 것이 좋다.
④ 가능한 한 간단해야 한다.

이와 같은 점에서 일반적으로 결정론적(deterministic), 균일화(distributed). 비구조(unstructured) 모델이 이용되며, 그대표적인 것이 모노드 모델(Monod model)이다. 이 모델은 균체성분 중에 균체 농도를 사용하며, 배지성분 중에 한 종류의 성분을 증식제한기질(growth－limiting substrate)로 착안하여 다른 성분의 영향은 무시할 수 있는 것으로 간주한다. 또한, 증식은 단일반응으로서 균체수율은 일정하다고 본다. 따라서 비증식속도에 대한 기질농도의 영향은 그림 10 - 2와 같이 나타낼 수 있다.

표 10-2 미생물의 세대시간

미생물 또는 배양세포	온도(℃)	세대시간
Bacillus stearothermophilus	60	8.4분
Pseudomonas nitrigens	30	10분
Escherichia coli	40	21분
Aerobacter aerogenes	37	18～30분
Bacillus subtilis	40	26분
Pseudomonas ptida	30	45분
Aspergillus niger	30	2시간
Spirulina platensis	35	2시간
Saccharomyces cerevisiae	30	2～4시간
Rhodopseudomonas spheroides	30	2.2시간
Trichoderma viride	30	5시간
HeLa cell	37	30～50시간

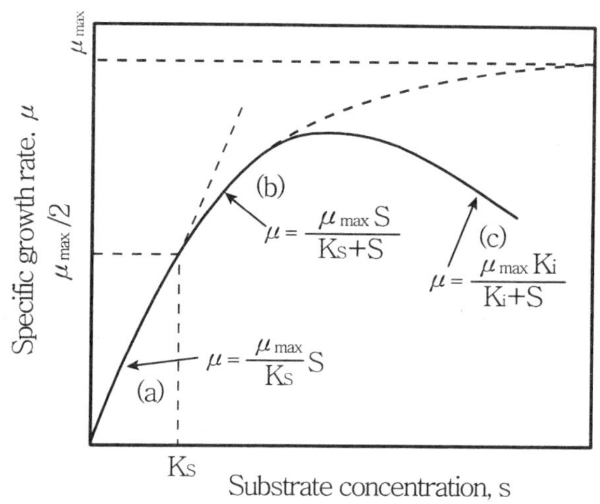

그림 10－2 비증식속도에 대한 기질농도의 영향

$$\mu = \frac{\mu_{max}\, s}{Ks + S} \tag{10.5}$$

여기에서

td : 세대시간(doubling time 또는 generation time)

Ks : 포화정수(saturation constant)

로서 $\mu = 0.5\ \mu_{max}$일 때 얻어진다.

식 (10.5)는 효소반응의 Michaelis－Mententle과 유사한 형태이다. 미생물의 증식은 세포활동의 종합적인 발현으로 보기 때문에 효소반응처럼 Ks가 단일효소에 있어서 이루어지는 Michaelis 정수의 의미로 표시하는 것은 곤란하다. 따라서 Ks는 어떤 증식제한기질의 농도의존성을 나타내는 정수로 기질 자화상수(substrate utilization constant)라고도 한다. 대표적인 균주의 Ks값은 표 10 - 3에서 보는 바와 같다.

포도당을 기질로 한 몇 종류 곰팡이에 대한 μ_{max}의 값은 표 10 - 4와 같으며, 포도당 분자의 길이가 길어질수록 μ_{max}의 값은 작아진다(표 10 - 5).

μ_{max}값이 클수록 μ값이 커지므로 증식속도가 빠름을 뜻한다. 대수기에서 정지기에 들어가기 전에 일반적으로 deceleration phase를 거치게 된다. 이 기간을 연구자에 따라서는 균형기(balances phase), 저장기(storage phase), 유지기

(maintenance phase)로 나누기도 하며, 2차 대사산물의 생성은 주로 유지기에서 정지기에 생성되는 경우가 많다.

표 10-3 각종 기질을 이용하는 미생물 증식의 포화정수(Ks값)

미생물	기질	$mg.l^{-1}$	$10^{-5}M$
Escherichia	glucose	8.8×10^{-2}	3.8×10^{-1}
"	mannitol	2.0	1.1
"	lactose	20.0	5.9
"	tryptophan	1.1×10^{-3}	5.4×10^{-3}
Aspergillus	glucose	5.0	2.8
"	alginine	5.0×10^{-1}	2.9×10^{-1}
Candida	glycerine	4.5	4.9
"	O_2	4.5×10^{-1}	1.4
Saccharomyces	glucose	25.0	14.0
Pseudomonas	methanol	0.7	2.0
"	methane	0.4	2.6
Klebsiella	Mg ion	5.6×10^{-1}	2.3
"	Ca ion	3.9×10^{-1}	1.0

표 10-4 포도당을 기질로 한 곰팡이의 μ_{max}값

미생물	온도(℃)	$\mu_m(h^{-1})$	세대시간(h)
Aspergillus niger	30	0.20	3.46
A. nidulans	20	0.090	7.72
	25	0.148	4.68
	30	0.215	3.23
	37	0.360	1.96
Penicillium chrysogenum	25	0.123	5.65
Mucor hiemalis	25	0.17	4.1
Fusarium avanaceum	25	0.18	3.8
F. graminearum	30	0.28	2.48
Verticillium agaricinum	25	0.24	2.9
Geotrichum candidum	25	0.41	1.7
	30	0.61	1.1
Neurospora sitophila	30	0.40	1.73

(Anderson 등, 1975)

표 10-5 30℃에서 *Fusarium graminearum*의 포도당 분자수에 따른 μ_{max}

기질	포도당 분자수	μ_{max}	세대시간(hr)
glucose	1	0.28	2.48
maltose	2	0.22	3.15
maltotriose	3	0.18	3.85

(Anderson 등, 1975. single cell protein Ⅱ, p.314)

(3) 정지기(stationary phase)

균체증식이 많이 이루어지면 배지 중에 들어 있던 기질의 소모되고, 대사산물의 생성과 더불어 독성물질의 생성 등으로 생육속도가 늦어지거나 정지된다. 즉, 증식되는 세포수와 사멸되는 세포수가 같아져서 전체적으로 생균수가 일정하게 된다. 이 기간 중에는 균체조성이 변화가 일어나며, 균체를 구성하고 있는 탄수화물, 단백질 등이 빠져나와 새로운 영양원으로 작용한다. 이 기간 중에 여러 가지 대사산물이 생성되는 경우가 많아 대사산물을 목적으로 하는 발효에 있어서는 어느 정도 균체증식을 시킨 다음 인위적으로 이런 조건이 되도록 조절하기도 한다.

(4) 사멸기(death phase)

이 기간 중에는 배지 중의 영양원뿐만 아니라 균체에 축적된 에너지원이 소모와 2차 대사산물의 축적 등으로 생균수의 감소가 일어나고 발효가 종료된다.

2) 유가배양

앞서의 회분식 배양에 있어서는 대사산물의 생성을 유도하거나 조절하기가 어려운 결점이 있어서 이를 개선한 방법으로서 회분배양과 연속배양의 중간에 해당하는 유가배양(fed batch culture)이 이용된다.

글리세롤, 부탄올, 아세톤, 유기산, 아미노산, 효소, 항생물질 생산 등에 광범위하게 이용하며, 회분식 배양에 비해 발효가 이루어지는 동안에 필요한 물질을 가해 주는 것이다. 즉, 회분배양에서처럼 최초 고농도의 탄소원(예를 들면 메탄올이나 에탄올) 또는 질소원을 가해 주면 미생물은 생육에 저해를 받으며,

반대로 기질농도를 묽게 하였을 경우는 균체증식은 잘 이루어지나 생성물 농도가 낮아 경제적인 방법이 못 된다. 따라서 발효기간 중에 소량씩 기질 또는 필요한 영양원을 공급하는 방법으로서 2차 대사산물의 생성을 유도한다.

이 배양법에 있어서는 회분배양과 마찬가지로 일반적으로 발효기간 중에 기질의 농도를 직접 측정하기 어려우므로 배양액의 pH 변화, 삼투압, 산소분압(pO_2값), 배출공기 중의 CO_2양 등을 측정함으로써 간접적인 방법에 의해 기질의 공급량을 결정한다. 기질이나 영양분을 공급하는 방법도 다양하며, 일정량씩 소량으로 또는 간헐적으로 공급할 수 있으며 시간이 흐를수록 공급량을 많거나 적게 공급할 수도 있다.

유가배양은 고농도 탄소원의 존재 시 미생물의 생육을 저해하는 기질의 이용, 2차 대사산물의 생산, catabolite repression의 극복, 배양액의 점도감소 등에 유용한 장점이 있으나 조절장치가 비싸고, 미생물의 생육양상에 맞춘 기질공급 조절이 어려운 단점도 있다.

3) 연속배양

연속배양(continuous culture) 방법은 연속적으로 기질의 공급과 배양액의 유출이 이루어지도록 하며, 다른 방법에 비해 생산성이 높은 것이 특징이다. 발효공정은 개방계(open system)에서 이루어지며 발효 중에 살균된 배지와 공기를 연속적으로 공급해 주고, 공급량에 비례하여 배양액을 빼내어 일정한 용량을 유지하고 미생물상 및 증식환경 조건을 일정하게 조절함으로써 정상상태(steady state)를 유지한다. 이와 같은 배양방법은 증식속도와 기질 이용속도를 증가시켜 생산성을 높일 수 있다.

연속배양은 기본적으로 다음과 같은 두 가지 형태로 나눌 수 있다.

(1) homogeneously mixed bioreator

연속배양에 있어서 기질의 공급과 배양액의 유출에 대한 조절방법은 영양원의 농도를 일정하게 유지시키면서 배양하는 chemostat법과 균체농도를 일정하게 유지하는 turbidostat법이 있다.

발효조 내의 배지를 살균한 다음 전배양한 배양액을 접종하여 배양하면서 일정시간 후에 정상상태에 이르게 된다. 이 후의 조절방식으로서 chemostat의 경우 균체증식은 공급해 주는 필수영양원 중에서 한 가지를 선택하여 그 농도를 조절함으로써 이루어진다. 즉, 탄수화물, 질소원, 염류, O_2 중에서 필요로 하는 기질을 제한요소(limiting factor)로 이용한다(그림 10 - 3A).

이에 반하여 turbidostat에서는 균체에 의한 탁도를 기준하기 때문에 균체농도를 monitor하여 영양원의 공급속도를 조절한다(그림 10 - 3B). 일반적으로 희석률(dilutionrate, hr^{-1})의 3배의 해당하는 발효시간이 경과 후 균체농도를 측정하였을 때 탁도가 일정하면 연속배양에서의 정상상태가 이루어진 것으로 간주한다.

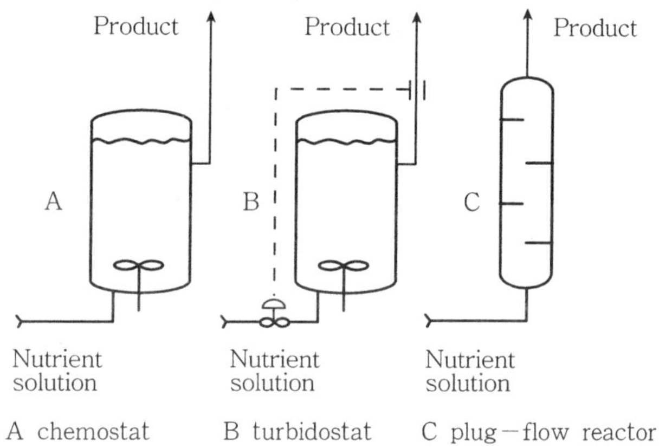

그림 10－3 연속배양(simple reaction)

(2) plug flow reactor

그림 10 - 3C에서 보는 바와 같이 관형반응조(tubular reactor)에 교반하지 않고 배지를 주입하기 때문에 발효조의 위치에 따라서 영양원의 농도, 균체농도, 산소농도, 생산성 등이 다르다. 유출(overflow)에 의한 균체손실로 정상상태에서의 연속공정은 발효조 내의 균체증식과 균형이 되어야 한다.

연속배양에 있어서 Monod model은 희석률(dilution rate)이 매우 작거나 클경우에는 적용되지 않는다. 연속배양은 SCP(single cell protein), 항생제, 유기용매(아세톤, 에탄올 등)의 생산공정에 많은 연구가 이루어졌다.

2. 발효공정의 분류

발효공정을 그 특징에 따라 몇 가지로 구분할 수 있다. 즉, 회분식 배양장치의 설계에 응용하는 분류방식으로는 Gaden이 제안한 바와 같이 다음 세 가지로 나눌 수 있다.

① 에탄올이나 젖산 발효에서처럼 탄소원 이용이 직접 생성물로 바뀌는 경우를 들 수 있다(그림 10 - 4a). 즉, 기질로 사용한 포도당이 균체생성에 직접 이용되거나 또는 중간 대사산물을 거쳐 정량적으로 생성물이 되는 경우를 말한다.

기질(substrate) ⟶ 생성물(product)
또는 기질 A → B → C → 생성물

② 구연산 발효에서처럼 탄소원의 이용이 생성물의 형성에 간접적인 영향이 있는 경우이다(그림 10 - 4b). 이 경우는 기질이 일부는 2차 대사산물(primary metabolite)로 전환되지만 일부는 생성물로 바뀌면서 기질의 소비와 생성물과는 간접적인 영향을 주는 발효양식이다. 즉, 다음과 같은 관계가 성립된다.

A → B → C → D → 1차 대사산물
↓
E → F → 생성물

③ 균체 등 1차 대사산물과 생성물인 2차 대사산물(secondary metabolites)의 생성과는 기간이 다른 경우를 말한다(그림 10 - 4c). 1차 대사산물은 미생물의 생육과 직접적으로 관계가 되는 물질을 말하며, 이에 비해 항생물질, 생리활성물질, 색소, 냄새성분 등 균체의 생육과는 직접적으로 관계가 없는 물질을 2차 대사산물이라고 한다.

2차 대사산물은 균체증식이 충분히 이루어진 대수증식기 후기 또는 정지기에서 주로 이루어진다. 따라서 균체증식이 잘 이루어지도록 초기에 영양원을 충분히 공급하여 배양한 다음 후기에 영양결핍을 유도하여 대사산물 생성이 최대가 되도록 조절한다.

생물공학에서 관심을 갖는 분야는 주로 2차 대사산물의 생산이므로 이와같은 발효양식에서는 기질 또는 그 외 영양원을 '언제', '얼마' 주입해야 하는가 하

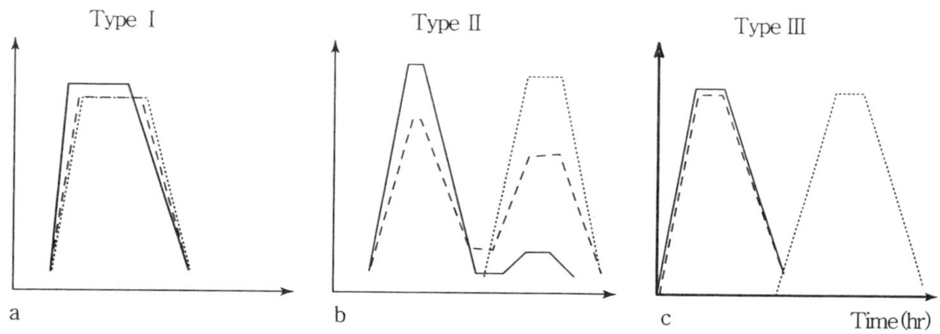

비증식속도(—), 비탄소원(比炭素源)의 소비(---), 비생성물(比生成物) 생산속도(…)

그림 10-4 Gaden(1959)에 의한 발효공정의 분류

는 문제가 중요하다. 예를 들어 항생물질의 생산에 있어서 균체증식을 억제하고 대사산물을 최대로 얻기 위하여 균체증식이 충분히 이루어지도록 한 다음 질소원 또는 무기질원을 제한인자로 하는 조절기구(control mechanism)를 활용하기도 한다. 이와 같은 균체증식을 위한 최적조건이 대사산물 생산을 위한 최적조건과 반드시 일치한다고 볼 수 없음에 유의할 필요가 있다.

이에 비하여 Deindoerfer는 연속배양장치의 설계에 응용되는 발효공정의 분류를 다음과 같이 4가지로 하였다.

① simple type은 중간 대사산물의 축적 없이 영양원이 정량적으로 생성물을 생산하는 경우이다. 즉, 그림 10-5와 그림 10-6에서 보는 바와 같이 사용한 영양원은 균체생육으로 전부 소모되는 형태로 균체생산(SCP) 또는 일부의 유기산 발효가 여기에 해당한다.

② simultaneous type은 단순 발효양식(simple type)의 변형된 형태로 유용한 생산물이 동시에 2가지 이상 생산되는 경우이다. 그림 10-7에서처럼 *Rhodotolula glutinis*에 의해 당이 소모되면서 균체와 지질이 동시에 생성되는 경우를 들 수 있다.

③ consecutive type은 먼저 중간 대사산물의 축적이 일어나고 이에 따라 대사산물이 생성되는 형태이다. 그림 10-8에서 보면 포도당을 기질로 하였을 때 *Pseudomonas ovalis*에 의해 포도당이 소모되면서 먼저 글루코락톤(glucolactone)이 생성되면서 축적이 일어나고, 글루코락톤은 다시 글루콘산으로 바뀌는 것을 알 수 있다.

④ stepwise type은 최종산물이 생산되기 전에 중간대사산물로 완전히 전환되거나 또는 균주의 생리적인 특성에 의해 영양원을 선택적으로 이용하는 형태이다.

예를 들어 그림 10-9에서와 같이 *E. coli*의 경우 6탄당(hexose)과 5탄당(pentose)을 첨가하여 배양하였을 때 우선 hexose를 완전히 이용한 다음에 비로소 pentose를 이용하는 것을 알 수 있다.

또한, *Acetobacter suboxydans*의 경우처럼 5-ketogluconic acid가 생성하기 전에 glucose는 gluconic acid를 생성한다(그림 10-10). 이와 같은 발효형태는 대부분 사용균주의 생리적인 특성에 따라 정해지는 경우가 많기 때문에 이를 조절하기 위하여 균주에 따른 미생물의 생리에 관한 기초적인 자료가 중요하다.

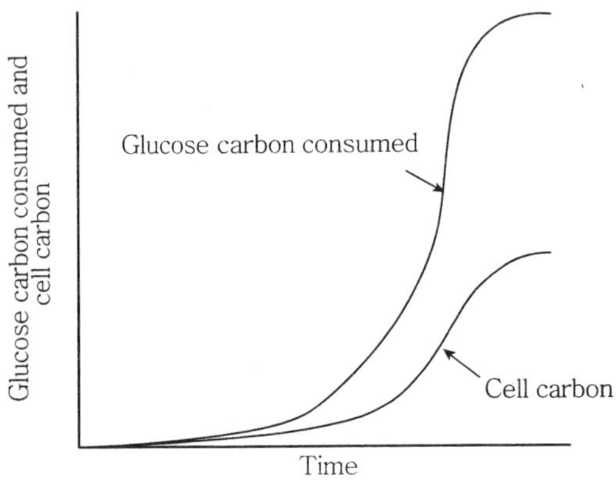

그림 10-5 *Aerobacter cloacae*의 생육곡선(simple reaction)

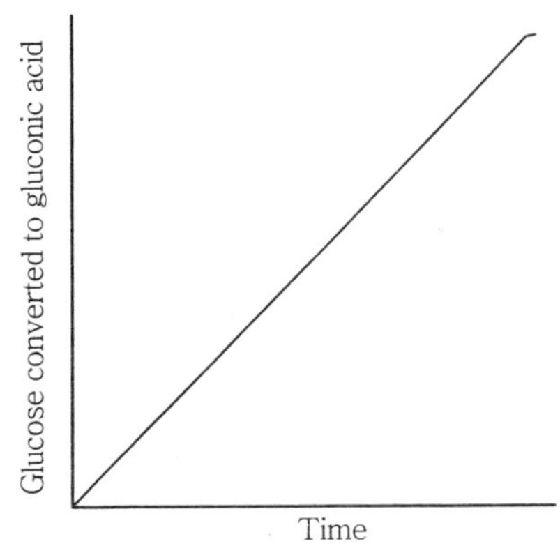

그림 10-6 *Aspergillus niger*에 의한 glucose에서 gluconic acid의 전환(simple reaction)

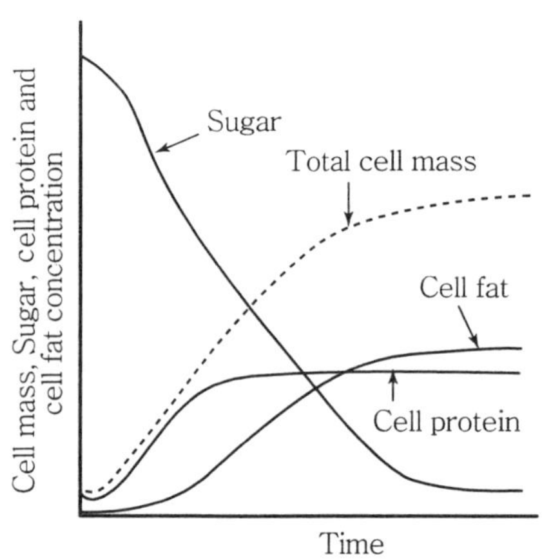

그림 10-7 *Rhodotolula glutinis*에 의한 당에서 균체 단백질 및 균체지질의 생산(simultaneous reaction)

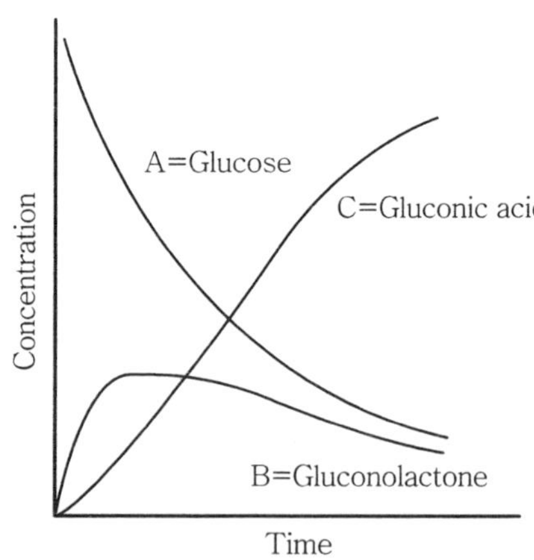

그림 10-8 *Pseudomonas ovalis*에 의한 glucose에서 gluconic acid의 생산(consecutive reaction)

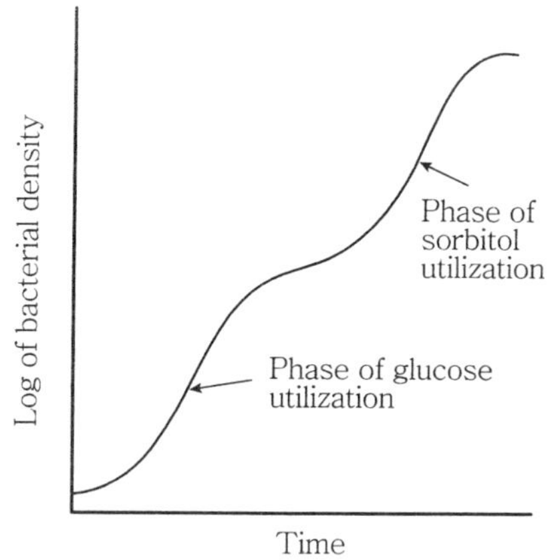

그림 10-9 *E. coli*에 의한 탄수화물 이용(stepwise reaction)

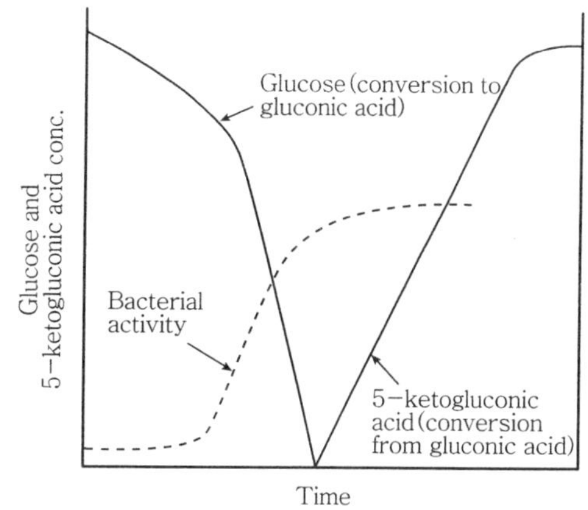

그림 10-10 *Acetobacter suboxydans*에 의한 glucose에서 5-keto- gluconic acid의 생산(stepwise reaction)

3. 균체수율

발효조를 중심으로 하여 물질수지를 계산하는 일은 공업적 생산공정에서 중요하다. 그러나 미생물 반응은 일반적인 화학반응과 달리 매우 많은 성분이 관여할 뿐만 아니라 반응경로도 복잡하여 수학적으로 계산하는 일이 쉽지 않다. 따라서 미생물 증식에 따른 대사산물의 생성반응은 반응성분(배지성분)에서 생성물 성분으로의 변환반응을 정확한 계수를 사용한 반응방정식으로 나타내는 것은 불가능하다. 미생물 반응을 여러 가지의 생성물이 생기는 복합반응이라고 본다면 다음과 같이 개념적으로밖에 표시할 수 없다.

영양원(탄소원, 질소원, 산소, 무기질 등) ⟶ 균체 + 대사산물(생성물, CO_2 등)

이 식은 양적관계를 표시한다는 것보다는 물질변환의 형태를 나타내는 데 불과하다. 일반적으로 미생물 반응에서 중량을 기준으로 하는 수율(yield)을 따지게 되며, 기질이 거의 전부가 균체로 전환되는 바이오마스(biomass, SCP)의 생산에 있어서는 균체수율의 계산에 이용된다. 이 경우는 미생물의 선택에 있어서 균체수율이 높은 균주를 선택하게 된다.

발효조에 첨가한 기질과 생성된 건조균체의 중량 또는 원소분석을 한 후 다음 식에 의해 균체수율을 결정한다.

$$균체수율(Y_{x/s}) = -\frac{생성된\ 균체의\ 건조중량(\Delta x)}{소비된\ 기질의\ 중량(\Delta s)}$$

$$Y_{x/s} = \frac{X_{st} - X_o}{S_o - S_{st}} \tag{10.6}$$

여기에서 X_{st}는 정지기(stationary phase)의 균체농도, X_o는 접종한 균체량(dry cell/ℓ), S_o는 최초의 기질농도(g/ℓ), S_{st}는 정지기의 기질농도이다.

마찬가지의 방법으로 균체생육에 의한 수율(Y_G), 탄소에 대한 균체의 수율(Y_C)은 다음과 같이 나타낼 수 있다.

$$Y_G = -\frac{\Delta x}{(\Delta s)_G} \tag{10.7}$$

$$Y_C = \frac{생성된\ 균체량 \times 균체\ 중의\ 탄소량}{소비된\ 탄소원의\ 중량 \times 탄소원\ 중의\ 탄소함량}$$

SCP 생산을 위한 각종 미생물의 균체수율은 표 10 - 6과 같다. 팜유를 기질로 한 *Acinetobacter calcoaceticus*의 균체수율이 매우 높은 것을 알 수 있다.

표 10-6 균체수율의 실측치

미생물	기질	$Y_{x/s}$(g/g)
Saccharomyces cerevisiae	glucose	0.53
	glucose(혐기, 최소배지)	0.14
Aerobacter aerogenes	glucose(호기, 최소배지)	0.40
	ribose	0.35
	glycerol	0.45
	lactic acid	0.18
	pyruvic acid	0.20
Candida utilis	glucose	0.51
	acetic acid	0.36
	ethanol	0.68
Candida lipolytica	n-alkane	0.90
Methylomonas methanolica	methanol	0.48
Pseudomonas methanica	methane	0.56
Acinetobacter calcoaceticus	palm oil	1.02

제11장 미생물 배지

앞서 미생물의 특성, 분리선발 및 육종, 반응공학 등 미생물의 기초적인 사항에 대하여 알아보았다. 그러면 앞으로 어떻게 공업적으로 미생물을 배양하고, 생성된 대사산물을 분리하고 정제하는가를 알아보자. 공업적인 미생물 배양을 위해서는 배지의 조제, 살균장치, 발효장치, 연속배양 이론 등에 관한 지식이 필요하다.

앞서 미생물의 특성 중 영양원에서는 주로 실험실에서 이루어지는 연구용 미생물 배지에 대하여 설명하였으나, 여기에서는 주로 공업적인 발효에 관계되는 미생물 배지에 대하여 살펴보기로 하자.

미생물 배양에 사용하는 배지는 에너지 획득, 균체물질의 합성과 대사산물의 합성에 필요한 모든 원소를 함유해야 한다. 실험실에서 이루어지는 연구용은 순수하고 미리 내용을 알 수 있는 화합물로 구성된 배지(defined medium)를 이용할 수 있으나, 산업적인 발효에서는 경제적인 이유로 인하여 성분구성이 복잡하고 내용성분을 확실히 알 수 없는 천연물을 배지로 사용하는 경우가 많다. 또한, 많은 경우에 있어서 당밀, 탈지 대두박 등과 같은 다른 가공산업의 부산물을 이용하기 때문에 원료에 따라서는 성분조성이 다를 수 있다. 모든 미생물은 물, 탄소원, 질소원, 무기물을 필요로 하며 균주에 따라서는 특정의 아미노산, 핵산 또는 비타민류가 요구된다. 또한, 호기성 미생물의 경우는 산소를 필요로 한다. 배지조성을 결정할 때는 다음과 같은 점을 고려해야 한다. 즉,

① 사용한 기질에 대한 균체 또는 생성물(product)의 수율 및 생성속도를 최대로 높일 수 있도록 해야 한다.
② 불필요한 부산물이 최소가 되도록 한다.
③ 원료의 가격이 싸고 성분이 균일하고 안정공급을 받을 수 있어야 한다.
④ 배양 중 통기 및 교반, 배양 후에 추출, 정제, 폐수처리 등 발효공정 측면에서 문제점이 적어야 한다.

배지조성을 결정할 때는 동일 균주를 사용하여 얻은 기존의 연구결과가 있다면 그 배지조성을 이용할 수 있으나, 최적배지조성을 구하기 위해서는 일반적으로

실험실 → pilot plant → 공장규모(plant scale)

와 같은 순차적인 scale－up 단계에서 각각의 최적조건하에서 미생물을 배양한 다음 발효원료(배지조성)와 발효생성물의 원소분석을 하고, 이들 사이의 물질수지를 분석함으로써 결정할 수 있다. 즉, 발효에 의해 이루어지는 물질수지는

$$\text{탄소원}+\text{질소원}+\text{기타성분} \rightarrow \text{균체}+\text{유용생성물}+CO_2+H_2O+\text{발효열}$$

과 같이 나타낼 수 있다. 따라서 부산물(폐기물)을 최소화하여 경제적인 공정설계를 하려면 제품생성에 필요한 최소의 영양원의 양을 계산하여, 최적배지조성을 결정하는 것이 바람직하다. 그러나 실제 발효 중에 일어나는 모든 요인을 정확히 분석하기가 어려워 이를 정량적인 관계로 나타내기가 곤란한 경우가 많다.

건조균체의 원소분석으로 주요성분인 C, H, O, N, S, P, Mg, K 등의 함량을 구하면 배지조성 중에 최소로 필요로 하는 N, S, P, Mg, K의 양을 알 수 있다. 따라서 여기에 필요한 미량원소(Fe, Zn, Cu, Mn, Co, Mo, B)를 추가하면 된다.

일반적으로 진탕배양의 경우에는 미생물이 필요로 하는 최소량보다 P와 K를 많이 가해 주는 경우가 많은데, 이는 P가 많은 배지조성에서 완충능력(buffer capacity)을 높여 주기 때문이다. 그러나 발효조에 의한 미생물 배양일 경우는 pH 조절이 항상 이루어지기 때문에 문제되지 않는다. 또한, 어떤 미생물은 아미노산, 비타민, 핵산물질 등의 합성능력이 없으므로 적당량의 생육인자

(growth factor)를 가해줄 필요가 있다.

위와 같은 방법으로 배양 전후의 물질수지식을 구하고, 수율(yield)을 계산해 보면 대부분의 경우 이론적인 값이 실제 측정치에 비해 높은 값을 나타낸다. 이는 발효 중에 일어나는 CO_2 발생량, 대사산물량을 정확히 측정할 수 없기 때문이며, 이를 고려하여 배지조성을 구할 때 유의할 필요가 있다.

1. 탄소원

탄소원(carbon source)은 미생물 배지에서 가장 중요한 요소로서 일반적으로 연구목적상 정확한 발효공정을 조절해야 할 경우를 제외하고는 경제적인 이유로 인하여 포도당 또는 설탕을 사용하지 않는다. 탄소원으로 많이 이용되는 것으로는 주정공업에서는 옥수수 전분, 타피오카 전분, 고구마, 감자, 보리, 쌀, 밀가루 등 전분질을 원료로 이용하며, 그 외의 발효공업에서는 값싼 원료로서 제당공업의 부산물인 당밀(molasse)을 이용한다.

당밀에는 당분 이외로 질소성분과 비타민, 미량원소를 함유하고 있다. 당밀의 제조원료에 따라 성분함량이 차이가 있으며, 대표적인 성분분석 결과는 표 11 - 1과 같다.

그 외로 많이 이용되는 탄소원으로는 lactose(milk whey powder), 건조한 malt extract, 덱스트린, 아황산 펄프액(sulfite waste liquor), 농산폐기물인 섬유소, 식물유, 메탄올, 에탄올, 탄화수소(C_{12}~C_{15}) 등이 이용된다. malt extract는 표 11 - 2에서 보는 바와 같이 90~92%의 당을 함유하고 있으며 곰팡이, 효모, 방선균의 배지로서 연구용으로도 많이 이용된다.

대두유, 옥수수기름, 면실유, 팜유 등의 식물유는 탄소원으로서 단독으로 이용하는 것 보다는 유지가 분해되면서 생성하는 oleic, linoleic, linolenic, palmitic acid 등의 지방산을 탄소원으로 이용할 수 있고 이들 지방산이 계면활성 작용을 가지고 있어 거품의 생성을 억제할 수 있음으므로 항생제 생산에 소량 첨가하여 사용되고 있다.

이 외로 사용되는 옥수수 침지농축액(corn steep liquor, CSL)은 옥수수 전분제조의 부산물로서 성분조성은 표 11 - 3에서 보는 바와 같이 각종 아미노산, 비타민,

무기물을 함유하고 있다. 따라서 탄소원으로서보다는 주로 질소원으로 이용되고 있으며, 소규모 배양에서는 생육인자로 첨가하는 경우가 많다. 또한, CSL에는 젖산과 소량의 환원당 및 다당류를 함유하고 있다.

표 11-1 사탕수수와 사탕무 당밀의 성분조성

성분	사탕무 당밀	사탕수수 당밀
건물량 %	78~58	77~84
sucrose	48.5	33.4
raffinose	1.0	—
전화당	1.0	21.2
기타 유기물	20.7	19.6
N	0.2~2.8	0.4~1.5
P_2O_5	0.02~0.07	0.6~2.0
CaO	0.15~0.7	0.1~1.1
MgO	0.01~0.1	0.003~0.1
K_2O	2.2~4.5	2.6~5.0
SiO_2	0.1~0.5	—
Al_2O_3	0.005~0.06	—
FeO_3	0.001~0.02	—
회분	4~8	7~11
thiamine (μg/100 g 건물량)	130	830
riboflavin	41	250
pyridoxine	540	650
niacinamide	5,100	2,100
pantothenic acid	130	2,140
folic acid	21	3.8
biotin	5.3	120

표 11-2 malt extract의 성분조성

성분	건물량(%)	성분	건물량(%)
맥아당	52.2	질소질	4.6
육탄당(포도당, 과당)	19.1	회분	1.5
자당(sucrose)	1.8	수분	2.0
덱스트린	15.0		
그 외 탄수화물	3.8	pH(10%용액)=5.5	

사용목적에 따라서는 알코올류, 유기산, 탄화수소 등은 정제가 안된 탄수화물에 비해 가격은 비싸지만 발효 후에 회수 및 정제과정이 간단한 장점이 있어서 바이오매스(biomass), 유기산, 아미노산, 비타민, 항생물질, 효소, 단백질 등의 생산에 이용된다.

탄소원의 선택에 있어서 고려할 점은 탄소원이 제품생산 중 원료비에서 가장 큰 비중을 차지하기 때문에 제품의 종류에 따라 다르지만 경제성을 고려하여 가능한 값싼 원료를 선택해야 한다. 그러나 미생물에 의해 자화(資化, assimilation)가 잘 이루어지는 탄소원을 사용할 경우는 2차 대사산물의 생산에 있어서 대사산물의 수율저하가 우려되므로 사용균주의 생리적인 성질을 고려하여 이에 알맞은 원료를 선택하는 일이 중요하다. 가능한 균일한 성분조성을 갖는 원료를 사용하는 것이 공정제어에 유리하다.

표 11-3 Corn steep liquor(CSL)의 성분조성표

총고형물	51% w/v	회분	1.25% w/v
산도(젖산으로서)	15% w/v	K	20%
유리환원당	5.6% w/v	P	1~5%
가수분해 후 유리환원당	6.8% w/v	Na	0.3~1%
총질소	4% w/v	Mg	0.003~0.3%
질소로서 아미노산 %		Fe	0.01~0.3%
alanine	25	Cu, Ca	0.01~0.03%
arginine	8	Zn, Pb, Ag, Cr	0.001~0.003%
glutamic acid	8		
leucine	6	비타민	
proline	5	aneurine	41~4 μg/g
isoleucine	3.5	biotin	0.34~0.38 μg/g
threonine	3.5	Ca−pantothenate	14.5~21.5 μg/g
valine	3.5	folic acid	0.26~0.6 μg/g
phenylalanine	2.0	nicotinamide	30~40 μg/g
methionine	1.0	riboflavine	3.9~4.7 μg/g
cystine	1.0		

2. 질소원

대부분의 미생물은 유기 및 무기질소원을 이용할 수 있으며, 많은 대규모 공정에서는 암모니움염, 요소(urea), 암모니아 가스, CSL을 질소원으로 이용한다. 진탕배양에 있어서 무기질소원으로서 $(NH_4)_2SO_4$을 사용할 경우는 암모니아가 이용되고 난 후에 생기는 유리산이 배양액의 pH를 저하시키며, 반대로 암모니아 가스와 질산염의 사용은 배양액이 알칼리성으로 되기 쉽다.

유기 질소원으로는 아미노산, 단백질, 요소 등이 이용된다. 미생물의 종류에 따라서는 특정한 아미노산을 필요로 하는 경우가 있으며, 이 경우에는 사용균주의 특성에 따라 필요로 하는 아미노산 등을 배지에 첨가해 주어야 한다. 일반적으로 공업적 발효공정에서는 천연물을 이용하므로 생육인자의 결핍현상은

표 11-4 제조방법에 따른 yeast extract의 성분조성

	자가소화	NaCl에 의한 plasmolysis		자가소화	NaCl에 의한 plasmolysis
성분조성(%)			아미노산(%)		
건물량	70	80	alanine	3.4	2.3
총질소	8.8	7.4	arginine	2.1	1.1
단백질(N × 6.25)	55	46	asparagine	3.8	3.1
NaCl	<1	18	cystine	0.3	0.2
			glutamic acid	7.2	5.1
비타민(ppm)			glycine	1.6	1.6
thiamine	20~30	10~15	histidine	0.9	0.8
riboflavine	50~70	50~70	isoleucine	2.0	1.6
pyridoxine	25~35	20~30	leucine	2.9	2.3
nicotinamide	600	100	lysine	3.2	2.9
pantothenic acid	200	350	methionine	0.5	0.5
			phenylalanine	1.6	1.6
			proline	1.6	1.5
			serine	1.9	1.5
			threonine	1.9	1.4
			tyrosine	0.8	0.5
			valine	1.9	1.5

잘 일어나지 않는다. 단백질의 한 형태로 사용하는 것으로는 CSL(약 4%의 질소함유), yeast extract(표 11-4), peptone(표 11-5), 탈지대두박(soy meal), peanut meal, cotton seed meal, casein hydrolysate, fish meal 등이 이용된다.

일반적으로 발효 중에 생성하는 대사산물은 주로 유기산 등 산성물질이기 때문에 배양 중에 배양액의 pH가 저하되어 산성이 되기 쉽다. 최적배양조건을 유지하기 위해서는 배양 중에 pH를 일정하게 조절할 필요가 있으며, 이를 위하여 대규모 배양에 있어서는 pH 조절용으로 암모니아 가스를 사용한다.

표 11-5 원료 및 제조방법에 따른 펩톤(peptone)의 성분조성

	카제인(효소분해)	카제인(산분해)	대두박(효소분해)
성분조성(%)			
수분	4.8	3.5	4.0
회분	5.8	39.7	14.0
총질소	12.8	8.3	9.2
아미노태 질소	6.7	6.4	1.8
NaCl	3.0	38.0	5.9
탄수화물	—	—	29.0
유리 아미노산(mg/g)			
alanine	16.8	14.1	3.3
arginine	30.2	5.0	1.1
asparagine	8.7	33.2	2.4
cystine	—	0.7	—
glutamic acid	38.6	79.6	5.6
glycine	4.4	9.3	2.3
histidine	13.3	4.6	1.1
isoleucine	29.9	10.7	2.8
leucine	71.9	29.7	9.4
lysine	61.1	12.8	7.9
methionine	22.7	11.2	3.3
phenylalanine	33.0	9.7	3.7
proline	7.4	34.5	0.8
serine	28.7	19.8	4.8
threonine	21.5	13.1	1.9
tryptophan	8.6	0.05	1.6
tyrosine	14.0	4.9	0.7
valine	36.4	16.7	3.8

암모니아 가스는 배양액 중에 남아 있지 않으나 과다한 질소원의 공급을 유발하여 균체생산에는 유리하지만 배지 중의 C/N 비율을 낮춤으로써 2차 대사산물의 생성을 저해할 우려가 있다. 일반적으로 C/N 비율이 작을수록 균체증식이 잘 이루어지며, 이 비율이 높을수록 균체증식이 억제됨으로써 2차 대사산물 생성이 촉진되는 것으로 알려져 있다.

따라서 항생물질 등 2차 대사산물의 생산에 있어서는 질소원에 따라 대사조절(control mechanism)에 영향을 주기 때문에 질소원의 선택이 매우 중요할 때가 많다. 이는 미생물의 대사에 관여하는 특정한 요소작용의 억제 등에 기인하는 것으로 알려져 있다. 따라서 질소원의 선택은 발효목적에 따라 달라지기 때문에 이에 알맞은 질소원을 선정해야 한다. 공업적인 질소원의 사용 예를 보며 페니실린 생산에 CSL을, rifamycin 또는 polyenes 생산에 soybean meal을, gibberellin 생산에 암모니움염을 사용하고 있다.

3. 무기질

미생물의 생육에는 탄소원, 질소원 이외에 무기질과 비타민 등이 필요하며, 비교적 다량으로 필요한 무기질로서는 Mg, P, S, Ca, Cl 등이 필수원소로 알려져 있다. 이들은 pH 및 삼투압 조절에 중요한 역할을 한다.

그 외로 미량원소로서 Co, Cu, Fe, Mn, Mo, Zn 등이 있으나 대부분 배지에 사용하는 물 또는 다른 원료의 불순물 속에 함유되어 있다. 미량원소는 일반적으로 생리활성 구성성분인 cofactor로서 중요한 역할을 한다.

연구용으로 합성배지(synthetic media)를 이용할 때는 일반적으로 표 11 - 6에서 보는 바와 같은 범위의 함량이 되도록 첨가해 준다. 그러나 2차 대사산물의 생산에 있어서 P의 농도는 미생물의 대사와 밀접한 관계가 있어서 첨가량에 주의해야 하며, 특히 미량원소 중에 Fe, Zn은 매우 중요한 것으로 알려져 있다. 실제 공정에 있어서는 사용균주의 특성에 따라 무기물의 함량을 결정하며, 대사조절에 의한 2차 대사산물의 유도를 위하여 fed batch 방식을 많이 이용한다.

표 11-6 일반적인 배지 중 무기질의 농도(g/dm^{-3})

성분	범위	성분	범위
KH_2PO_4	1.0～4.0	$ZnSO_4 \cdot 8H_2O$	0.1～1.0
$MgSO_4 \cdot 7H_2O$	0.25～3.0	$MnSO_4 \cdot H_2O$	0.01～0.1
KCl	0.5～12.0	$CuSO_4 \cdot 5H_2O$	0.003～0.001
$CaCO_3$	5.0～17.0	$Na_2MoO_4 \cdot 4H_2O$	0.01～0.1
$FeSO_4 \cdot 4H_2O$	0.01～0.1		

4. 기타 성분

미생물 배지에 사용하는 물은 깨끗해야 하며, 특히 양조공업에 있어서 물속에 함유하는 무기질은 주질(酒質)에 많은 영향을 주는 것으로 알려져 있다. 예를 들어 $CaSO_4$가 다량 함유되어 있는 경수(hard water)는 영국에서 생산되는 Burton bitter beer 및 Pilsen type lager beer 등에 영향을 주어 독특한 맥주를 생산하게 되었다.

그러나 일반적인 경우 경수는 미생물 배양에 나쁜 영향을 주므로 사용 시에 유의해야 한다. 현재는 보통 탈이온수(deioninzed water)를 사용하기 때문에 예전에 비해 큰 영향이 없는 것으로 알려져 있다. 대규모의 SCP 생산에 있어서는 배지로 사용했던 물을 회수한 다음에 영양원을 보충하여 재사용함으로써 폐수처리에 도움을 주기 때문에 배양액을 재순환시키는 방법도 보편화되고 있다.

탄소원 또는 질소원으로 이용하는 천연물 중에는 미생물 생육에 필요로 하는 비타민이 함유되어 있으나 경우에 따라서는 비타민의 첨가가 요구될 때도 있다. 예를 들면 초산발효에 있어서는 calcium pantothenate가 필요하며, glutamic acid 발효에는 biotin을 필요로 한다.

미생물의 대사에서 영향을 주는 요소로서 경우에 따라서는 전구물질(precusor)을 사용하여 생산성을 높이는 방법을 이용하기도 하는데 이에 대한 예로는 표 11 - 7에서 보는 바와 같다. 또한, 대사과정의 일부를 저해함으로써 생성물을 높이는 대사저해물질(inhibitor)과 그 효과는 표 11 - 8에서 보는 바와 같다. 그리고 각종 효소생산에 있어서는 대부분 그 기질에 해당하는 유도물질(inducer)을 첨가함으로써 효소의 생산을 높이는 경우가 있다. 이에 대한 생산균주와 유도물질의 예는 표 11 - 9에서 보는 바와 같다.

표 11-7 발효공정에 이용되는 전구물질

전구물질(precusor)	생성물(product)	생산균주
phenylacetic acid	penicillin G	*Penicillium chrysogenum*
phenoxy acetic acid	penicillin V	*Penicillium chrysogenum*
chloride	chlortetracycline	*Streptomyces aureofaciens*
	griseofulvin	*Penicillium griseofulvin*
propionate	riboflavin	*Lactobacillus bulgaricus*
cyanides	vitamin B_{12}	*Propionobacterium, Streptomyces sp.*
β−iononones	carotenoides	*Phycomyces blakesleeanus*
α−amino butyric acid	L−isoleucine	*Bacillus subtilis*
D−threonine	L−isoleucine	*Serratia marcescens*
anthranilic acid	L−tryptophan	*Hansenula anomala*
glycine	L−serine	*Corynebacterium glycinophilm*

표 11-8 발효에 이용되는 대사저해물질

생성물	저해물질(inhibitor)	중요한 효과	생산균주
glycerol	sodium bisulphite	acetaldehyde 생성억제	*Saccharomyces cerevisiae*
tetracycline	bromide	chlortetracycline 생성억제	*Streptomyces aureofaciens*
glutamic acid	penicillin	세포벽투과성	*Micrococcus glutamicus*
citric acid	알칼리금속(pH 2.0 이하)	oxalic acid 억제	*Aspergillus niger*
rifamycin B	Di−ethylbarbiturate	다른 rifamycins 저해	*Nocardia mediterranei*

표 11-9 중요한 효소생산에서의 유도물질

생성물	유도물질(inhibitor)	생산균주
α−amylase	전분	*Aspergillus sp.*
	맥아당	*Bacillus subtilis*
pullulanase	맥아당	*Aerobacter aerogenes*
α−mannosidase	효모 mannan	*Streptomyces griseus*
penicillin acylase	phenylacetic acid	*Escherichia coli*
protease	여러 가지 단백질	*Bacillus sp., Streptococcus sp., Mucor sp , Streptomyces sp., Aspergillus sp.*
cellulase	cellulose	*Trichoderma viride*
pectinase	pectin	*Aspergillus sp.*

발효가 진행되는 후반기에 경우에 따라서는 많은 거품(foam)이 발생하며, 이로 인하여 산소공급속도가 늦어지고 배양액이 넘치는 등 미생물의 생육저해와 이에 따른 대사산물의 감소 등의 문제가 일어나는 경우가 많다. 이때는

① 온도, pH, 통기 및 교반 등 물리적인 요인을 조절하거나
② 배지에 사용하는 원료를 부분적으로 정제하거나
③ 계면활성이 있는 소포제(antifoaming agent)을 가해준다.

그러나 실제공정에 있어서는 ①과 ②의 방법은 여러 가지 제한적인 문제로 대부분 소포제를 첨가하는 방법을 쓰고 있다. 이상적으로 표면장력을 감소시켜 거품을 안정시켜 주는 물질은 없지만 실제 이용되고 있는 소포제로서는 알코올계(stearyl, octyl decanol) esters, 지방산 또는 지방산유도체(면실유, 대두유, 올리브기름, caster oil 등), silicones, oxazaline, polypropylene glycol 등이 이용된다.

보통 발효 중에 거품이 발생하기 시작할 무렵에 소포제를 첨가한다. 그러나 소포제의 사용은 산소공급속도(oxygen transfer rate)를 약 50% 감소시키기 때문에 가능한 한 최소량을 사용하는 것이 바람직하다. 산업적으로 이용되는 배지조성은 발효목적에 따라 각각 다르며, 이 중에서 대표적인 발효용 배지조성의 몇 가지 예는 표 11 - 10과 같다.

표 11-10 발효용 배지의 예

Itaconic acid(Nubel 과 Ratajak, 1962)	
사탕수수 당밀	150 g/dm^3
$ZnSO_4$	1.0 g/dm^3
$MgSO_4 \cdot 7H_2O$	3.0 g/dm^3
$CuSO_4 \cdot 5H_2O$	0.01 g/dm^3

Riboflavin(Harned, 1969)	
콩기름	20 cm^3/dm^3
glycerol	20 cm^3/dm^3
상업용 포도당	20 g/dm^3
CSL	12 cm^3/dm^3
casein	12 g/dm^3
KH_2PO_4	1 g/dm^3

Gibberellic acid(Calm, 1960)	
포도당	20 g/dm^3
$MgSO_4$	1 g/dm^3
NH_4NO_3	1 g/dm^3
KH_4PO_4	5 g/dm^3
$FeSO_4 \cdot 7H_2O$	0.01 g/dm^3
$MnSO_4 \cdot 4H_2O$	0.01 g/dm^3
$ZnSO_4 \cdot 7H_2O$	0.01 g/dm^3
$CuSO_4 \cdot 5H_2O$	0.01 g/dm^3
CSL	7.5 g/dm^3

제12장 발효장치

자연계에서 분리하거나 육종한 미생물 세포의 생리적인 특성을 연구하는 데는 먼저 평판배양(plate culture), 시험관 또는 후라스크 배양에 의해 이루어진다. 또한, 미생물의 동력학적 특성(kinetics)을 알기 위하여 실험실 규모의 미생물 반응기 또는 발효조(jar fermentor)를 이용한다. 실험실 규모에서 얻어진 여러 가지의 실험결과를 산업적으로 이용하기 위해서는

lab. scale → pilot plant → plant scale

로 순차적으로 scale-up해야 하며, 이 과정에서 이용되는 여러 가지 발효장치를 이해할 필요가 있다. 여기에는 발효조의 내부구조뿐만 아니라 무균조작 방법, 보조장치 및 제어장치를 포함한다. 일반적으로 발효조는 다음과 같은 조건을 충족시켜야 한다.

① 장기간 사용에도 잡균의 오염을 극소화하여 무균적으로 운용될 수 있어야 한다.
② 적당한 통기 및 교반설비를 갖춤으로써 미생물 대사에 필요한 요구조건을 충족시킬 수 있어야 한다.
③ 동력소비가 적어야 한다.
④ 온도 및 pH 조절이 되어야 한다.
⑤ 시료채취(sampling)가 용이해야 한다.
⑥ 증발에 의한 배지의 수분손실이 적어야 한다.

⑦ 운용에 있어서 작동, 회수, 세척, 유지에 노동력이 적게 들어야 한다.
⑧ 발효공정에 적합해야 한다.
⑨ 값이 싸고, 사후관리가 용이해야 한다.

발효조에는 호기적 미생물 반응기와 혐기적 미생물 반응기로 구분되며, 대부분 호기적 반응기가 이용된다. 호기적 발효에 이용되는 통기 교반조는 pH와 온도제어가 용이하고, 완전 혼합조형 반응기(continuous－flow stirred tank reactor; CSTR)로서 적합하며, 대규모 공정이 비교적 잘 확립되어 있다.

이에 반하여 교반을 시키기 위한 소요동력이 많이 들고, 내부구조가 복잡로 세정(洗淨)하기 어려워 잡균오염이 쉬운 결점이 있다. 또한, 사상균을 배양할 때 교반날개의 전단력(shear stress)에 의해 균사가 절단됨으로써 세포에 손상을 줄 우려가 있다.

혐기적 미생물 반응기로는 젖산발효, 메탄발효 등에 이용되는 발효조로서 호기적 발효조에 비하여 장치개발이 제대로 이루어지지 않았다.

1. 발효조

실험용으로 이용하는 소규모 발효조의 재질은 대부분 유리로 되어 있다. 유리는 매끈한 표면을 가지고 있으며, 미생물에 대한 독성이 없고, 부식을 방지할 수 있으며, 내부에서 일어나는 변화를 쉽게 확인할 수 있는 장점이 있기 때문이다. 그러나 규모가 클 경우에는 대부분 stainless steel로 만든다. 또한, 철판에 유리 또는 phenolic epoxy 수지로 도포하여 사용하거나, 오염문제가 없는 경우는 플라스틱 또는 콘크리트 등의 재질을 이용하기도 한다.

발효조(stirred tank reactor, STR)의 구조와 명칭은 그림 12 - 1에서 보는 바와 같다. 발효조 내는 배양 중에 균질한 혼합계를 얻기 위한 교반장치와 와류현상(vortex)을 방지하기 위하여 장애판(baffle)을 설치한다. 또한, 미생물을 접종하거나, 배양 중에 물리적 환경조절을 위한 여러 가지의 보조 장치를 부착한다.

표 12 - 1에서는 그림 12 - 1에서 보는 발효조의 종류에 따른 구조의 기하학적인 비율을 나타낸 것이다. 발효조의 용량이 커질수록 배양액의 교반을 원활히 하기 위하여 임펠러의 수가 많아지고 기하학적 구조에 변화가 생긴다.

대표적인 30 ℓ pilot plant 규모의 발효조(Marubishi Co., 일본)는 그림 12 - 2에서 보는 바와 같다. 일반적으로 실험실 내에서는 작업용량(working volume)이 1~5 ℓ 규모의 발효조를 이용하는 경우가 많으나 pilot scale로 바꾸기 전에 이와 같은 규모의 발효조를 이용하는 경우가 많다.

표 12-1 발효조의 기하학적 구조(single)

작업용량(working volume)	250 dm^3	12 dm^3	–
배양액 높이(L)	55 cm	27 cm	–
L/D(발효조 직경)	0.72	1.1	1.0 ~ 1.5
임펠러직경(P)/D	0.4	0.5	0.33
장애판 넓이/D	0.10	0.08	0.08 ~ 0.10
임펠러 높이/D	–	–	0.33

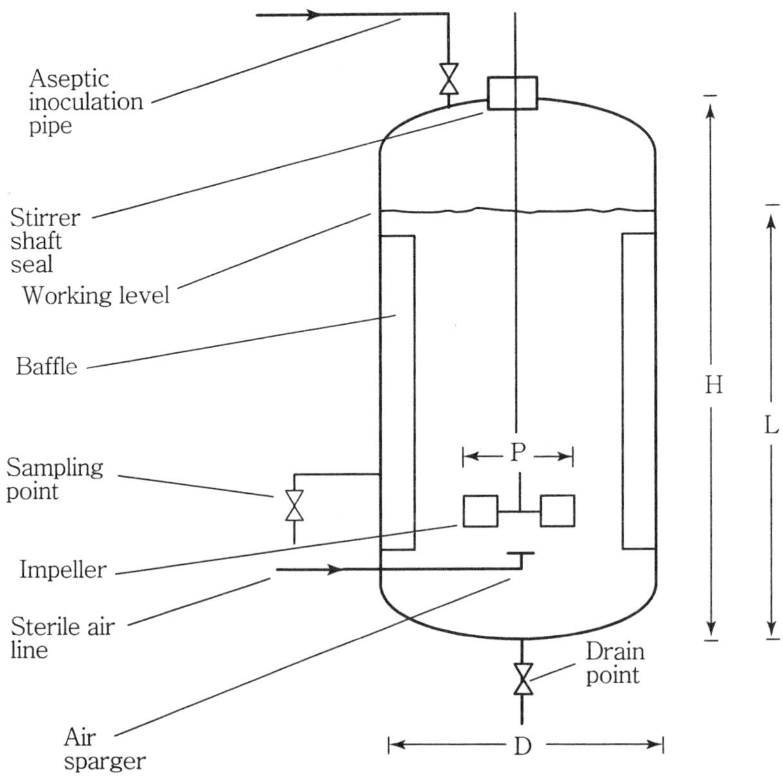

그림 12-1 대표적인 발효조(stirred tank reactor)의 구조

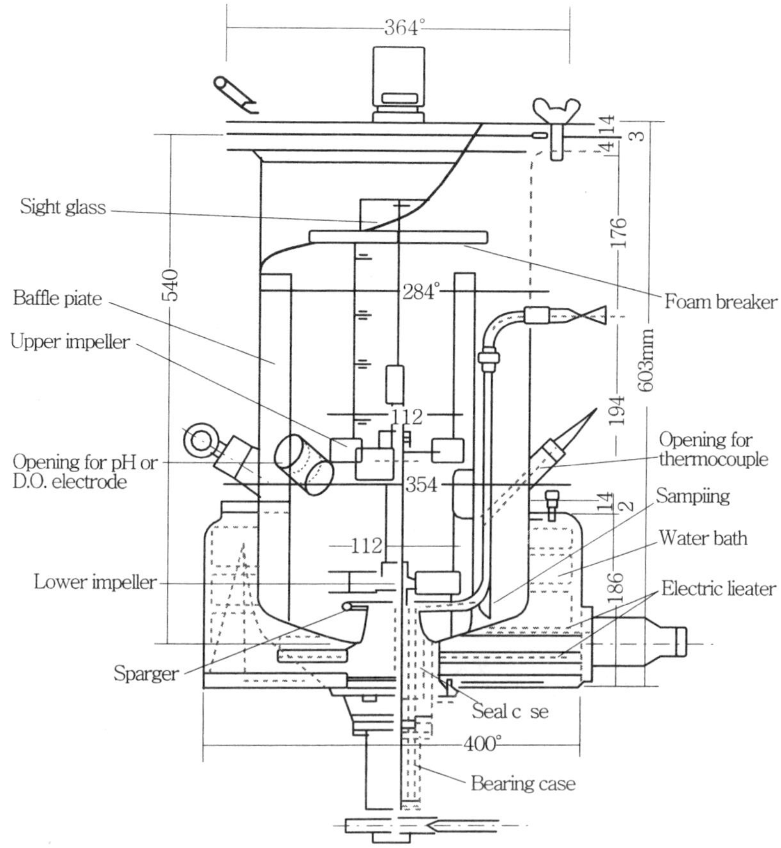

그림 12－2 30ℓ 규모의 STR 발효조의 예

그림 12 - 3은 항생제 생산에 이용되는 100,000ℓ 공업적 규모의 발효조 단면도이며 구조, 명칭 및 크기는 그림에 표시하였다.

일반적으로 많이 이용되는 STR 발효조의 경우 모타의 회전축(shaft)에 의한 기계적인 교반에 의해 배양액을 혼합시키는 데 비하여, air－lift형 발효조 또는 tower형 발효조의 경우는 통기에 의해 밑에서 공급되는 공기가 다공성의 판을 통하여 상승하면서 배양액의 혼합이 이루어진다. 따라서 동력사용을 줄일 수 있고 산소공급 속도를 높일 수 있는 장점이 있어서 장래 발효공업에 많이 응용되리라 생각된다.

후자와 같은 발효조를 이용할 경우는 공기의 순환에 의하여 발효액이 부드럽게 혼합되므로 STR 발효조에서처럼 기계적인 교반으로 인한 pellet 또는 block상인 세포의 파괴를 방지할 수 있어서 호기적인 조건에서 식물 또는 동물세포의 배양에 적합하다.

배양액의 혼합을 위한 다른 형태의 발효조로서 그림 12-4는 실험실 규모의 tower fermentor 예이다. 기계적인 교반장치가 필요없는 발효조로서 보통 공기를 공급할 필요가 없는 양조공업에서 많이 이용된다. 하부로부터 원료 또는 기질을 지속적으로 공급하면서 상부로는 배양액을 연속적으로 빼낼 수 있으며 배양액의 혼합도 가능한 발효조이다.

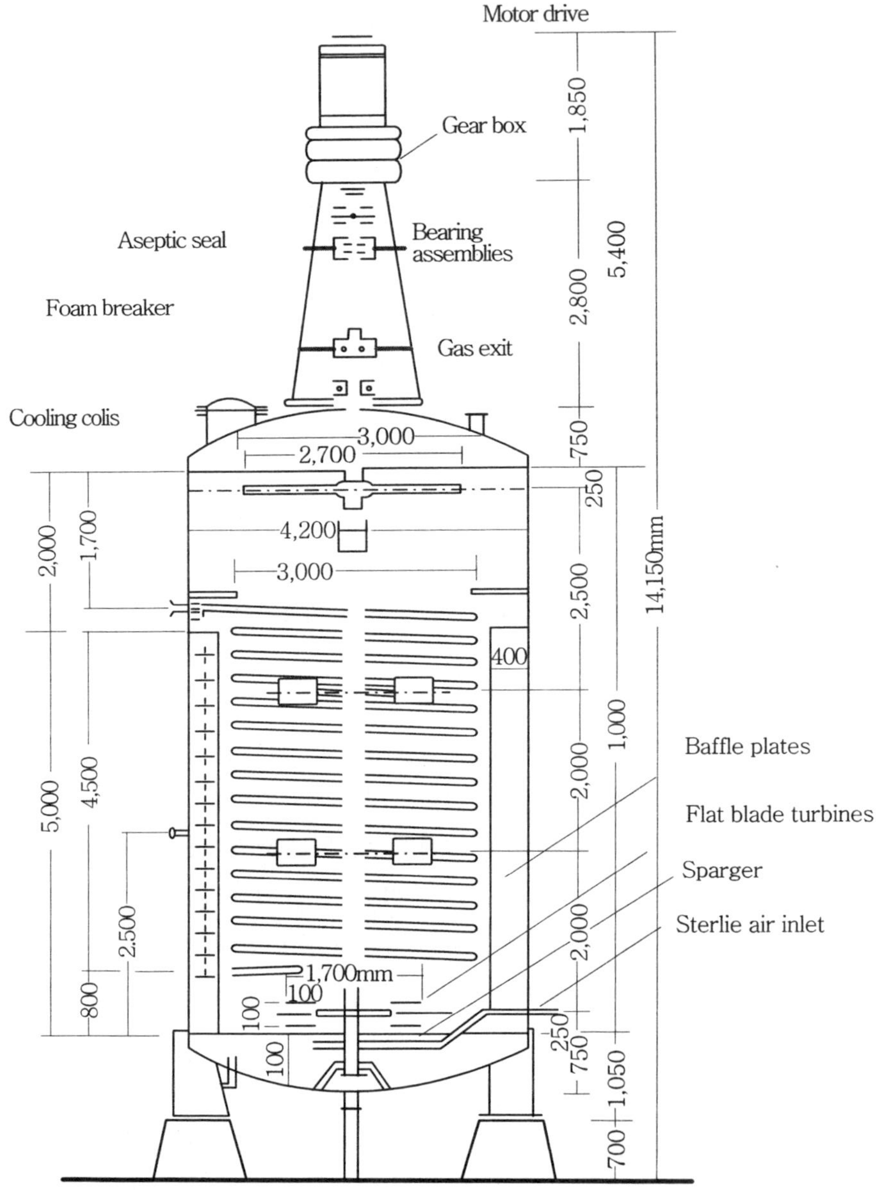

그림 12-3 100,000ℓ 규모의 항생제 생산용 STR 발효조

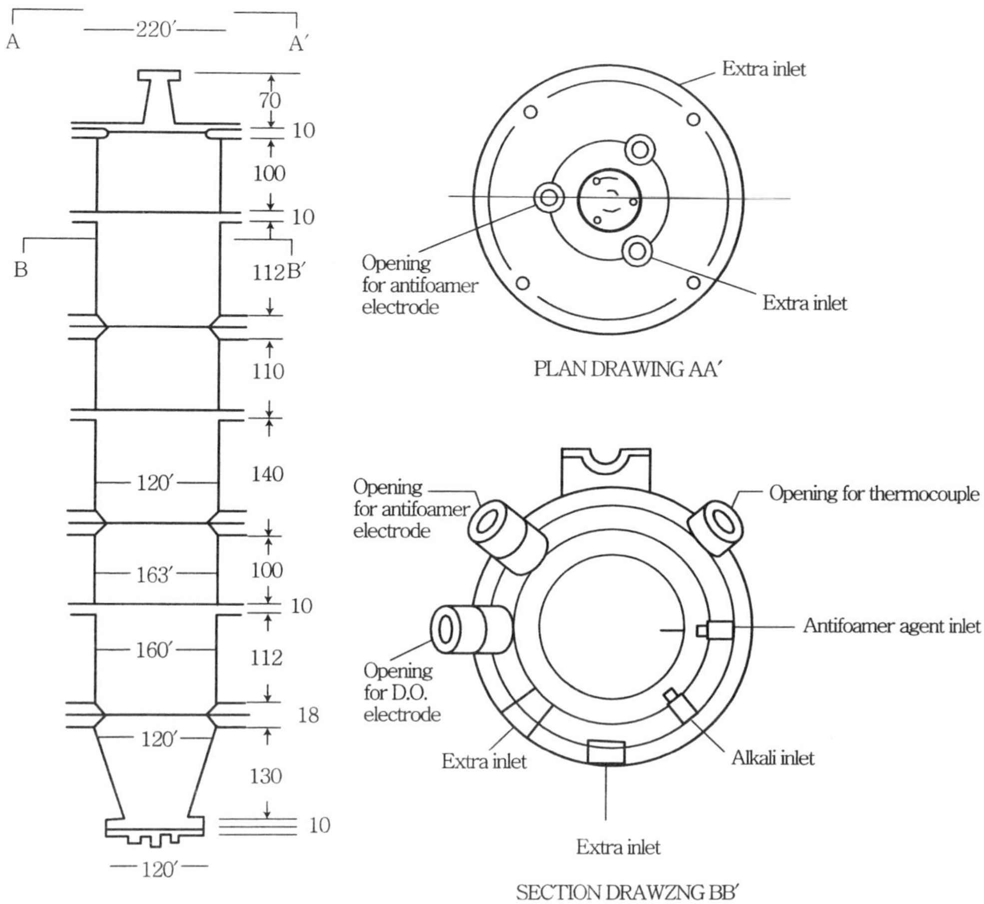

그림 12-4 Tower fermentor의 구조(Marubishi co.)

2. 보조장치

1) 교반 및 혼합

반응기 내에서의 미생물 발효는 액체-고체, 기체-고체, 기체-액체의 세 가지 상(phase)으로 이루어진다. 즉,

① 액체상(liquid phase)은 용해된 염류, 기질, 대사산물을 함유하고 있으며, 지질(lipid)을 탄소원으로 이용하는 경우는 제2의 액체상을 형성한다.

② 고체상(solid phase)은 미생물 세포, 사상균의 pellets, 불용성 기질, 침전되는 대사산물 등으로 이루어진다.

③ 기체상(gas phase)은 통기되는 산소, 탄산가스, pH 조절용 암모니아 가스 등으로 구성되어 있다. 따라서 반응기 내에서 에너지, 기질, 대사산물의 이동은 적당한 혼합장치에 의해 이루어진다. 각 기질성분의 이동효과는 전체의 발효공정에 영향을 준다.

교반 및 혼합장치는 샤프트(shaft), 임펠러(impeller), 베어링장치, 무균밀봉장치(aseptic seals), 모터(motor drive)로 구성된다. 일반적인 발효조는 모터의 회전축에 의해 강제 순환식으로 배양액을 교반시켜 준다.

임펠러는 교반효과 이외에도 통기에 의해 공급되는 공기방울의 크기를 줄여 내부표면적(interfacial area)을 크게 함으로써 산소공급 속도를 높이고, 발효조의 내부상태를 균일하게 하기 위하여 이용한다. 임펠러의 종류는 그림 12 - 5에서 보는 바와 같이 터빈(disc turbine), 디스크(vaned disc), 피치(pitch), 프로펠러(propeller)형으로 구분된다. 실제 두세 개의 임펠러를 동일한 샤프트축에 설치하며, 디스크형은 공기방울이 나오는 스파저(sparger) 가까이에 설치하며, 프로펠러형은 발효조의 중간 정도에 설치한다.

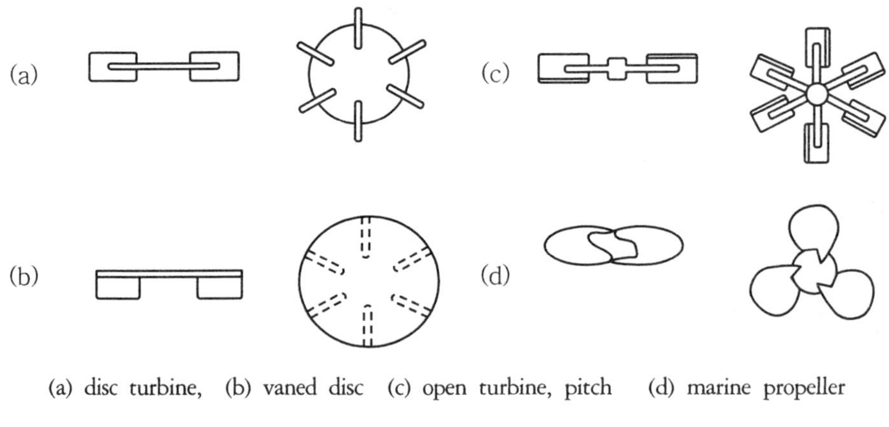

(a) disc turbine, (b) vaned disc (c) open turbine, pitch (d) marine propeller

그림 12－5 임펠러의 종류

Rushton 등은 여러 가지 임펠러 종류에 따라 필요한 동력을 계산하기 위하여 파워수(power number, Np)의 개념을 도입하였다. 뉴톤유체에 있어서는 배지의

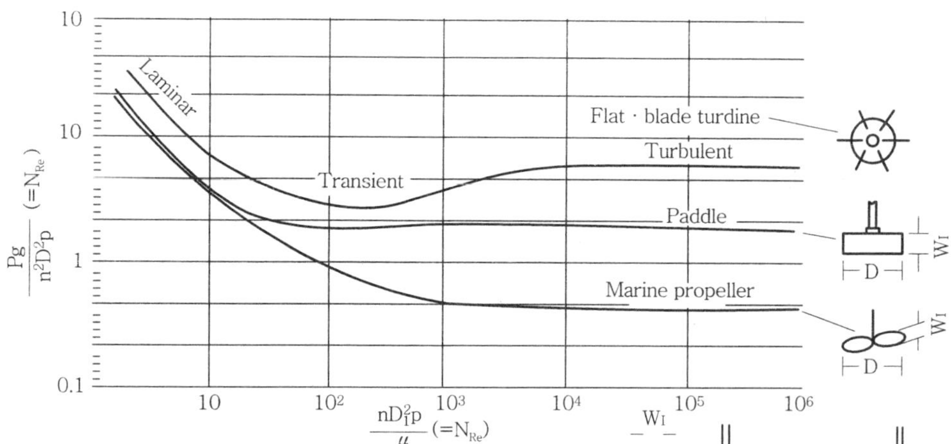

Type of impeller	D_1/D_1	H_1/D_1	H_1/D_1	Battle plates	
				N_1	W_1/D_1
Flat · blade turbine $L_1/D = 0.25$, $W_1/D_1 = 0.2$	3	3	1	4	1.10
Paddle $W_1/D_1 = 0.25$	3	3	1	4	1.10
Marine propeller Pitch = D_1	3	3	1	4	1.10

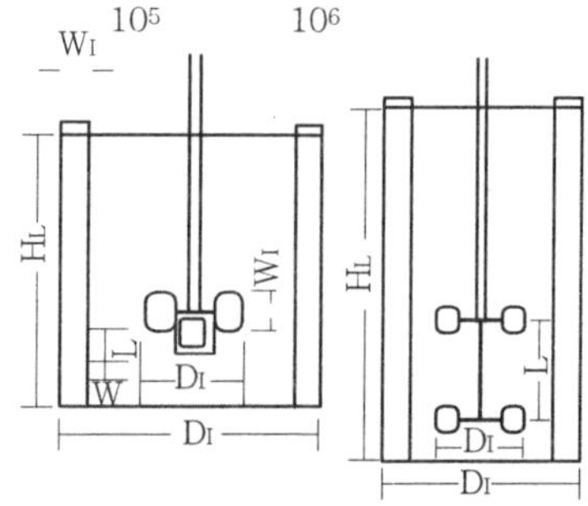

그림 12－6 샤프트에 한 개의 임펠러가 달려 있을 경우 Np와 N_{Re}의 관계

교반속도(v)는 임펠러의 순간속도(tip velocity)에 비례한다.

$$v \propto n\ D_1 \tag{12.1}$$

여기에서 n은 임펠러의 회전속도(sec^{-1})이며, D_1는 임펠러의 직경(cm)이다. 파워수(Np)는 다음 식과 같이 정의되며, 무차원량이다.

$$\frac{\text{외부 힘(external force)}}{\text{내부 힘(inernal force)}} = \frac{(P\,gc/n\,D_1)(1/D_1^{\ 3})}{\rho n^2 D_1} = \frac{p}{n^3 D_1^{\ 5}\rho} = Np \tag{12.2}$$

여기에서 P(kW)는 교반을 위한 소요동력이며, ρ는 밀도(g/ cm^3)이다. 또한, 임펠러에 해당되는 레이놀즈수(N_{Re})를 변형하면 다음과 같이 나타낼 수 있다.

$$\frac{\text{내부 힘(inernal force)}}{\text{점성력(viscous force)}} = \frac{\rho n^2 D_1}{\mu(n/D_1)} = \frac{n\,D_1^{\ 2}\rho}{\mu} = N_{Re} \tag{12.3}$$

임펠러 종류에 따른 레이놀드수와 파워수의 관계는 그림 12 - 6과 같으며, 임펠러의 기하학적인 구조에 따라 이에 소요되는 동력을 산출할 수 있다.

2) 통기(aeration)

통기와 교반(agitation)은 미생물에 산소를 공급해 주며, 배양액을 균질한 현탁액으로 유지시킴으로써 대사산물 생산에 대한 물질전달속도를 가속화시키는 것이다. 앞서 설명한 바와 같이 기질을 제한하였을 때 미생물의 증식은 다음과 같이 나타날 수 있다.

$$\mu = \mu_m \frac{S}{Ks + S}$$

위 식에서 기질로서 산소에 대한 식으로 고치면 $S = C_L$이 되며, 정상상태에서의 비증식속도는 산소의 흡수속도에 비례한다. 즉,

$$O_2 = Q_m \frac{C_L}{K_O + C_L} \tag{12.4}$$

여기에서

K_O : 산소에 대한 Michaelis－Menten 상수

QO_2 : 단위 건조균체당 비산소 흡수율(mM O_2/g·h)

Q_m : maximum specific uptake rate

C_L : 용존 산소농도(mM/ℓ)

또한, Q_m은 균체농도(X)와 비례적인 관계가 있다고 하면,

$$dC_L/dt = XQ_m = K_{La}(C^* - C_L)$$

여기에서

K_{La} : 용량 용존산소 전달계수(h^{-1})

C^* : 경계면에서의 포화 용존산소의 농도

가스흡수 속도는 배양 중에 일정하지 않으며, 이는 대수증식기 후반에 산소이외 다른 기질이 제한되면 증식속도가 감소하기 때문이다. 몇 가지 균주에 대한 비산소요구도(specific O_2 requirement)는 표 12 - 2와 같다.

표 12-2 균주에 따른 비산소요구도

미생물	Q_m(mM O_2/g cells · h)
Aspergillus niger	3.0
Streptomyces griseus	3.0
Penicillium chrysogenum	3.9
Klebsiella aerogenes	4.0
Saccharomyces cerevisiae	8.0
Escherichia coli	10.8

3) 교반장치 및 베어링

발효조에 이용되는 대표적인 교반장치는 그림 12 - 7에서 보는 바와 같다. 30ℓ 발효조에 연결된 베어링장치는 그림 12 - 8과 같다. Solomons에 의하면 교반에 필요한 동력은 실험실용은 8~10, pilot plant 규모는 3~5, 공장규모는 1~3 W/ℓ(1~4HP에 해당)가 필요하다고 하였다.

4) 밸 브

발효장치에 사용하는 밸브의 종류는 여러 가지가 있으며, 그중에서 대표적인 밸브는 그림 12 - 9부터 12 - 18까지에서 보는 바와 같이 gate valve, globe valve, piston valve, plug valve, needle valve, butterfly valve, ball valve, pinch valve, diaphragm valve, check valve 등이 있다.

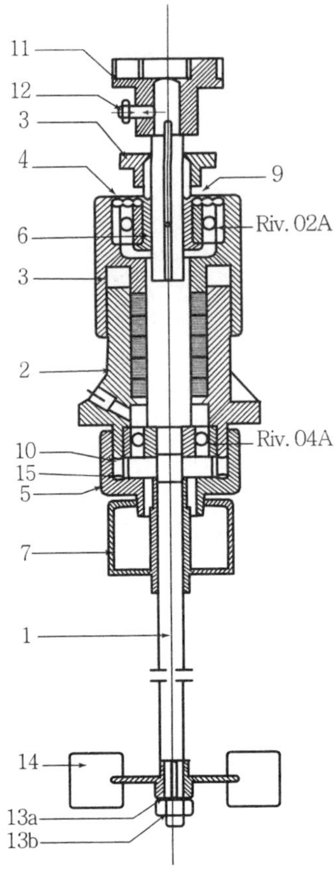

1. ingrator shaft 2. stufling box 3. upper cap 4. lock ring
5. power cap 6. chuck 7. grease cup 8. lock ring 9. look nut
10. ring 11. half coupling 12. half coupling 13a. washer
13b. nut 14. impeller 15. shim

그림 12-7 교반장치

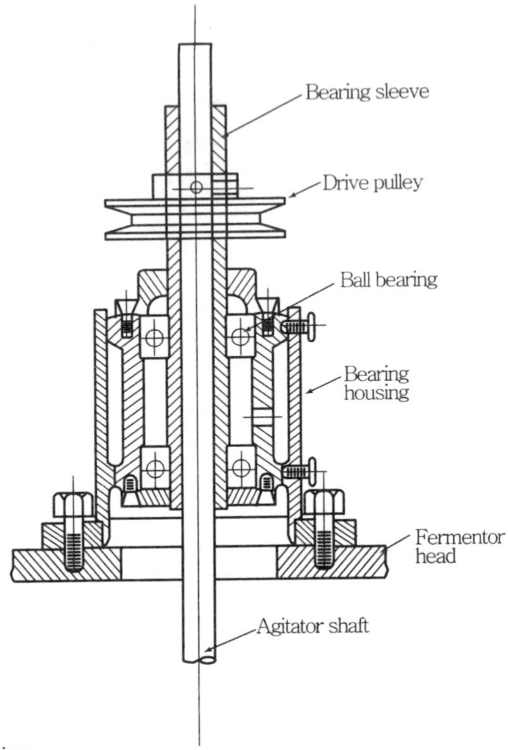

그림 12-8 30L 규모의 발효조의 베어링장치

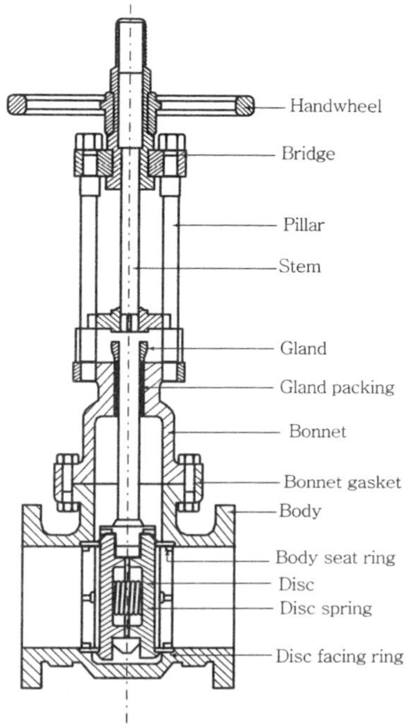

그림 12-9 two-piece 게이트 밸브의 단면도

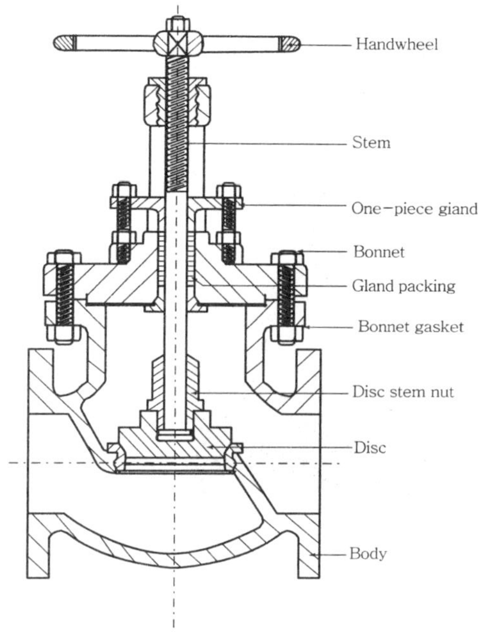

그림 12-10 글로브 밸브의 단면도

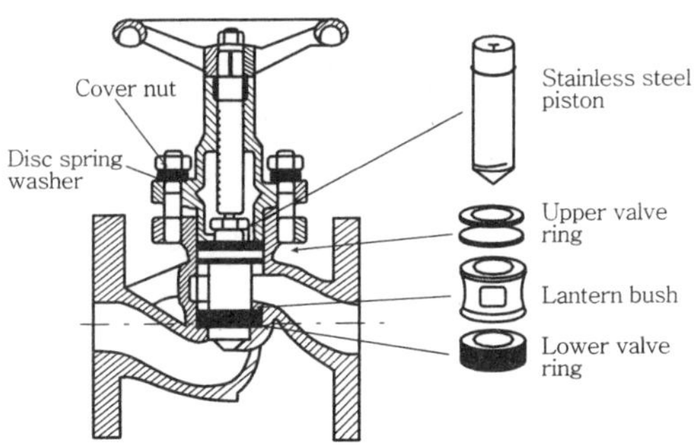

그림 12-11 피스톤 밸브의 단면도

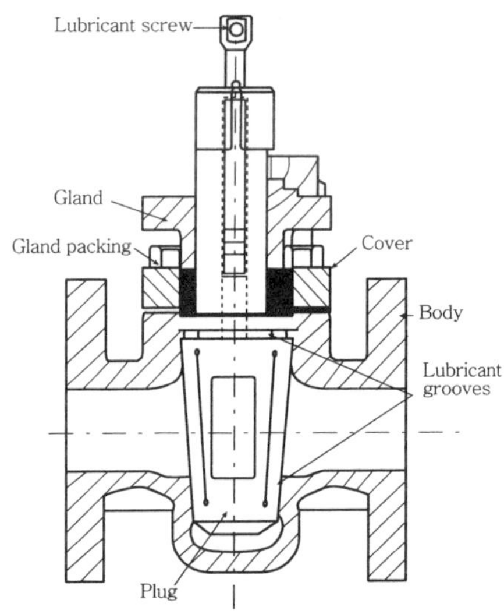

그림 12-12 플러그 밸브의 단면도

그림 12-13 유속조절을 위한 니들 밸브

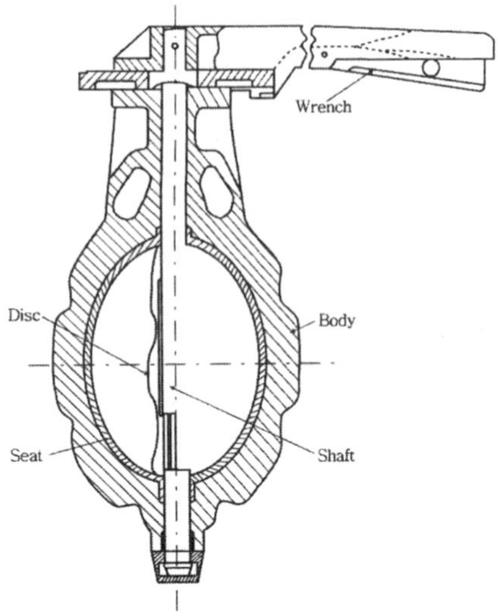

그림 12-14 Butterfly 밸브의 단면도

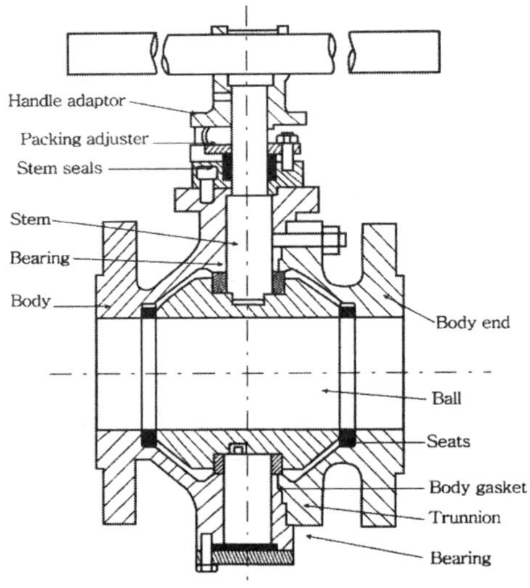

그림 12-15 End-entry ball valve

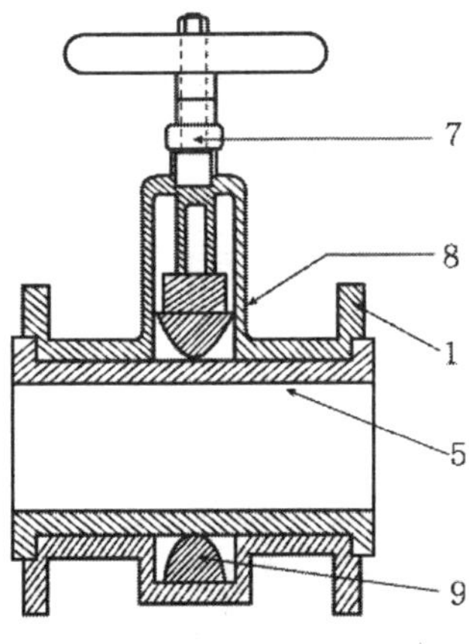

1. 본체 5. 가연성 튜브 7. 스핀들 8, 9. 핀치 바

그림 12-16 핀치 밸브

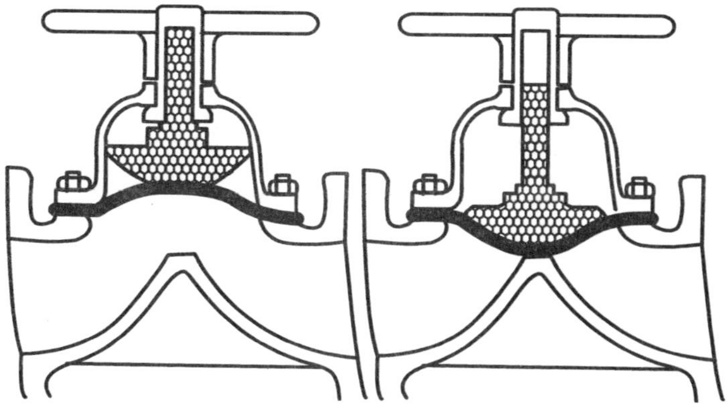

그림 12-17 Weir-type diaphragm valve 열림 상태와 닫힌 상태

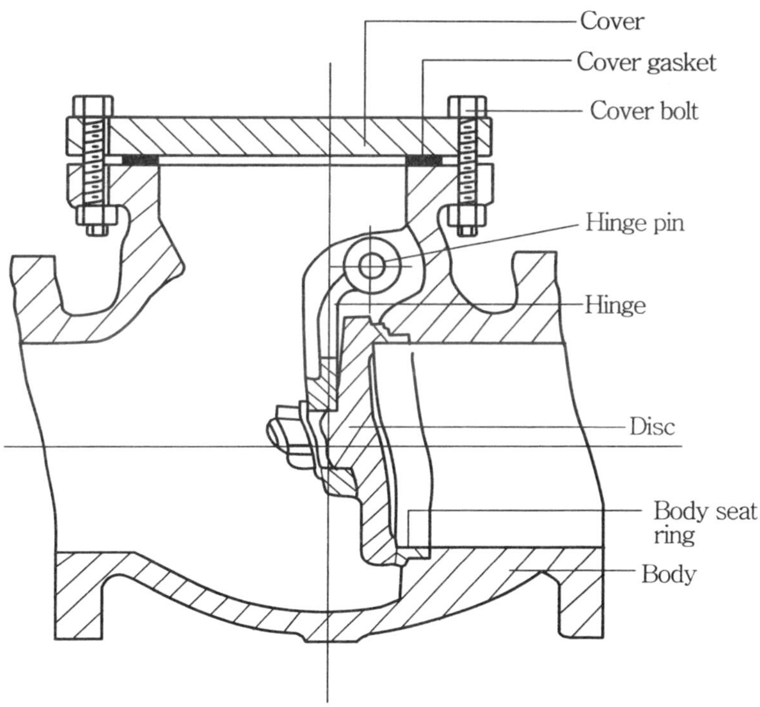

그림 12-18 Swing check valve의 단면도

3. 무균장치

발효공정 중에 오염을 방지하기 위하여 발효조에 연결된 모든 파이프, 밸브뿐만 아니라 전배양, 발효조에 대한 접종, 시료채취 등이 무균적으로 이루어질 수 있도록 하고 있다. 무균적으로 접종하기 위한 장치는 그림 12 - 19와 12 - 20에서 보는 바와 같이 연결되는 모든 부위를 스팀으로 살균할 수 있도록 되어 있다.

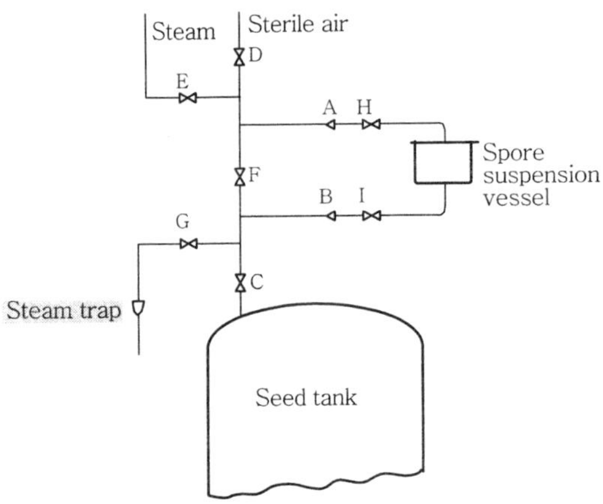

그림 12－19 전배양기에 대한 무균적인 접종 방법

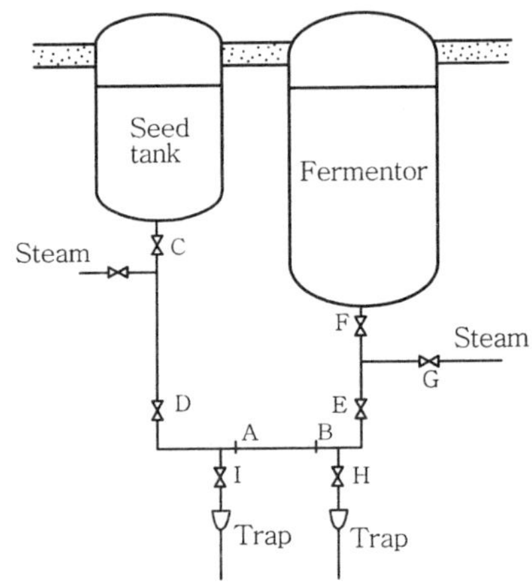

그림 12－20 발효조에 대한 접종 방법

4. 제어장치

발효 중에 데이터를 분석하고 발효공정을 조절하기 위해 일반적인 화학공정과 달리 여러 가지 센서(sensor)를 사용한다. 발효조에 사용하는 센서는 무균적으로 이루어지기 위해 살균이 가능해야 하며, 생화학적 반응에 알맞도록 설계되어 있다. 발효공정에서 측정할 수 있는 인자(parameter)를 살펴보면 표 12 - 3과 같다.

발효 중에 측정할 수 있는 여러 가지 인자들 중에서 발효특성에 따라 필요한 센서를 발효조에 부착하여 조절하게 된다. 일반적으로 온도 및 pH는 조절기(controller)를 설치하여 배양 중에 자동제어되며, 다른 인자들은 자동기록장치에 의해 기록됨으로써 발효 중에 일어나는 변화를 알 수 있도록 되어 있다. 최근에는 컴퓨터에 의한 자동제어방식이 많이 도입되고 있는 실정이다.

표 12-3 발효공정에서 측정 가능한 인자들

물리적 인자	화학적 인자	생물학적 인자
온도	pH	생리활성물질
압력	용존산소	효소활성
동력소요량	배기가스의 O_2, CO_2	DNA와 RNA 함량
점도	산화환원전위	$NADH_2$와 ATP 함량
배지 및 공기의 공급속도	기질소비량	단백질 함량
탁도(turbidity)	생성물의 농도	
발효조의 무게	이온강도	

1) 온도 측정장치

온도의 측정기구로서는 ① 유리관 속에 수은을 넣은 다음 금속판으로 보호되어 있는 thermometer bulb ② thermocouple ③ 금속저항 온도계(bimetallic thermometer) ④ pressure bulb 온도계 ⑤ 전기저항 온도계(electrical resistance thermometer) ⑥ thermister 등에 의해 측정하며, 그림 12-21에서 보는 바와 같이 온도 조절기(controller)에 의해 일정한 온도가 되도록(±0.1℃) 가열장치가 작동되면서 조절된다.

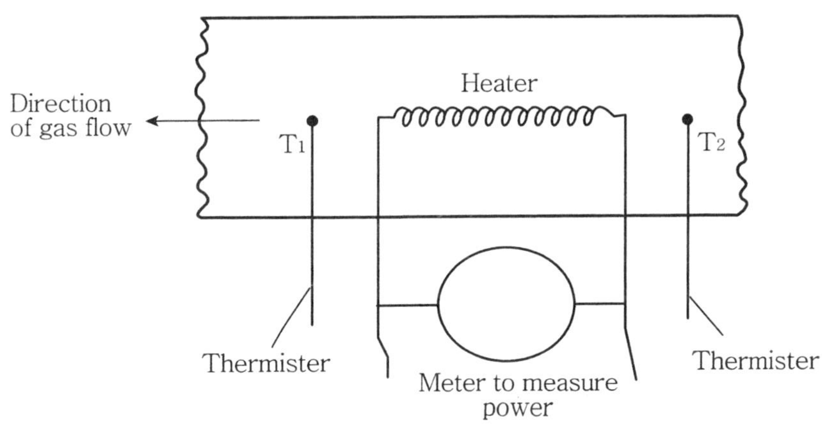

그림 12-21 발효조의 온도 조절장치

통기(aeration)에 따른 공기유속을 조절하기 위하여 보통 유리관 속에 자유롭게 움직일 수 있는 조그만 공이 들어가 있는 로타메타(rotameter)가 유속계로서 많이 이용된다. 배지, 산 또는 알칼리 용액과 같은 액체의 흐름을 조절할 경우 소형일 때는 peristaltic pump를 사용하며, 대량일 때는 piston pump 또는 diaphragm pump 등이 이용된다.

2) pH 측정장치

pH 측정을 위해 발효공정에서 사용되는 복합전극(combination electrode)은 살균(121℃, 138 kN/m^2)이 가능할 뿐만 아니라 압력, 기계적 충격에도 견딜 수 있으며, 감응시간 및 감도도 충분하여 크게 문제가 되지 않는다. 그러나 여러 차례 살균을 반복하게 되면 고온에 의한 전극의 감도저하가 일어난다.

일반적인 pH 메타에서 사용하는 전극과 같은 원리로 제작되어 있다. 실험실용 발효조에서 사용하는 전극인 경우 70% 알코올로 소독하여 사용하는 경우도 많다. 조절기를 설치하여 배양액의 pH 변화에 따라 산 또는 알칼리 용액이 연결된 펌프에 의해 자동적으로 주입되도록 설계되어 있다.

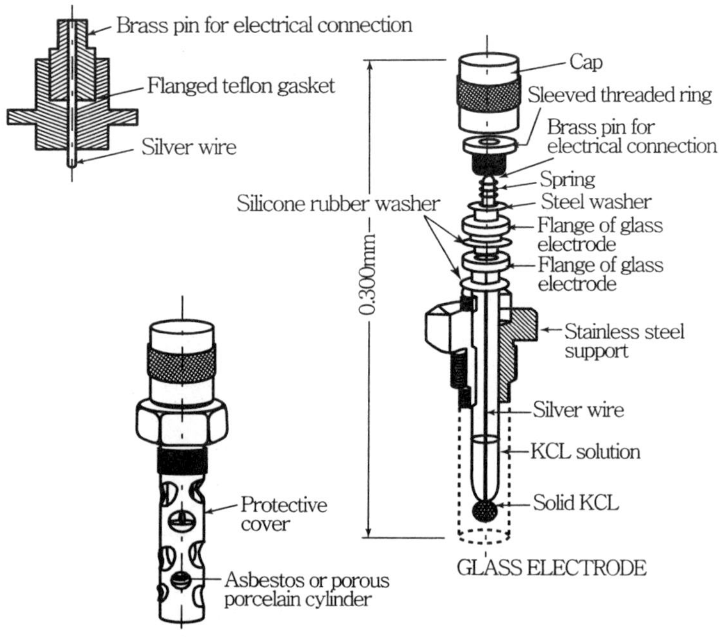

그림 12-22 살균이 가능한 pH 전극

3) 기타 측정장치

배지 중의 용존산소 농도를 측정하는 데 이용되는 Beckman 및 Mackereth 산소전극의 구조는 그림 12 - 23과 같다. 소형 발효조에서 사용하는 전극에는 양극은 Pb(lead)를, 음극은 Ag 또는 Au로 되어 있으며, 전해질로서 KOH, $ClCl^-$, HCO_3^- 또는 acetate로 되어 있다. 감지부분은 teflon, polyethylene 또는 polystyrene membrane으로 되어 있으며, 전극 양면 사이에 gas phase가 평형이 되도록 되어 있다.

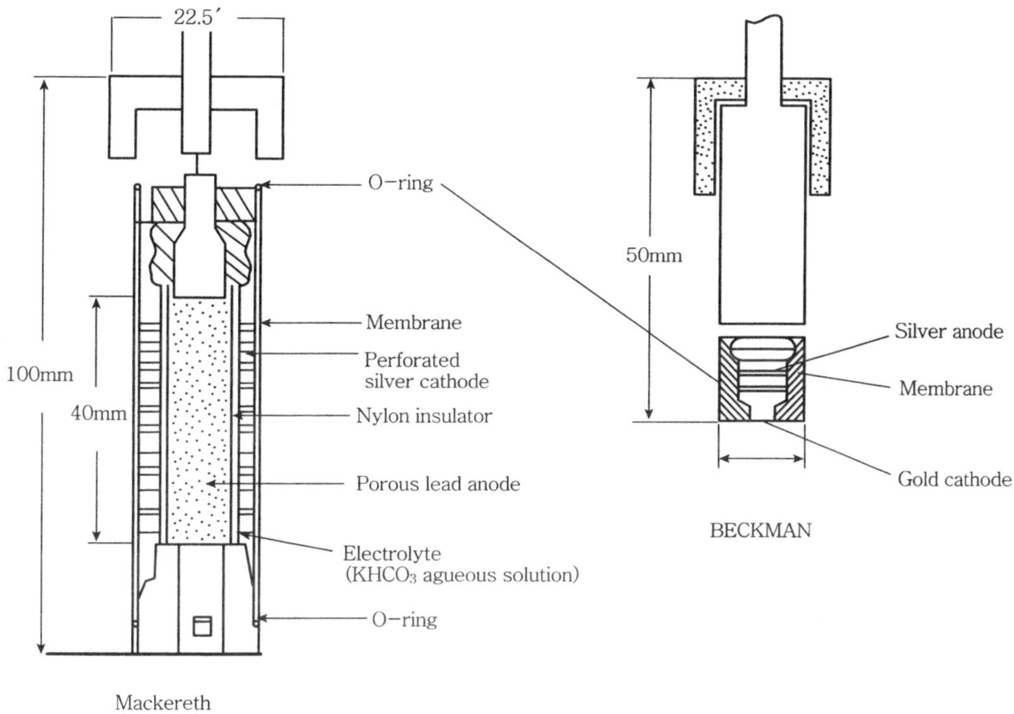

그림 12-23 Beckman 및 Mackereth 산소전극단사

효소전극 분야의 발달은 괄목할 만하여 penicillinase 전극은 배양액 중의 페니실린의 농도를, glucose 전극은 기질 중에 들어 있는 포도당의 소비정도를 각각 측정할 수 있으나 살균할 수 없는 단점을 가지고 있다.

통기 또는 배출가스 조성의 측정은 발효연구에 매우 중요한 역할을 한다. 입구와 출구가스조성 중 O_2, CO_2의 농도를 측정할 수 있다면 배양 중 미생물의 호흡속도와 탄산가스의 배출량을 알 수 있으며, 공급한 산소의 이용률로 알 수 있다. 따라서 이를 위한 장치개발이 진행 중이며, 산소는 자장(magnetic field)에 친화력을 가지고 있고 nitrous와 nitric oxide에만 나누어지는 성질을 이용하여 가스 분석기(paramagnetic gas analyzer)에 의해 측정한다. CO_2 측정은 IR(infrared) 분석에 의해 측정하며, mass spectrometer에 의한 N_2, NH_3, methanol, ethanol 등의 동시 측정방법도 검토되고 있다.

CO_2 전극은 아직도 개발단계에 있으나 산소전극은 실용화되어 있다. 산소전극은 전류차(galvanic 또는 polarographic)에 의해 측정되며, 다음과 같이 음극에서 환원된 산소가 양극에서 산화되는 원리를 이용한 것이다.

$$
\begin{array}{lll}
\text{음극(Pt)} & O_2 + 2H_2O + 4e^- & \rightarrow 4OH^- \\
\text{양극(Ag)} & 4Ag + 4Cl^- & \rightarrow 4AgCl + 4e^- \\
\hline
 & 4Ag + O_2 + 2H_2O + 4Cl^- & \rightarrow 4AgCl + 4OH^-
\end{array}
$$

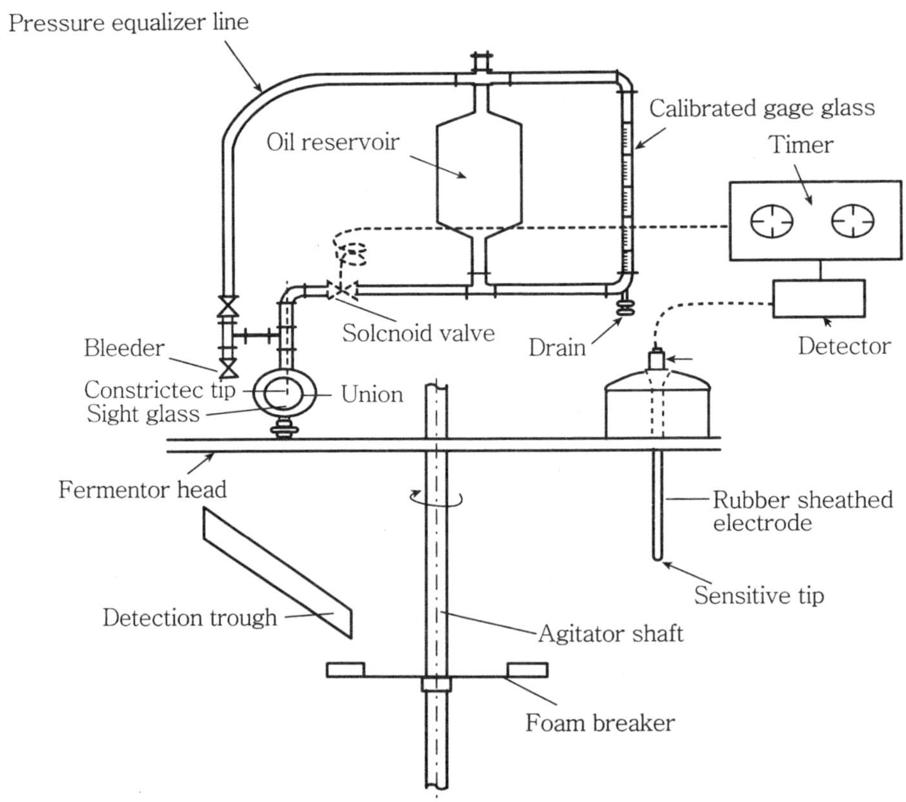

그림 12-24 발효공정 중에 거품제어장치

이 외로 압력을 조절하거나 교반속도, 거품(foam) 조절 등을 위한 장치를 부착한다.

발효 중에 발생하는 거품(foam)은 미생물의 생육을 저해하거나 작업용량(working volume)을 감소시켜 생산성을 떨어뜨리게 된다. 거품을 조절하거나 제거하기 위해서는 소포제(antifoaming agent)를 첨가하여 거품을 감소시키거나 foam breaker를 이용하여 기계적인 방법으로 거품을 깨뜨린다(그림 12 - 24).

최근에는 컴퓨터를 사용한 발효공정의 최적화(optimization) 또는 조절(control)이 이루어지고 있다. 표 12 - 4에서 보는 바와 같은 여러 가지 센서(sensor)에 의해 얻어지는 데이터의 입력 및 분석 등을 통하여 발효공정의 모델화를 유도하고 있다. 컴퓨터에 의한 발효공정의 제어를 간단히 나타내면 그림 12 - 25에서 보는 바와 같다.

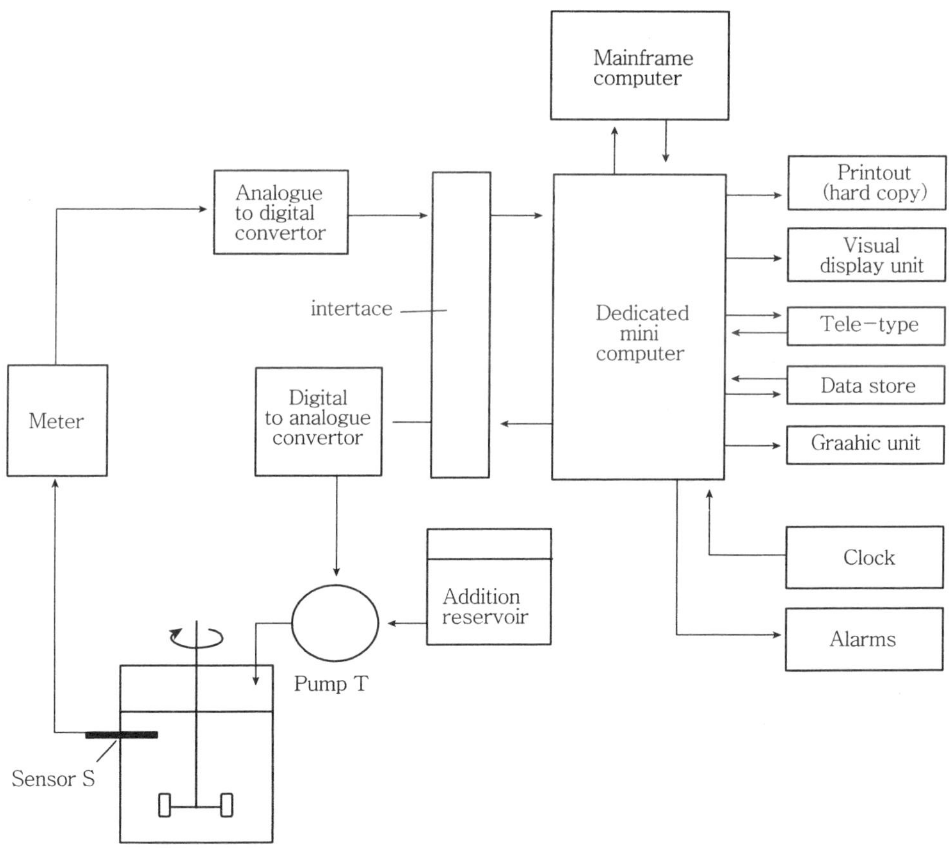

그림 12—25 컴퓨터에 의한 발효공정 제어의 개요

표 12-4 발효 중의 여러 가지 센서와 얻을 수 있는 정보

센 서	센서에 의한 정보
pH	산의 생성
용존산소	산소공급속도
출구가스 중의 산소측정용 유량계	산소이용속도
출구가스 중의 CO_2 측정용 유량계	CO_2 발생속도
산소이용속도와 CO_2 발생속도	미생물의 호흡량
당농도와 배지공급속도, CO_2 발생속도	수율 및 균체농도

제13장 생성물의 회수 및 정제

생물공정(bioprocess) 중에서 미생물을 배양한 후 균체를 포함하려 대사산물(代謝産物, metabolites)을 회수하거나 정제하는 일은 매우 중요한 공정 중의 하나이다. 생성물을 회수하거나 정제하는 데는 ① 가능한 한 빠른 시간 내에 ② 효과적인 방법으로 ③ 최소의 비용으로 ④ 고품질의 제품을 얻는 것을 목적으로 한다. 그러나 여기에는 이상적인 방법은 없으며, 전체 생산비 중의 20~60%가 회수 및 정제하는 데 소요된다는 점을 감안할 때 이에 알맞은 방법의 선택은 무엇보다도 중요하다.

대사산물의 종류에는 핵산, 비타민, 일부의 효소, 항생제(sisomicin, griseofulvin 등) 등과 같은 균체내 물질(intracellular metabolites)과 아미노산, 구연산, 알코올, 효소(amylase, protease), 항생제(penicillin, streptomycin 등) 등의 균체외 물질(extracellular metabolites)로 나눌 수 있다. 대부분 필요로 하는 대사산물의 양은 배양액에 비하여 매우 소량인 경우가 많으며, 원료의 종류, 대사물의 농도와 안정성, 요구되는 최종제품의 순도 등에 따라서 여러 가지의 방법에 의해 생성물을 회수하게 된다.

발효생성물을 회수하는 방법을 선택할 때는 다음과 같은 요인들을 고려하여 결정하게 된다. 즉,

① 생성물의 존재위치(intracellular 또는 extracellular)
② 배양액 중의 생성물의 농도
③ 생성물의 물리화학적인 성질
④ 제품의 사용목적
⑤ 요구되는 제품의 정제정도
⑥ 배양액 중의 불순물의 양
⑦ 제품의 시장가격
⑧ 수율 등이다.

대표적인 효소 생산공장의 공정도를 예로 들어보자. 그림 13 - 1에서 보는 바와 같이 많은 단계를 거쳐야 비로서 필요한 제품을 얻을 수 있음을 알 수 있다. 이러한 회수 및 정제단계를 효과적으로 수행하기 위해서는 다음과 같은 점이 고려된다. 즉,

① 색소 생성이나 불필요한 대사산물을 생산하지 않는 균주의 선택
② 부산물 생성을 감소시킬 수 있는 발효조건의 변형
③ 정확한 발효 종료시간의 설정
④ 수확 후의 pH 조절 및 온도처리
⑤ 응집제의 첨가 또는 세포벽 분해효소의 처리 등이 필요한 경우도 있다.

정제과정에 있어서 첫 단계는 배양액으로부터 균체 외 생성물을 균체물질과 부착되어 있는 고형물질에서 분리하는 일이다. 균체 내 물질을 얻고자 할 때는 균체를 배양액에서 분리한 다음 균체를 파쇄 또는 용해시킨 후 유기용매로 추출한다.

분리방법은 여과 또는 침강에 의해 이루어지기도 하며, 원심분리에 의해 실시한다. 필요로 하는 성분이 균체 내 물질인 경우는 물질의 특성에 따라 그림 13 - 2에서 보는 바와 같이 화학적, 물리적 또는 생물적인 방법에 의해 세포를 파괴해야 한다.

초음파(sonic wave)로 세포를 파괴하는 방법은 효과적이기는 하지만 비용이 많이 들어 공업적인 이용이 어려운 결점이 있다. 따라서 효모세포에서 단백질을 분리할 때는 homogenizer에서 560 bar의 압력으로 균체 현탁액을 처리하기도 한다.

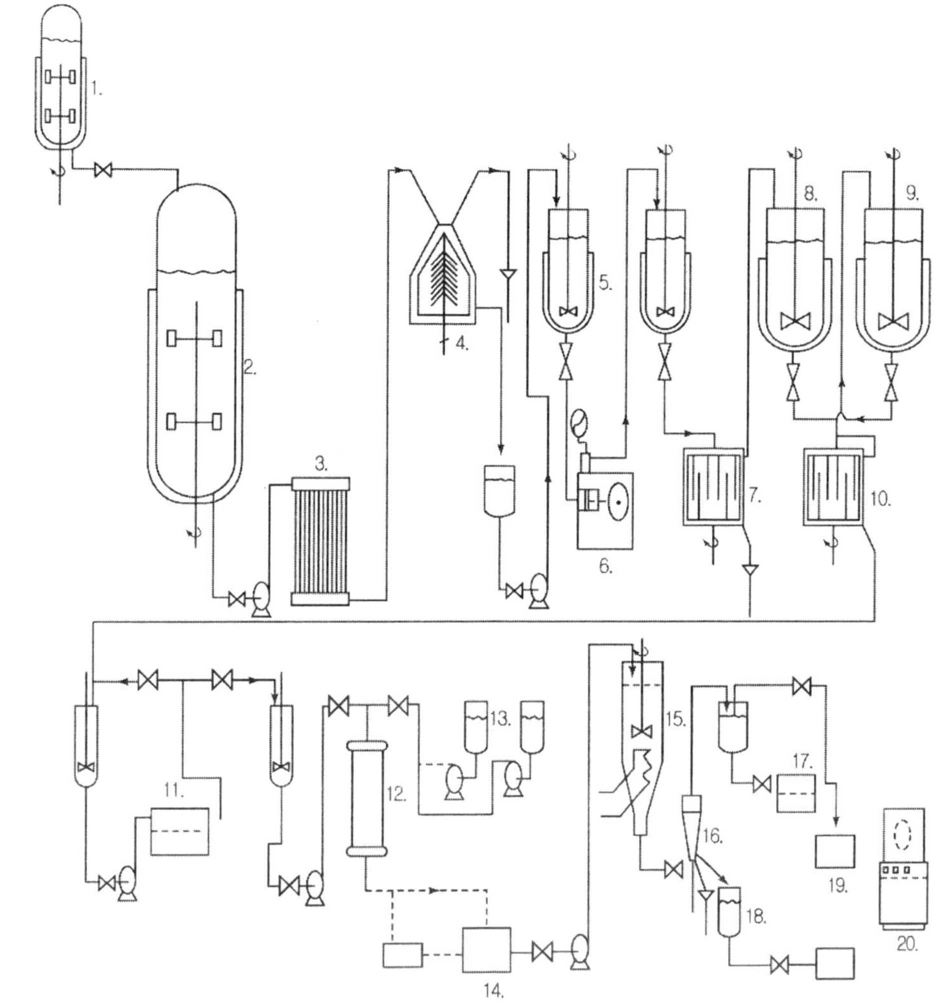

1. Seed	6. Enzyme release	11. Ultra filtration	16. Final centrifugation
2. Culture growth	7. Debris removal	12. Chromatography	17. Dialysis
3. Heat exchange	8. Initial precipitation	13. Buffer storage	18. Final precipitation
4. Culture harvesting	9. Fractional precipitation	14. Fraction collection	19. Packing
5. Dilution	10. Precipitate seperation	15. Solvent precipitation	20. Freeze drying

그림 13-1 대표적인 효소 생산공장의 제조공정도

두 번째 단계는 배양여액을 분별하거나 크로마토그래피 방법(adsorption 또는 ion exchange chromatography), 추출(liquid-liquid extraction) 또는 침전 등의 방법에 의해 주요 성분을 분리한 다음 정제과정을 거치게 된다. 그 외에도 농축, 탈색, 결정화, 탈염 등 보조적인 공정도 있다.

그러면 이러한 생성물의 분리 및 정제방법에 대하여 하나씩 살펴보기로 하자.

1. 균체의 수확(cell harvesting)

1) 여 과

일반적으로 배양액 중에는 균체농도가 낮기 때문에 여과, 침전, 원심분리 등 물리적 방법에 의한 균체의 분리법이 많이 이용된다. 생성물이 단백질의 경우 화학물질을 첨가하여 불용성 착화합물 또는 염류를 형성시켜 침전하거나 유기용매를 가하여 침전시키는 방법이 이용되기도 한다. 침전법의 경우 dextran이나 polyethylene glycol 등의 고분자 물질을 단백질 침전제로 이용하기도 하며, $(NH_4)_2SO_4$ 또는 Na_2SO_4는 염석(salting－out)용 시약으로 이용된다. 메탄올, 에탄올, 아세톤 등의 유기용매도 단백질 침전제로 이용한다.

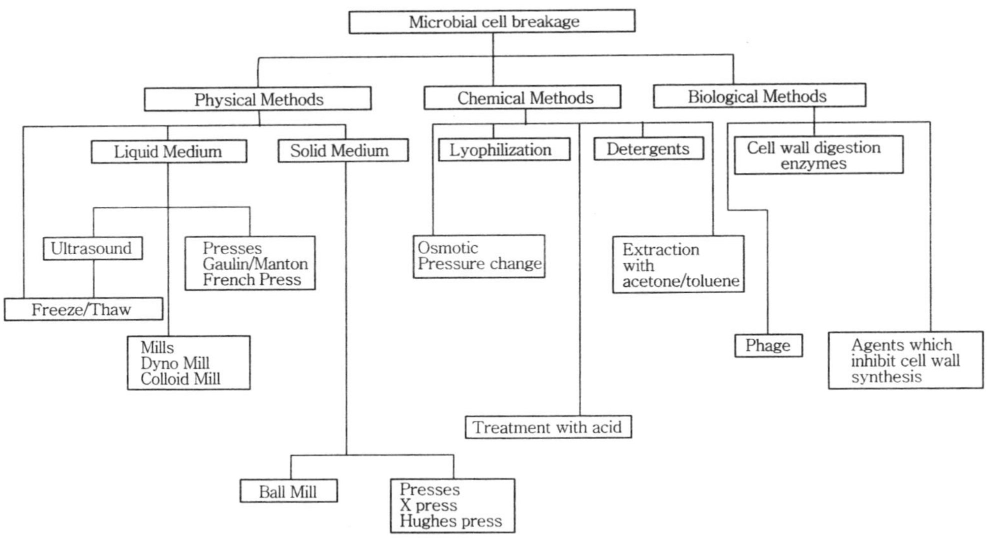

그림 13－2 미생물의 대사산물를 분리하기 위한 세포 파쇄 방법

여과(filtration)는 부유물을 분리하는 데 가장 보편적으로 이용하는 방법이다. 미생물 균체의 비중은 배지 중에 존재하는 부유물질의 비중과 유사하여 뭉쳐지기 쉬운 특성을 가지고 있다. 실험실에서의 여과는 그림 13 - 3에서 보는 바와 같이 간단한 장치에 의해 이루어지나, 공업적으로는 plate－frame filter(그림 13 - 4) 또는 rotary vacuum filter(그림 13 - 5)를 많이 사용한다.

여과방법을 선택할 때는 다음과 같은 점을 고려하여 결정한다. 즉,

① 여과액의 점도 및 밀도특성
② 고형물의 입자의 크기, 형태, 입자분포
③ 고액비율(固液比率)
④ 고체 또는 액체부분의 회수의 필요성
⑤ 조작규모
⑥ 회분식 또는 연속식의 필요성
⑦ 무균조작의 필요성
⑧ 여과속도를 조절하기 위한 압력 또는 진공 사용의 필요성 등이다.

세균 배양액과 같이 미세하고 끈끈한 현탁액을 여과할 때는 여괴(filter cake)에 다공성을 형성하도록 하여 여과가 쉽게 일어날 수 있게 하는 물질인 규조토와 같은 여과조제(filter aid)를 사용한다.

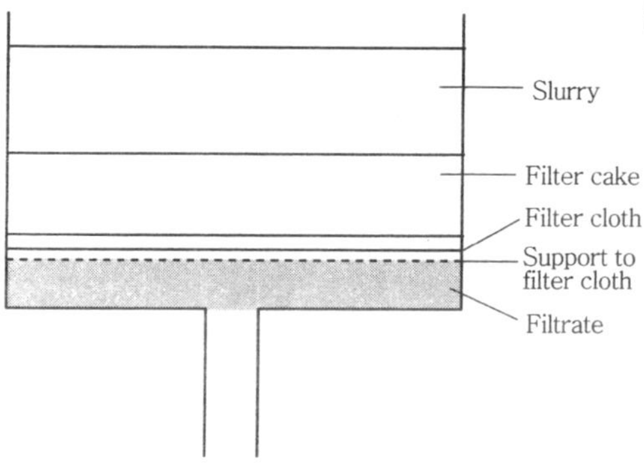

그림 13-3 간단한 여과장치

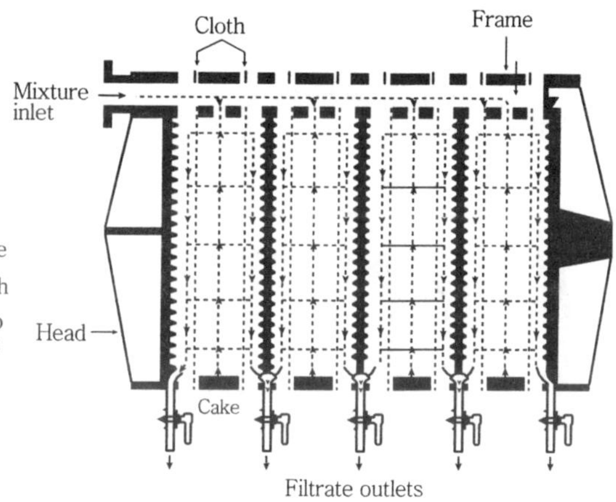

그림 13-4 Plate-frame filter

최근에는 배양액으로부터 균체를 분리하는 데 막여과(membrane filtration)를 많이 이용한다. 이 방법을 cross-flow 또는 tangential flow filtration이라고 한다. 마이크로 여과막은 pore size에 따라서 단백질은 통과하지만 균체나 콜로이드 등 고분자 물질은 통과하지 않는 성질을 이용한 것이다. 또한, 고분자 화학 및 장치의 개발에 힘입어 한외여과막(ultrafiltration membrane)은 균체의 분리는 물론 분자량의 차이에 의한 분리도 가능해졌다. 막여과의 장점은 다음과 같다.

① 균체의 크기에 크게 의존하지 않는다.

② 균체와 부유물질 사이의 밀도차에 크게 의존하지 않는다.
③ 여과조제 또는 응집제(floculating agent)를 필요로 하지 않는다.
④ 장기간 높은 여과속도를 유지하도록 여제(filter medium)에 균체 축적을 최소로 한다.
⑤ 원심분리 방법에 비해 공기에 노출이 적어 병원균의 오염을 줄일 수 있다.

막여과에 있어서는 배양액을 막 표면에 접선(tangential) 방향으로 흘려 보냄으로써 여괴는 다시 균체 현탁액에 분산시켜 여제에 균체의 축적을 방지할 수 있다. 조작시간이 경과함에 따라 현탁액 중에 고형물의 농도가 계속 높아져서 여과속도가 점차 늦어진다. 이때에는 여과조작 중에 압력을 서서히 높여주거나 또는 여괴를 제거하고 세척한 다음 여과를 시킨다.

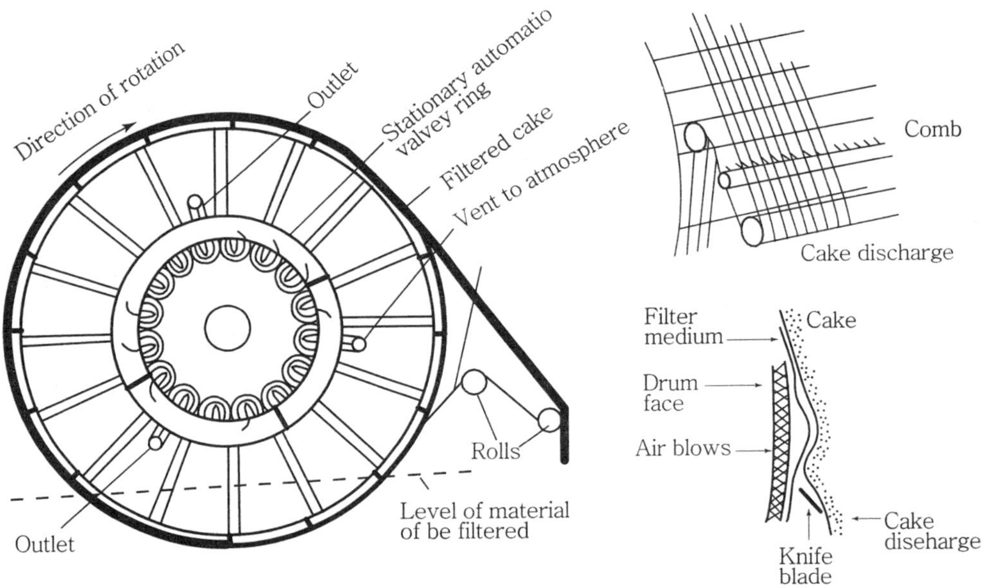

그림 13-5 Rotary vacuum filter

2) 원심분리

균체수확의 또 다른 방법은 원심분리(centrifugation)로서 다음과 같은 경우에 이용된다.

① 여과가 늦거나 어려울 때
② 여과조제를 사용하지 않고 균체를 얻어야 할 필요가 있을 때
③ 위생적인 처리를 위해 연속분리를 해야 할 때 등이다.

원심분리는 다음과 같은 Stoke의 침강법칙에 의존한다.

$$v = \frac{d^2 w^2 r(\rho_s - \rho_l)}{18\mu}$$

여기에서

v : 침강속도(cm s^{-1})　　d : 입자직경(cm)
w : 각속도(s^{-1})　　r : 회전축으로부터 거리(cm)
ρ_s : 입자밀도(gcm^{-3})　　ρ_l : 액체밀도(gm^{-3})
μ : 액체점도(gcm^{-3} s^{-1})

또한, 연속식 원심분리기에서의 원심속도(flow rate, F)는 다음과 같이 나타낼 수 있다.

$$F = \frac{d^2 w^2 r(\rho_s - \rho_l)V_l}{9\mu l}$$

V_l : 원심관 내의 용량　　l : 원심관 내 액체층의 두께

따라서 균체와 액체의 밀도차, 균체직경, 점도에 의해 침강속도가 결정되므로 이상적인 원심분리 효과를 얻기 위해서는 밀도차가 크고, 균체가 커야 하며, 점도가 작아야 한다. 그러나 실제에 있어서는 미생물 균체는 매우 작고, 밀도가 적으며, 배양액의 점도가 큰 경우가 많아 분리가 간단하지 않다.

원심분리 전에 균체를 응집시켜 분리를 쉽게 하기 위해서는 다음과 같은 요인을 고려하는 것이 좋다. 즉, 맥주의 제조에서처럼 냉각시키는 방법과 pH 변화를 주는 방법이다. 이온환경(ionic environment)을 조절하기 위하여 aluminium, calcium, ferric salts, tannic acid, quaternary ammonium compounds, alkyl amine, phosphoric acid 등을 사용하기도 한다.

대표적인 원심분리기의 종류를 들면 basket centrifuge(그림 13 - 6), solid－bowl

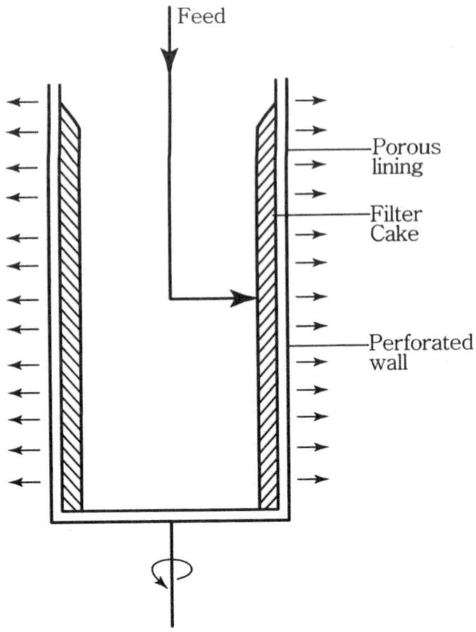

그림 13－6 Basket형 원심분리기

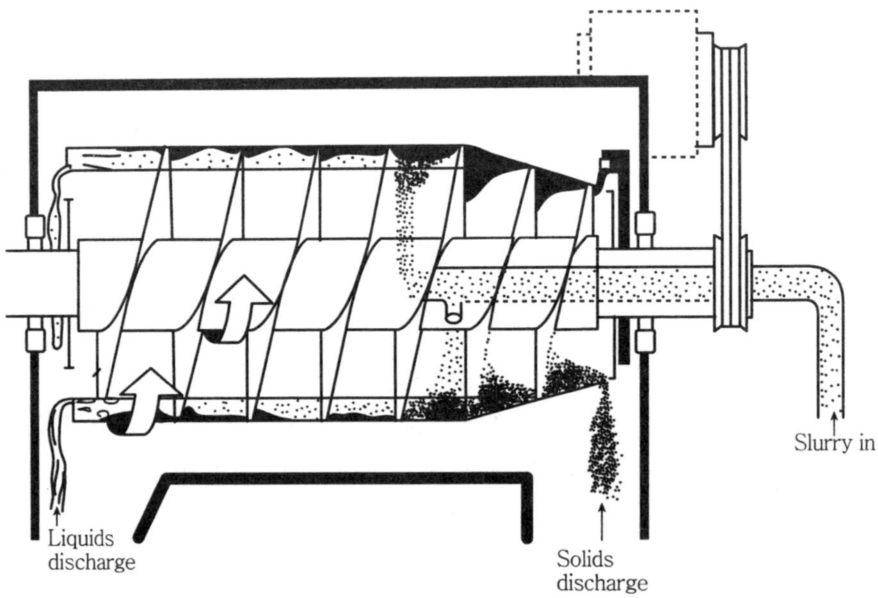

그림 13－7 Solid－bowl scroll형 원심분리기

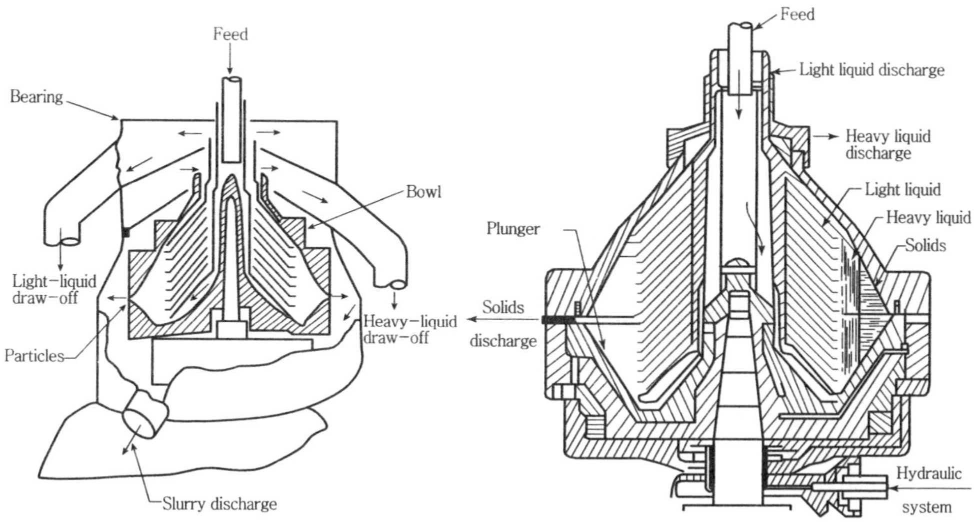

그림 13-8 Disc bowl형 원심분리기

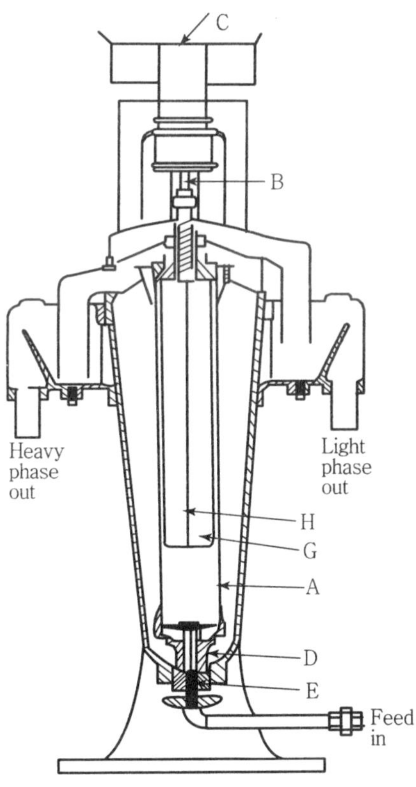

A : 원심관(bowl)
B : 유동축(flexible shaft)
C : 모터(motor)
D : 베어링(bottom bearing)
E : 노즐(feed nozzle)
G : heavy phase liquid zone
H : light phase liquid zone

그림 13-9 Tubular bowl형 원심분리기

Scroll(decanter) centrifuge(그림 13 - 7), disc-bowl centrifuge(그림 13 - 8), tubular-bowl centrifuge(그림 13 - 9) 등이 있다.

Basket형은 사상균 균체 또는 결정성 물질의 분리에 용이하다. 원심관은 나일론 또는 면(綿)으로 쌓인 다공성(多孔性)으로 되어 있다. 배양액을 연속적으로 공급하며, 원심관 안이 여과로 가득 차면 이를 제거하기 전에 세척할 수도 있다.

Solid-bowl형 원심분리기는 그림 13 - 7에서 보는 바와 같이 거칠지만 sewage, sludge 등을 연속적으로 처리할 수 있는 장점이 있다. 회전속도는 2,000에서 4,000 rpm으로 제한되어 있으나 대량처리가 가능하다.

2. 균체의 분쇄

균체 내 성분을 얻기 위해서는 세포벽과 세포막으로부터 원하는 성분이 유출되도록 만들어야 한다. 이를 위해 물리적 또는 화학적인 방법이 이용된다. 대사산물의 농도가 낮을 때는 생성물의 종류에 따라 그림 13 - 10과 같은 방법에 의해 농축시킨다.

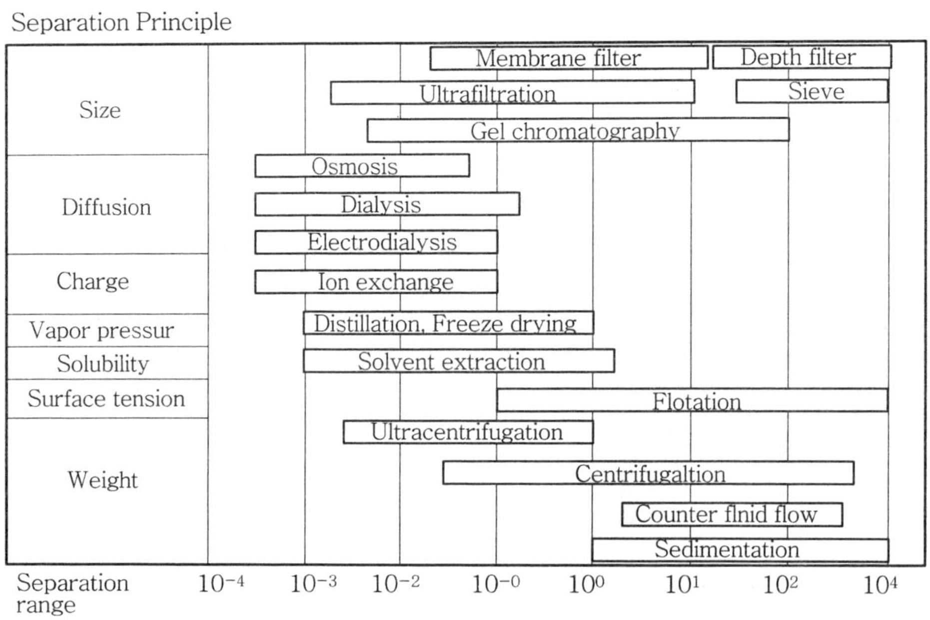

그림 13-10 여러 가지 화학적, 물리적인 성질을 이용한 농축방법

1) 실험실 방법

균체를 분쇄하는 방법은 물리적인 방법과 화학적인 방법으로 나눌 수 있다. 물리적인 방법에는 다음과 같은 종류가 있다.

(1) 물리적인 방법

① 냉동 및 해동

미생물 균체를 동결시키면 세포 내 수분이 동결되면서 약 9%의 빙팽창이 일어나고 이로 인하여 세포벽에 기계적 손상을 주게 된다. 이와 같은 얼음결정이 세포벽과 막에 손상을 주는 것을 이용하는 방법으로서 세포벽이 약한 세포만이 유효하다.

② 초음파(ultrasound)

초음파에 의한 분쇄는 세포벽이 약한 세균세포에는 유효하지만 효모와 곰팡이 세포에는 효과가 적다. 초음파 처리 시에 많은 열이 발생하기 때문에 이때 열에 의한 단백질 변성이 일어나기 쉽다. 이를 방지하기 위하여 초음파 처리 전에 균체를 냉각시켜 주어야 하며 가능한 한 처리시간을 줄여야 한다.

③ 유리구슬(glass bead)에 의한 교반

대부분의 세포에 효과가 있으며, 처리 시에 기계적 마찰로 인해 열이 발생되므로 열변성이 쉬운 성분분리에는 이용하기 어렵고, 열변성을 방지하기 위하여 처리 전에 균체를 냉각시켜야 한다.

④ French press

동결세포 현탁액을 작은 구멍의 밸브를 통하여 보내주면 고압력에 의해 분쇄된다. 대부분의 세포에 효과적이며, 처리시간에 따라서는 열이 발생되므로 냉각시켜야 할 필요가 있다.

⑤ 동결가압(freeze pressing)

동결세포를 처리하는 방법으로 열에 약한 세포에 효과적이다.

(2) 화학적인 방법

알칼리, 산, detergent, butanol, urea 등이 세포벽을 분해하거나 세포 내 물질을 노출시키는 데 이용된다. detergent로 사용되는 물질로는 quaternary ammonium 화합물, sodium laurylsulfate, tweens 등이 있다. 계면활성물질의 사용으로 인하여 단백질의 변성을 초래할 수도 있으며, 정제과정에서는 첨가한 물질을 제거해야 하는 어려움이 있다.

(3) 생화학적인 방법

① 효소처리(enzymatic lysis)

Lysozyme 등의 효소는 세포벽 성분을 분해시킨다. 효소처리 방법은 미생물의 종류에 따라 알맞은 방법을 택한다. 일반적으로 세포벽 분해효소가 비싸고 처리 후에 효소의 회수가 안 되는 결점이 있다.

② 자가소화(autolysis)

미생물 세포는 생존상태가 정지하면 분해효소(lytic enzyme)를 분비하는데 이 성질을 이용하는 방법으로 처리시간이 오래 걸리고, 단백질의 변성이 초래될 수 있는 결점이 있다.

③ 항생제 또는 세포벽 합성 저해물질의 첨가

화학적인 방법으로서는 미생물 증식후기에 발효조에 항생제 또는 세포벽 합성 저해물질을 첨가하면 세포벽이 결핍된 세포를 얻을 수 있다.

④ Phase infection

이 방법은 세포성분의 변화가 일어날 수 있고, 조절이 어려운 결점이 있다.

⑤ 유전적인 방법

세포벽 결핍의 변이주를 선발하여 사용하는 방법이다. 그러나 배양 중에 lysis를 방지하기 위한 특별한 배양방법이 필요하다.

2) 공업적인 방법

실험실 규모에선 앞서 설명한 대로 여러 가지 방법이 이용될 수 있으나, 대규모 공업적인 공정에서는 기술적, 경제적 문제 등으로 yeast extract를 제조할 때 자가소화에 의해 균체분쇄를 실시하는 것을 제외하고는 일반적으로 기계적인 방법에 의해 이루어진다.

대표적인 방법으로 분쇄기를 사용하며, high-speed ball mill은 유리구슬을 사용하여 빠른 속도로 디스크를 회전시킴으로써 균체현탁액을 부술 수 있다(그림 13-11).

또한, high pressure homogenizer는 그림 13-12에서 보는 바와 같다.

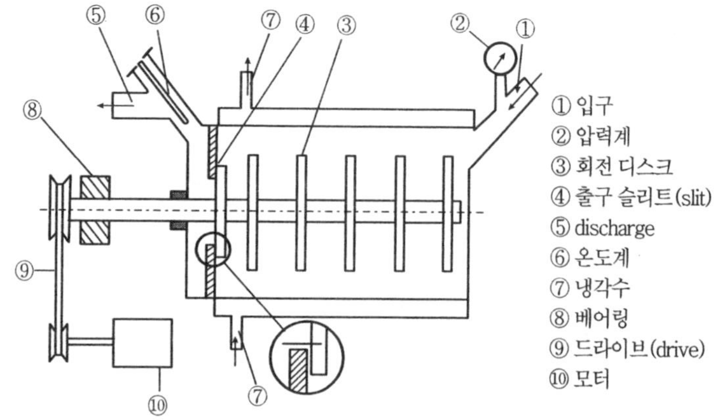

그림 13-11 Ball Mill의 구조

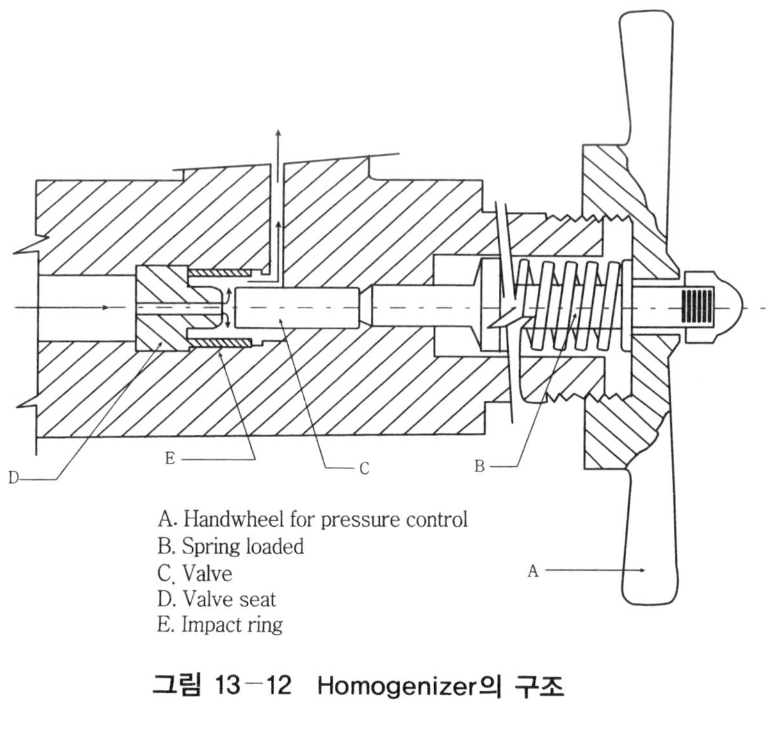

그림 13-12 Homogenizer의 구조

3. 단백성분의 추출 및 분리

배양여액이나 균체 분쇄액으로부터 유용물질을 추출, 분리하는 방법에는 유기용매를 사용하여 분리하거나, 단백질의 성질에 따라 염류를 첨가하여 염석(salting out)에 의하거나, 열처리, pH의 변화, 다가금속(多價金屬) 이온의 첨가 등 여러 가지 방법을 사용하여 단백질을 침전시켜 분리한다.

1) 침전법

미생물에 의해 생성된 화합물의 용해도는 수용액에서 pH, 온도, 성분조성, 이온강도, 유전상수(誘電常數, dielectric constant)에 따라 다르다. 따라서 배양액 또는 균체 분쇄물에서 성분조성 간의 용해도의 차이를 이용하면 침전법으로 유용물질의 분리가 가능하다.

(1) 염석법

단백질 분리의 일반적인 방법 중의 하나로서, 용액 중에 염류를 첨가함으로써 단백질의 용해도를 변화시켜 분리하는 방법을 염석(salting out)이라고 한다. 음이온 또는 양이온이 강한 화합물이 이용되며, 예를 들면 다음과 같은 물질을 사용한다.

① 음이온 : $citrate^{3-}$, $tartrate^{2-}$, F^-, IO_3^-, $H_2PO_4^-$, $acetate^-$, $B_2O_3^-$, Cl^-, ClO_3^-, Br^-, NO_3^-, ClO_4^-, I^-, CNS^-

② 양이온 : Th^+, Al^{3+}, H^+, Ba^{2+}, Sr^{2+}, Ca^{2+}, Mg^{2+}, Cs^+, Rb^+, NH_4^+, K^+, Na^+, Li^+

이 중에서 가장 효과적인 것은 아니나 용해도가 크고 이온강도를 넓은 범위에서 조절이 가능한 $(NH_4)_2SO_4$가 일반적으로 이용된다.

(2) 유기용매의 첨가법

배양액에 메탄올, 에탄올, 아세톤 등의 유기용매를 가하면 단백질과 다당류(xanthan gum, dextran)를 침전시킬 수 있다. 이는 용매의 유전상수를 낮추어 용질 사이의 정전기적 상호작용(electrostatic interaction)을 증가시키는 작용을 한다. 일반적으로 단백질의 변성을 방지하기 위하여 저온(－5℃)에서 실시한다.

(3) 열변성법

만일 회수하고자 하는 생성물이 열안정성을 가지고 있다면, 용액에 열을 가하여 혼입된 단백질은 열변성을 시켜 침전시킨 다음 유용물질을 얻을 수 있다. 즉, 열변성이 일어난 단백질은 용해도가 떨어져 침전이 일어나는 성질을 이용하는 것이다. 이 방법은 처리비용이 적게 드는 장점이 있으나 제품의 열변성을 방지하기 위하여 온도 조절에 세심한 주의가 필요하다.

(4) pH에 의한 침전법

단백질의 용해도는 일반적으로 등전점(isoelectric point)에서 가장 낮다. 이 성질을 이용하여 용액의 pH를 변화시켜 침전분리하는 방법이다.

(5) 비이온성 고분자물질의 첨가법

dextran, polyethyleneglycol 등 가용성인 비이온성 고분자물질을 첨가하면 단백질이 용해될 수 있는 물의 양을 감소시킴으로써 침전분리할 수 있다.

표 13-1 여러 가지 효소와 단백질의 등전점(isoelectric pH)

펩신(pepsin)	－1.0	hemoglobin	6.8
계란 알부민	4.6	myoglobin	7.0
혈액 알부민	4.9	chymotrypsinogen	9.5
urease	5.0	cytochrome C	10.65
β－lactoglobulin	5.2	lysozyme	11.0
γ_1－globulin	6.6		

(6) 다가금속 이온의 첨가법

균체 분쇄물로부터 핵산을 분리할 때 이용하는 방법으로, 망간염류의 첨가는 용액의 점도를 감소시킴으로써 생성물의 회수를 가능하게 한다. 다른 금속이온의 첨가는 비가역적인 침전을 초래하거나 제품의 변성을 가져올 수 있어 사용에 주의해야 한다.

이 외의 방법으로 전분, lactose, casein, diatomaceous earth 등을 흡착제로 첨가하여 용액 중의 단백질을 제거할 수 있다.

침전법에 의해 회수공정에 이용되는 예로서 다음과 같은 빵효모로부터 alcohol dehydrogenase의 분리방법과 dextran의 용매침전법을 들 수 있다.

2) 용매추출법(liquid－liquid extraction)

배양액에 용매를 가하려 목적하는 성분을 용해시킨 후 분리하는 방법을 말한다. 즉, 두 가지 상(相, phase) 사이에 성분분포의 차이에 의해 분리할 수 있다. 실험실 규모에서는 각종 용매에 따른 목적하는 성분의 용해특성 등을 검토하여 결정하게 된다. 유용성분이 극성 또는 비극성인가에 따라서 용매를 선택하며, 각종 용매의 유전상수(dielectrirc constant)는 표 13 - 2에서 보는 바와 같다.

표 13-2 각종 용매의 유전상수(25℃)

유기용매	유전상수
hexane	1.90(비극성)
cyclohexane	2.02
carbon tetrachloride	2.24 ↑
benzene	2.28
ethyl ether	4.43
chloroform	4.87
ethyl acetate	6.02
butan－2－ol	15.8
butan－1－ol	17.8
propan－1－ol	20.1
acetone	20.7
ethanol	24.3 ↓
mathanol	32.6
물	78.54(극성)

또한, 유용성분이 pH, 온도, 빛 등에 대한 안정성을 검토하여 그림 13 - 13에서 보는 바와 같은 장치에 의해 추출하게 된다. 용매의 회수는 증류에 의해 이루어

지며, 회분식 또는 연속식 증류장치는 그림 13 - 14와 그림 13 - 15에서 보는 바와 같다.

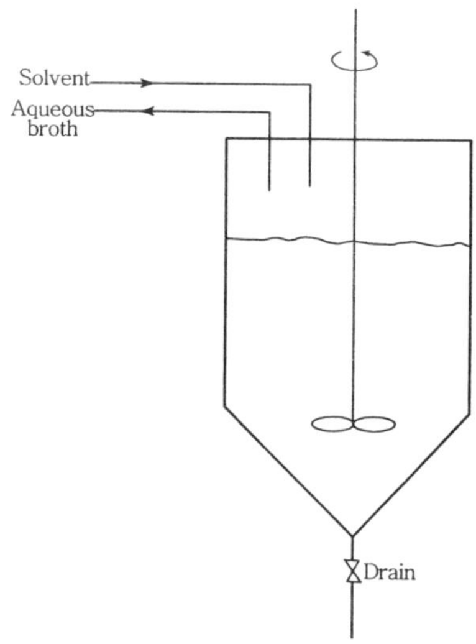

그림 13－13 용매에 의한 추출장치

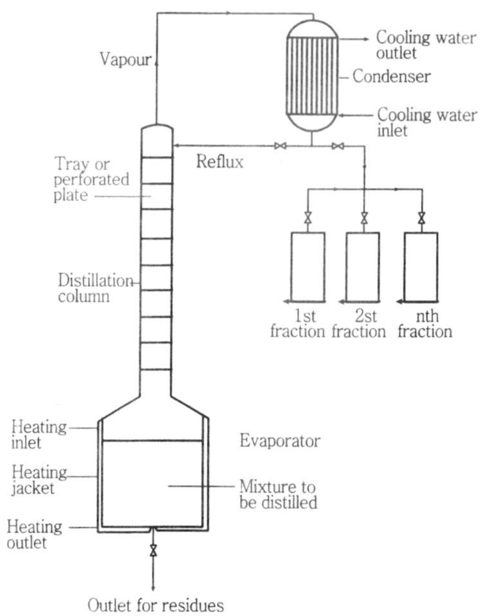

그림 13－14 증류에 의한 회분식 용매의 회수장치

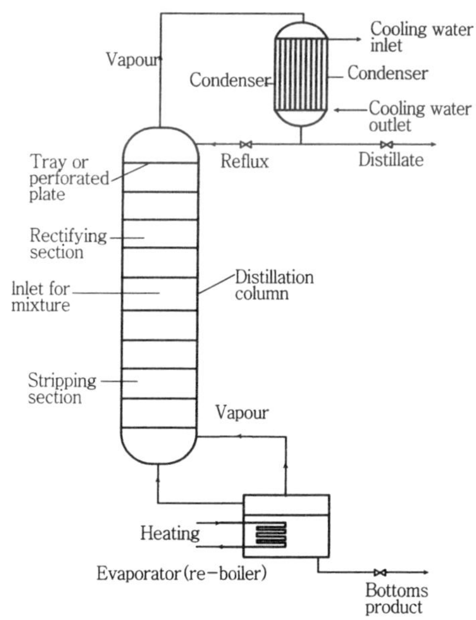

그림 13－15 연속용매회수장치

4. 정제방법

대사산물을 정제하는 데는 이온교환수지에 의한 흡착법, 전기영동(electrophoresis) 등에 의한 분리방법이 이용된다. 크로마토그래피 분리는 1950년대까지는 주로 기체분리에만 사용되었으나 1960년대 이후 생물공학의 발달과 더불어 액체분리에 사용되기 시작하여 뛰어난 분리능으로 인하여 정제과정에 중요한 위치를 차지하고 있다. 크로마토그래피법은 이론적으로 100% 분리가 가능하다는 장점이 있어 고가물질의 정밀분리에 사용되고 있으나, 충전물의 일부만 분리에 관여하고, 분리매체는 용매를 사용함으로써 용질이 희석되고, 회분식으로 사용된다는 단점이 있다. 크로마토그래피에 의한 분리방법은 adsorption, ion－exchange, gel, affinity, distribution chromatography 등으로 구분된다. 여러 가지 크로마토그래피 기법(技法)과 그 특성은 표 13－3에서 보는 바와 같으며, 분리 및 정제분야에 많이 사용되는 약자(略字)를 표 13－4에 정리하였다.

막분리는 다공성의 분리매체를 통과하는 물질들의 크기 및 확산속도 차이에 의해 분리하는 방법으로 최근에는 액체분리에 많이 이용되고 있다. 막분리는 ① 상변화(相變化)를 수반하지 않아 에너지가 적게 들고 ② 온도에 민감한 물질의 분리에 적합하며 ③ 무균조업이 가능하고 ④ 분리효과가 크고 빠른 장점을 가지고 있다.

그러나 단점으로는 ① 농도분극 현상이나 fouling이 있고 ② 많은 면적이 필요하며 ③ 온도 및 산, 알칼리에 대한 불안정 등이 있으나 최근에 급속히 개선되고 있다.

막분리 기술로는 gas permeation, pervaporation, 투석, 전기투석, 여과 등이 있다. 최근에 많이 이용하는 막여과 방법에는 역삼투압법(reverse osmosis : RO 또는 hyperfiltration), 한외여과법(ultrafiltration : UF), microfiltration(MF), particle filtration 등이 있다.

유용물질은 분리 후에 건조, 결정화 등을 통하여 제품화한다. 미생물의 균체 또는 제품을 건조하는 것은 회수공정의 최종단계에 속하는 경우가 많으며, 균체의 생존율(viability), 제품의 활성, 영양가 등에 대한 손상을 최소화해야 한다.

건조로 인해 수송비를 절감할 수 있고, 취급 및 포장이 용이해지며, 제품을

표 13-3 여러 가지 크로마토그래피 기법과 그 특성

방 법	효 과
Distribution	혼합되지 않는 액체상태에서의 용해도 차이에 의한 분리
Gel permeation	흡착 pore size에 따른 분리시간의 차이로 분리
Adsorption(normal phase)	non−specific 흡착, 극성의 차이에 의한 분리
Ion−exchange	정전기적 상호작용
Chromatofocusing	등전점의 차이에 의한 분리
Charge−transfer	전자 donor/acceptor의 상호 작용
Reverse phase	비극성, 소수성 표면을 만든다. 분리 시간은 용질과 표면 사이의 소수성 크기에 따라 비례한다.
Ion suppression	산과 염기는 이온화를 억제하여 중성 용매 중의 약산과 약염기의 peak를 분산시킨다.
Ionization control	완충작용이 있는 이동상(mobile phase)은 용질의 이온화 정도를 조절한다.
Non−aqueous	아세톤, acetonitrile, dimethyl sulfoxide, dichloro−methane, 메탄올 등의 용매를 사용하여 불용성 물질을 분리
Affinity	분리물의 화학반응의 특이성을 이용
Biosorption	monoclonal antibody, protein A와 같은 물질의 site recognition
Hydrophobic interaction	reversed phase와 유사하나 온화한 조건에서 실시
Dye−ligand	고분자 물질이 triazine, triphenylmethane 염색약에 대한 특이한 결합성
Metal chelate	저분자량의 금속결합 리간드가 교환되면서 matrix 결합의 착화합물 형성
Covalent(chemisorption)	가역적인 disulfide

건조상태에서 저장하기가 편리해진다. 건조효율을 높이려면 처음에는 수분함량을 줄이기 위해 원심분리 또는 여과공정을 거쳐 분무건조를 하거나 열안정성이 있는 성분은 드럼건조기에서 건조한다.

결정화는 유기산 또는 glutamic acid, lysine 등과 같은 아미노산의 회수 등에 이용된다. 예를 들어 구연산 생산의 경우 $Ca(OH)_2$를 첨가하면 비교적 불용성인 Ca−citrate로서 결정이 생긴다. 이 결정을 침전법에 의해 쉽게 회수한 다음 황산에 가하여 Ca을 황산염으로 하면 구연산이 유리되며, 활성탄에 처리하여 탈색 및 탈취 등으로 정제하여 구연산을 얻는다.

대사산물을 회수할 때의 수율은 생성물의 종류에 따라 다르며, SCP의 경우는 5%, 항생물질은 20~50%, 균체 외 효소는 10%, 균체 내 효소는 90% 정도의 손실이 일어난다.

표 13-4 분리 기술에 이용되는 용어의 약자

약자	용어	약자	용어
BPC	Bond Phase Chromatography	IEC	Ion Exchange Chromatography
CE	Capillary Electrophoresis	IEF	Iso Electric Focusing
CZE	Capillary Zone Electrophoresis	IPC	Ion Pair Chromatography
FEE	Forced Flow Electrophoresis	LLC	Liquid Liquid Chromatography
FPLC	Fast Protein Liquid Chromatography	LPLC	Low Pressure Liquid Chromatography
		LSC	Liquid Solid Chromatography
FSCE	Free Solution Capillary Electophoresis	MPLC	Medium Pressure Liquid Chromatography
GFC	Gel Filtration Chromatography	MZE	Multiphase Zone Electrophoresis
		PAGE	PolyAcrylamide Gel Electrophoresis
GPC	Gel Permeation Chromatography	PC	Paper Chromatography
		RIEF	Recycling IsoElectric Focusing
HIC	Hydrophobic Interaction Chromatography	RPC	Reverse Phase Chromatography
		SCFC	SuperCritical Fluid Chromatography
HPCE	High Performation Capillary Electrophoresis	SDC-PAGE	Sodium Dodecyl Sulphate-PAGE
		SEC	Size Exclusion Chromatography
HPLC	High Performation Liquid Chromatography	TLC	Thin Layer Chromatography

[예제 1] 빵효모로부터 alcohol dehydrogenase의 분리방법

1. Grind yeast in ball mill.
2. Mix 100g powdered dried yeast with 100 mL 0.066 *M* disodium phosphate buffer which is 0.001 *M* in ethylene diamine tetraacetate(EDTA).
3. add 200 mL buffer. stir 2 h at 37℃ and let stand at ambient 3 h.
4. Remove yeast-cell debris by centrifugation(28,000 g for 20 min) (assay).
5. Remove thermally labile protein by heating at ~55℃ for 15 min (alcohol dehydrogenase relatively heat-stable) (assay).
6. Add 50 mL acetone per 100 mL heat-treated extract (mixing at −2 to −4℃) and discard precipilate. Add additional 55 mL acetone, centrifuge(28,000g), and discard supernatant (assay).
7. Resuspend precipitate in 50 mL of 10^{-3} *M* phosphate buffer(pH 7,5)+10^{-3} *M* EDTA buffer. dialyze twice with 3 L fresh phosphate butter for 1 h.
8. At 0℃ gradually add 36 g ammonium sulfate per 100 mL dialyzed solution and centrifuge at 0℃ (assay).
9. Suspend the first $(NH_4)_2SO_4$ precipitate in 30 mL of 50% saturated $(NH_4)_2SO_4$ solution. Separate supernatant and remaining precipitate and repeat precipitate suspension with 45, 40, 35 and 25% saturated ammonium sulfate solutions (assay solutions).
10. Combine high-activity supernatants and add saturated ammonium sulfate solution until incipient turbidity is observed. Let crystallization proceed for several days at 0℃. Dissolve precipitate and recrystallize in 10 mL of 10^{-3} *M* EDTA (assay).

The results are

	Total units, $\times 10^{-4}$	Specific activity
First extract	25	4,000
After heat	30	8,000
Acetone precipitate	20	45,000
First $(NH_4)_2SO_4$ precipitate	14	70,000

	Protein in solution	
Saturation $(NH_4)_2SO_4$ %	Specific activity	Total protein. %
50	180,000	14.9
45	200,000	12,5
40	650,000	12.0
35	440,000	6.6
25	430,000	19.5

【예제 2】 dextran의 회수공정
(Biochemical engineering and biotechnolgy handbook, p 911에서)

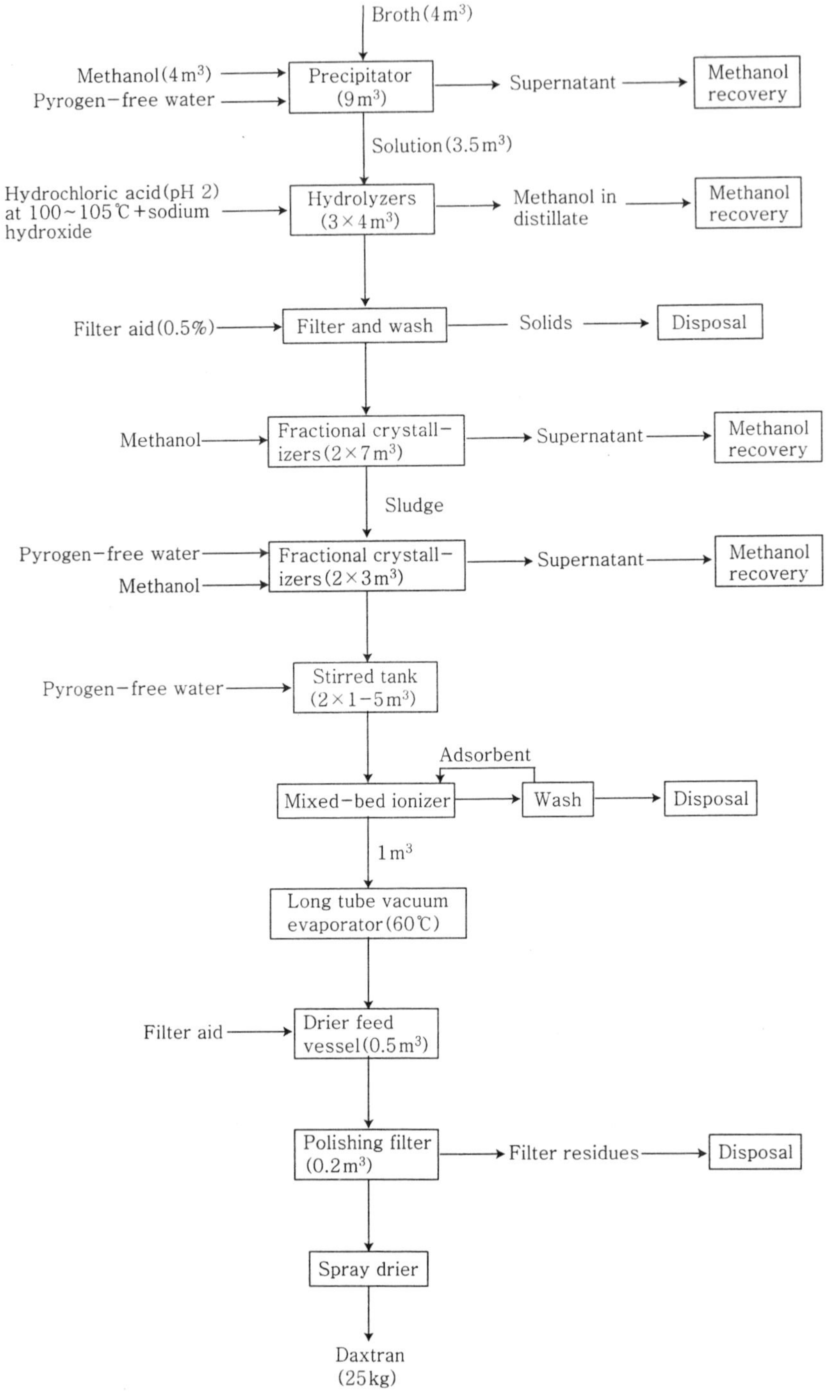

【예제 3】 Penicillin G postassium salt의 회수 공정도

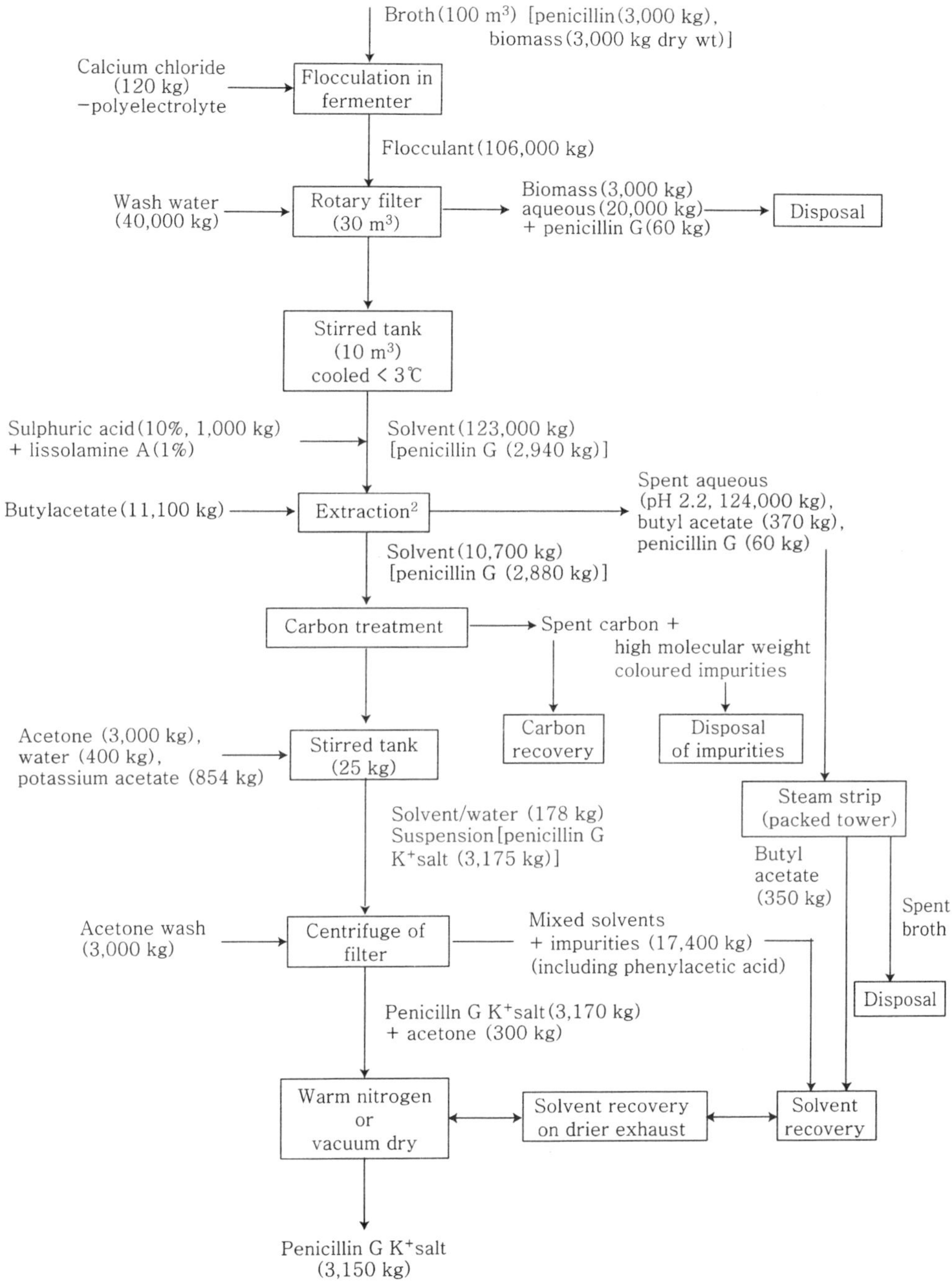

제14장 살균공정

생물공정(bioprocess)에 있어서 살균 또는 열처리가 필요한 분야는 다음과 같은 몇 가지로 나눌 수 있다. 즉,

① sauerkraut(서양식 김치), 식초, 과실주, 폐수처리와 같이 최소의 열처리를 하거나 또는 살균공정이 필요하지 않는 것
② 효소반응을 억제하거나, 미생물의 생육을 억제하고 반응조건을 조절하기 위하여 열처리를 하는 것
③ 순수배양을 하려고 할 때와 같이 배지를 일정한 수준으로 살균을 필요로 하는 것
④ 통조림 제조와 같이 거의 완전한 살균을 요구하는 것 등으로 구분된다.

일반적으로 통조림 공업에서는 10^{-12} 수준이 되도록 가열처리하는데 비하여 발효공업에 있어서 배지의 살균 등은 잔존하는 미생물의 수가 10^{-2} 수준을 유지하면 된다.

목적하는 미생물을 순수배양하기 위해서는 전배양(前培養, preculture)을 포함하여 발효조 및 배지의 살균, 그리고 발효 중에 일어나는 모든 공정을 가능한 한 무균적으로 처리해야 한다. 또한, 발효가 이루어지는 동안 배지의 살균상태, 발효조 내에 주입하는 공기와 밖으로 나오는 배출가스의 살균과 오염여부, 외부로부터의 오염여부 등이 완전한가를 확인할 필요가 있다.

소규모의 살균 또는 제균에서는 여과, 원심분리, 살균제의 처리, radiation(X-ray, r-ray, UV, 초음파) 등 사용하는 목적에 따라 이용되기도 하나, 공업적으로는 스팀을 사용하여 연속적인 조작에 의해 이루어지는 것이 보통이다.

현재 대부분의 발효공정의 살균은 회분식으로 이루어지고 있으나, 연속살균법을 이용하면 ① 배지를 짧은 시간 내에 열에 노출시킴으로써 열에 약한 배지성분의 파괴를 줄이고 ② 작업성을 높일 수 있으며 ③ 조절이 용이하여 자동화가 가능한 장점을 가지고 있다.

1. 미생물의 가열살균이론

열처리는 배지성분의 변화나 물리적인 변화를 의미하는 것이 아니라 미생물의 생존능력을 파괴하는 것으로서, 일정온도에서 열에 의한 미생물의 사멸속도는 단분자 반응속도에 의존한다.

$$\frac{dN}{dt} = -kN \tag{14.1}$$

여기에서

k : 반응속도상수(min^{-1})

N : 미생물의 수

t : 살균시간

식 (14.1)을 N_0에서 N까지 적분하면

$$N = N_0 e^{-kt} \tag{14.2}$$

N_0 : 초기 미생물의 수

$$kt = \ln\frac{N_0}{N} \quad 또는 \quad \ln\frac{N}{N_0} = -kt \tag{14.3}$$

또한,

$$N/N_0 = 1/10 = e^{-kD} \tag{14.4}$$

여기에서 D는 decimal reduction time으로 미생물의 수가 1/10로 감소하는데 소요되는 시간을 말한다. 따라서

$$D = \ln 10/k = 2.303/k \tag{14.5}$$

$\ln \frac{N_0}{N}$는 불활성화 인자(inactivation factor)이며, 배지의 살균 정도를 나타내는 값으로 이를 design criterion(∇)로 표시한다. 미생물 포자는 영양세포(vegetative cell)에 비해 열저항성이 강하다. 즉, 포자는 영양세포에 비해 k값이 매우 작다는 것을 뜻한다.

이상적인 미생물의 사멸곡선은 그림 14 - 1에서 보는 바와 같다. 그러나 실제에 있어서는 그림 14 - 2에서 보는 바와 같이 *E. coil*의 영양세포는 직선적인 감소를 나타내지만 *Bacillus stearothermophilus*의 포자 살균에서 보듯이 직선적인 감소가 이루어지는 것만은 아니다.

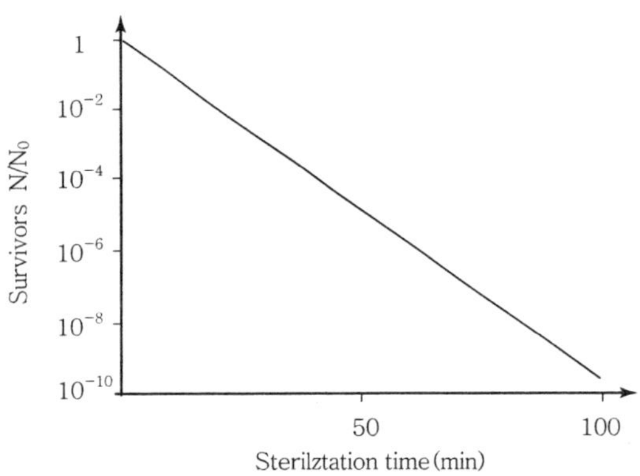

그림 14-1 세균의 이론적인 사멸곡선

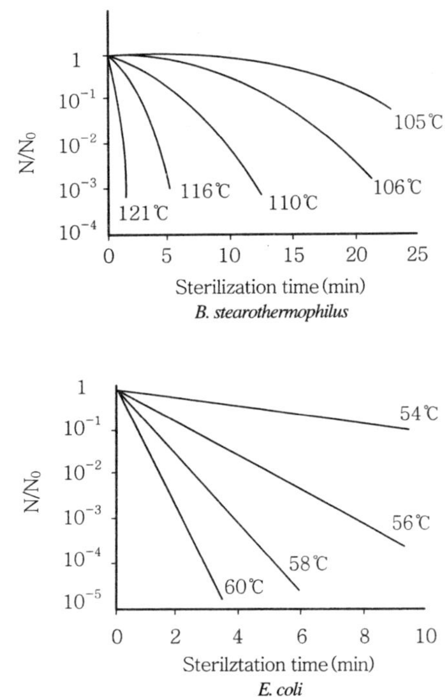

그림 14-2 *B. stearothermophilus*와 *E. coli*의 사멸곡선(Aiba 등, 1965)

반응속도 상수를 Arrhenius식으로 나타내면

$$k = e^{-E/RT}$$

또는 $$\frac{d\ln k}{dT} = \frac{E}{RT^2} \qquad (14.6)$$

여기에서

E : 활성화 에너지

R : 기체상수

k : 반응속도 상수

T : 온도

*B. stearothermophilus*의 온도, k와 design criterion의 관계는 표 14-1과 같다.

표 14-1 *B. stearothermophilus*의 온도, k와 design criterion의 관계

온도(℃)	k(min^{-1})	∇
100	0.019	–
115	0.666	3.154
118	1.307	6.341
121	2.538	12.549
130	17.524	90.591
140	135.9	
150	956.1	

미생물의 사멸속도를 실험적으로 구하기 위해서는 다음과 같은 가정하에서 이루어진다. 즉,

① 균체 또는 포자 현탁액은 뭉쳐 있지 않은 유리상태이며
② 실험조건에서 가열 또는 냉각에 소요되는 시간이 매우 짧고
③ 현탁용액의 조성과 pH값이 미생물의 생육에 저해되지 않아야 한다.

실험에 이용되는 균체가 응집되어 있으면 단세포일 때에 비하여 열저항이 커지므로 여과시켜 응집된 균체를 제거한다. 비교적 낮은 온도에서 실험적으로 미생물의 사멸속도를 구할 때는 그림 14-3과 같은 장치에 의해 구할 수 있다. 모세관에 균체 현탁액을 밀봉하고 flipper를 사용하여 가열 및 냉각 시에 온도조절을 신속히 할 수 있도록 한다. 정해진 시간 동안 가열처리한 다음 균체 또는 포자 현탁액을 평판배양(plate culture)하여 생균수를 측정하여

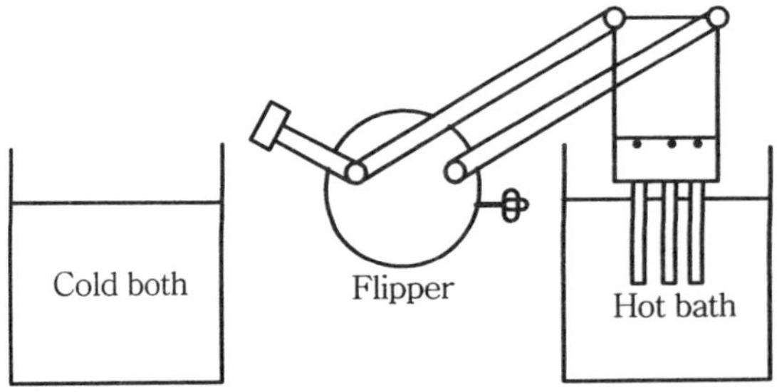

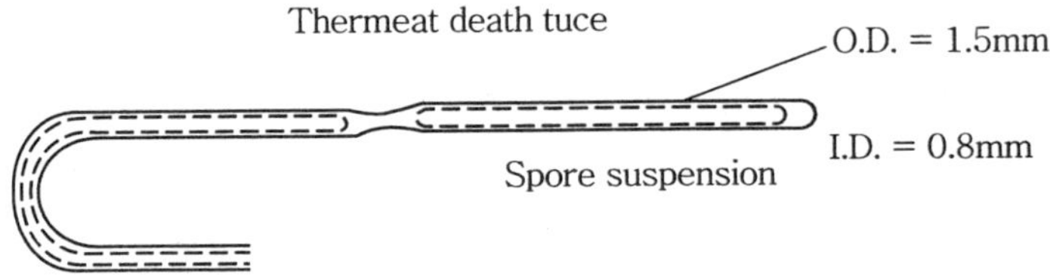

그림 14－3 비교적 낮은 온도에서 미생물의 사멸속도를 구하는 실험장치

표 14 - 2와 같은 결과를 얻을 수 있다. 이 결과를 식 (14.3)에 적용하면, 각각의 온도에 대한 반응속도 상수 k를 구할 수 있고(표 14 - 1), Arrhenius식 (14.6)에 적용시켜 활성화 에너지를 구할 수도 있다. 이와 같이 살균시간에 따른 시험균주의 살균특성을 결정한다.

실험적으로 구한 몇 종류 균주포자에 대한 반응속도 상수(k)와 D값은 표 14 - 2와 같다. 세균포자의 반응속도 상수는 121℃에서 1 min^{-1} 수준이며, 영양세포의 경우는 이 온도에서 즉시 생존능력을 잃어버려 정확한 값을 구하기 어렵다. *E. coil*의 경우 k값은 121℃에서 10^{13} min^{-1} 정도이다.

미생물의 살균시간을 결정하는 데 살균곡선을 이용하여 구하는 경우가 많다. 즉, 초기의 생균수를 N_0라고 하고, 이를 주어진 온도에서 일정시간(t) 동안 가열하였을 때 미생물이 사멸되는 확률을 P라고 한다면

$$P = (1 - e^{-kt})^{N_0} \tag{14.7}$$

이며, 적어도 포자 한 개가 생존할 수 있는 확률은

$$1 - P = 1 - (1 - e^{-kt})^{N_0} \tag{14.8}$$

가 된다. 그리고 $N_0>>1$이므로

$$1 - P = 1 - e^{-N} \quad (14.9)$$

여기에서 $N = o_0\ e - kt$이다. (14.10)

표 14-2 균주에 따른 k와 D값(121℃)

균 주	k(분$^{-1}$)	D(분)
Bacillus subtilis FS 5230	3.8 − 2.6~	0.6 − 0.9~
B. stearothermophilus FS 1518	~0.77~	~3.0~
B. stearothermophilus FS 617	~2.9~	~0.8~
Clostridium sporogenes PA 3679	~1.8~	~1.3~

그림 14-4는 1−P와 kt와의 관계를 나타낸 살균곡선이며, 초기 균체농도에 따라 나타내었다. 지표미생물인 *B. stearothermophilus*의 k값과 생존율을 결정한다면 살균곡선으로부터 살균시간을 산출할 수 있다.

예를 들어 초기 생균수가 10^4배인 배지를 10^{-3} 수준으로 살균한다고 가정하자. 그림 14-4에서 10^4 곡선과 생존확률(1−P)의 10^{-3}과 만나는 점에서 밑으로 내려와 kt값을 읽으면 약 16임을 알 수 있다. 만일 초기 균체농도가 10^4/ml인 배지 1,000 ml를 살균한다고 하면 초기 생균수가 10^7(10^4/ml × 1,000 ml = 10^7)이 되므로 kt값은 약 23으로 증가한다. 따라서 초기 생균수를 알고, 살균온도에서 지표미생물의 k값을 알면 살균시간(t)을 결정할 수 있다.

참고로 통조림 제조와 같은 식품공업에 있어서 가열살균시간 결정은 일차적으로 *Clostridium botulinum*의 농도를 어느 정도로까지 줄일 것인가 하는 것이 중요한 문제가 된다. 12 D−개념(12 D−concept)에 따르면 체적 1 cm^3 내에 들어있을 수 있는 *C. botulinum*의 최대 농도는 10^{12} 정도이며, 이 농도를 10^0으로 감소시키면 *C. botulinum*을 지표로 한 공업적 살균은 그 목적이 달성된 것으로 인정된다. 그러나 *C. botulinum*보다 내열성이 큰 미생물에 의한 변패방지를 위해서는 식품별로 문제가 되는 지표 미생물을 결정하고, 그 미생물을 필요한 정도까지 사멸시켜야 한다.

일반적으로 약산성 통조림 식품에서는 평면산패(flat sour)을 일으키는 *Bacillus stearothermophilus*를 가열살균의 지표미생물로 이용한다. 따라서 이를 위하여

TDP(thermal death point)와 TDT(thermal death time) 시험을 실시하고, 살균곡선을 이용하여 살균시간을 산출한다.

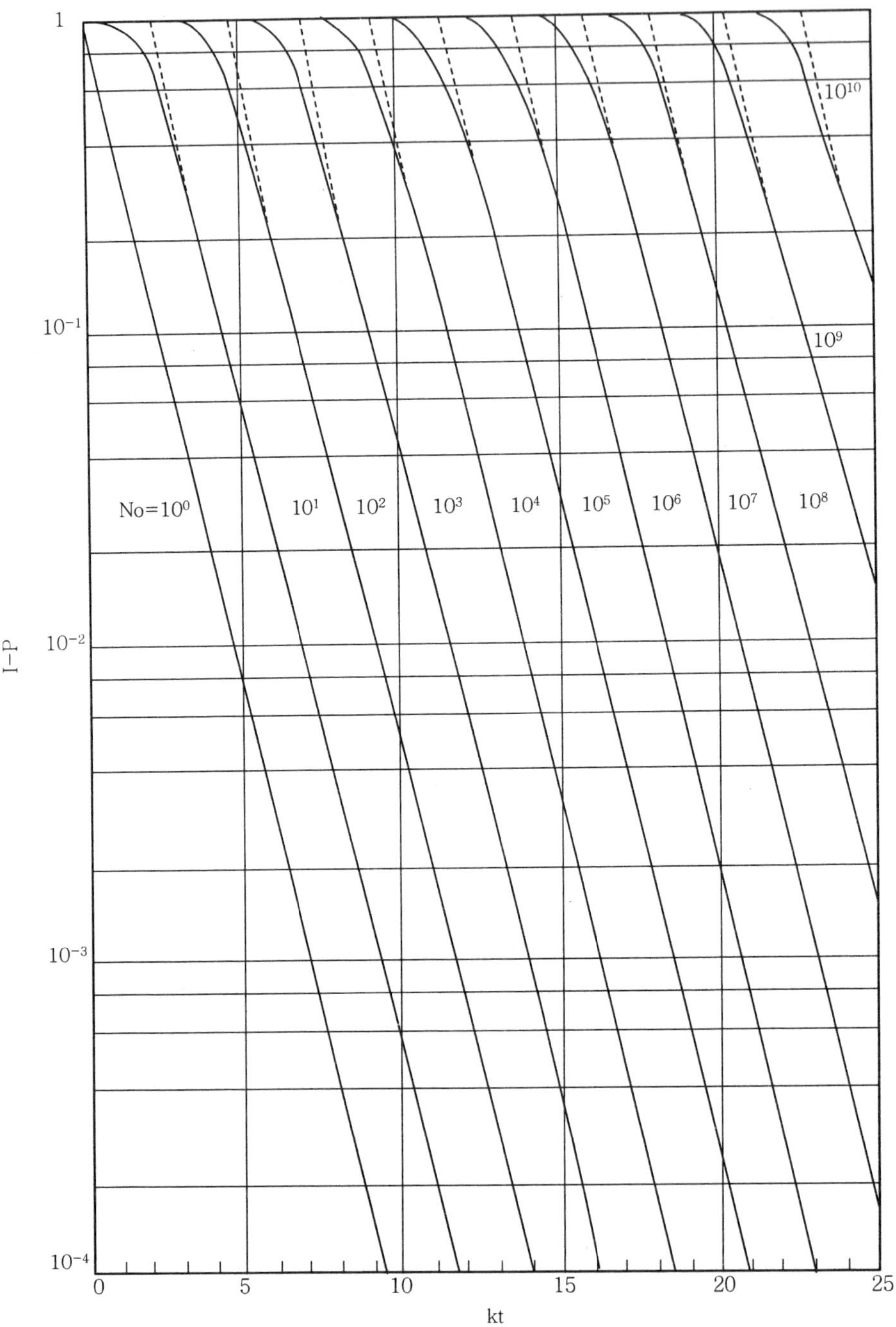

그림 14-4 살균곡선

2. 배지의 살균

회분식 살균에 있어서는 여러 가지 장치에 의해 이루어진다. 열손실을 무시한다면 살균온도와 시간과의 관계는 다음과 같은 식에 의해 결정한다.

$$\frac{dN}{dt} = -kN = -a'e^{-E/RT}N \quad (14.11)$$

이며, 이를 적분하면

$$\Delta total = \ln\frac{N_0}{N} = \int_0^t kdt = a'\int_0^t e^{-E/RT}\cdot dt \quad (14.12)$$

따라서 살균시간의 결정은 가열시간, 가열 후 유지시간(holding time), 냉각시간 중에 일어나는 미생물 살균효과를 합한 값이며, 다음과 같이 나타낼 수 있다.

$$\Delta total = \ln\frac{N_0}{N} = \Delta heating + \Delta holding + \Delta cooling \quad (14.13)$$

$$\Delta heating = \ln\frac{N_0}{N_1} = \int_0^{t_1} kdt = a'\int_0^{t_1} e^{-E/RT}\cdot dt \quad (14.14)$$

$$\Delta holding = \ln\frac{N_1}{N_2} = \int_0^{t_2} kdt = a'\int_0^{t_2} e^{-E/RT}\cdot dt \quad (14.15)$$

$$\Delta cooling = \ln\frac{N_2}{N} = \int_0^{t_3} kdt = a'\int_0^{t_3} e^{-E/RT}\cdot dt \quad (14.16)$$

여기에서 N : 살균수준(살균 후의 잔존 미생물수)
N_0 : 살균 전에 오염된 미생물수
N_1 : 가열시간 t_1에서의 미생물수
N_2 : 가열시간 t_2에서의 미생물수
a' : 실험적 상수

각종 미생물의 살균온도와 살균시간은 표 14-3과 같다. 영양세포는 낮은 온도에서 살균이 이루어지나 포자의 경우는 높은 온도에서 살균이 필요함을 알 수 있다. 실험실규모에서는 포자의 멸균을 위하여 간헐살균법을 이용하기도 한다.

표 14-3 각종 미생물의 살균온도와 시간

미생물	살균온도(℃)	살균시간(분)
영양세포	60	5～10
사상균 또는 효모의 포자	80	15
*Streptomyces*의 포자	60～80	5～10
일반적인 세균포자	121	5
*B. stearothermophilus*의 포자	121	15

회분식 살균보다는 작업성과 효율을 높이기 위하여 연속살균을 실시한다. 배지의 살균은 우유 등 액체식품의 살균과 유사한 형태이며, 대표적인 연속살균의 예는 그림 14-5에서 보는 바와 같이 두 가지 형태로 구분된다.

(a)는 주입식 연속살균형을 나타내며, 스팀을 배지에 직접 주입함으로써 순간적으로 살균온도까지 상승시킨다. 가열온도를 유지하는 시간은 유지부(holding

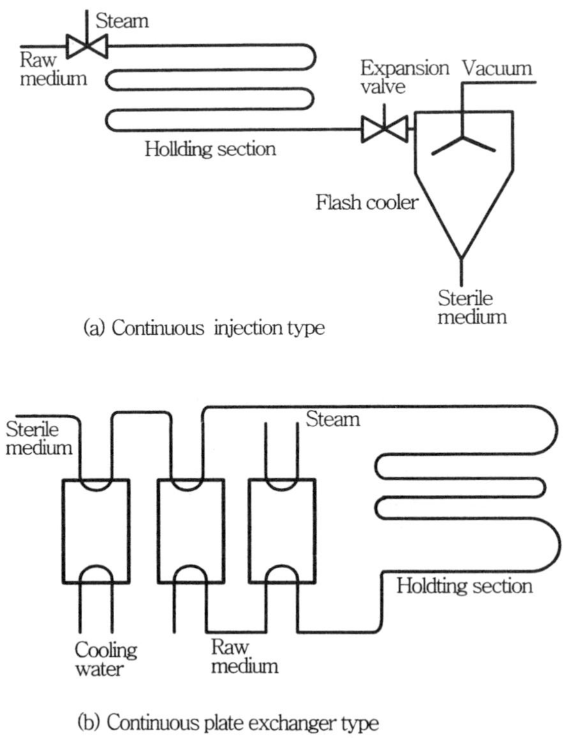

그림 14-5 미생물 배지의 연속살균

section)의 파이프 길이를 조절함으로써 이루어진다. 살균된 배지는 진공관(vecuum chamber)에서 팽창밸브를 통하여 분산시킴으로써 순간적으로 냉각시킨다. 이와 같이 고온에 대한 노출시간을 최소화함으로써 열에 의한 배지중의 성분변화를 거의 주지 않고도 140℃까지 상승시킬 수 있다.

(b) 는 판상식 열교환기에 의한 방법이다. 스팀으로 가열된 플레이트 사이로 배지를 통과시킴으로써 배지온도를 상승시키고, 일정시간 유지시킨 다음 다른 열교환 부분을 통과시켜 냉각하는 방법이다. 연속살균은 회분식 살균에 비하여 노동력이 적게 들고, 살균이 균질하게 이루어지며, 발효조의 설계가 간편한 장점이 있다. 그러나 결점으로는 가열매체인 스팀을 배지에 주입함으로써 희석되거나, 열교환기로부터 오염물질이 혼입될 우려가 있으며, 경우에 따라 거품이 발생할 수 있다.

이와 같은 두 가지 형태의 연속살균장치에 따른 가열시간과 배지 온도의 관계는 그림 14 - 6에서 보는 바와 같다.

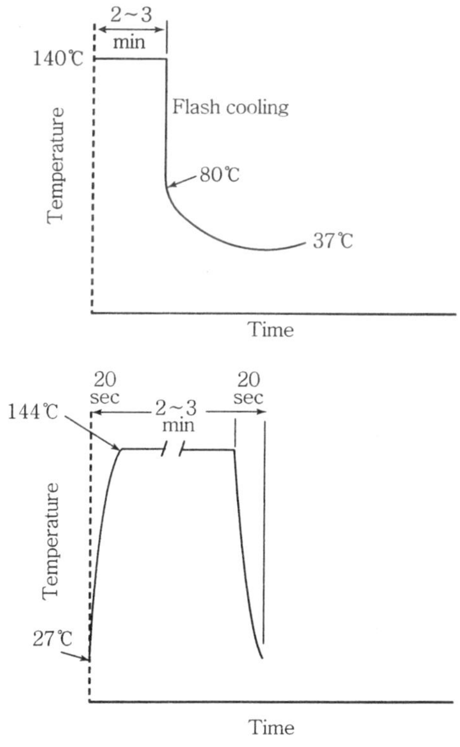

steam injection type(위), plate-exchange sterilizer(아래)

그림 14-6 연속살균기에서의 가열시간에 따른 온도의 변화

3. 공기의 살균

대부분 발효공정에 있어서는 호기성균을 배양하기 때문에 발효 중에 많은 양(0.5～1.0 vvm ; volume/volume/min)의 공기를 발효조 내에 공급해 주어야 한다. 예를 들면 50 m^3의 발효조를 사용한다면 한 시간에 3,000 m^3의 공기를 공급해 주어야 한다.

공기 중에 존재하는 미생물의 수는 공장의 위치, 공기의 속도, 공기에 대한 전처리 등에 따라 크게 차이가 난다. 일반적으로 외기 중에는 10～100,000 입자/m^3(5～2,000 미생물/m^3)가 있으며, 이 중에 약 50%는 곰팡이 포자이며 40%는 그람음성 세균으로 알려져 있다.

실험실 규모의 시험관 또는 플라스크 배양에 있어서는 면전(cotton plug)으로 제균한 공기를 공급해 줄 수 있으며, 소규모의 발효조(pilot－plant fermentor)에는 섬유여과기(fibrous filter)의 사용에도 큰 문제가 되지 않는다. 그러나 공장규모에서는 여러 가지 면을 고려하여 이에 알맞은 공기 살균장치를 사용해야 한다.

공업적 이용에 있어서는 오랫동안 가열살균하는 방법이 이용되어 왔으나 에너지 비용이 많이 드는 결점으로 인하여 최근에는 기계적인 여과방법을 주로 사용하고 있다. 가열장치에 의해 살균된 공기를 공급할 때는 그림 14-7에서 보는 바와 같은 장치로 218℃에서 24초간 공기를 열처리한 다음 발효조로 보내준다.

최근에 사용되고 있는 cartridge 여과장치는 celluose ester, polysulfone 또는 nylon으로 되어 있으며, 내부는 calcium titanium oxide로 되어 있는 합성막(synthetic membrane)으로 이루어져 있다(그림 14-8).

그 외로 UV(227～329 nm)에 의해 공기 중에 있는 미생물을 부분적으로 살균함으로써 공기를 정화시킬 수 있다. 또한, 이론적으로는 sonic waves, cathode ray, r－ray 등도 이용할 수 있으나 설비비와 살균효과 등에 문제점이 있어서 실용화되지 않았다.

시멘트 또는 황산제조공업에서 사용하는 corona discharge 방법도 발효공업에 응용이 가능할 것으로 보이지만 실제적인 이용에 관한 연구는 이루어지지 않았다.

Phenol, ethylene oxide, 중금속 이온의 염류 등의 살균제(germicide)를 분무하여 공기를 살균하는 방법도 있으나 작업 전에 분무한 살균제를 제거하는 방법이 어려운 문제점이 있다.

기계적 여과법(mechanical filtration)의 도입은 2차대전 이전에는 솜, glass filter를 이용하여 왔으나, 최근에는 PVA(polyvinyl alcohol)를 사용하는 방법을 이용하고 있다.

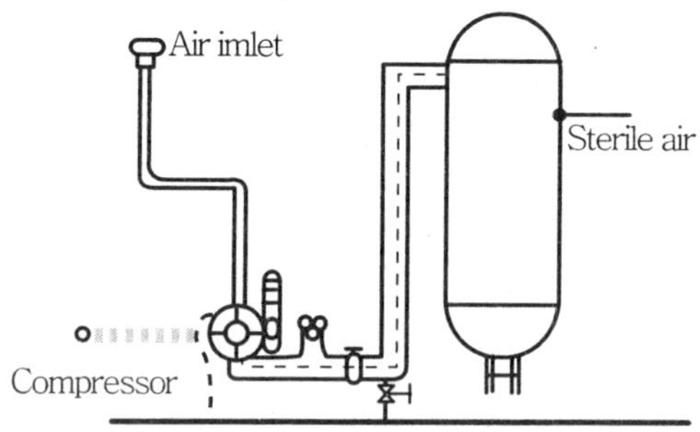

그림 14-7 공기의 가열살균장치

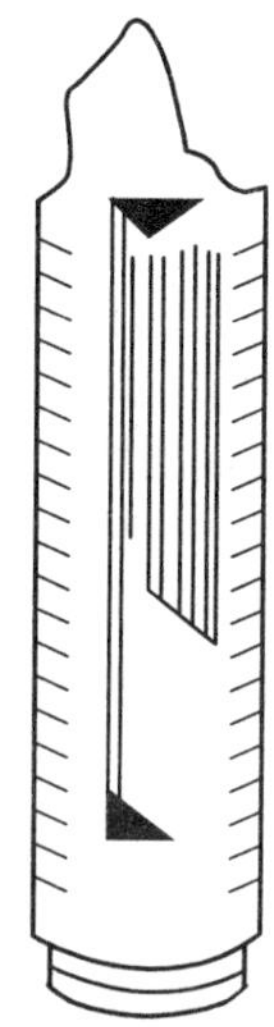

그림 14-8 Cartridge 여과장치

glass fiber로 여과기를 통과하는 공기흐름의 모형은 그림 14-9와 같으며, 공기 중의 오염물질이 제거되는 원리를 보여주고 있다. 발효조를 중심으로 한 공기의 여과시설은 그림 14-10에서 보는 바와 같다.

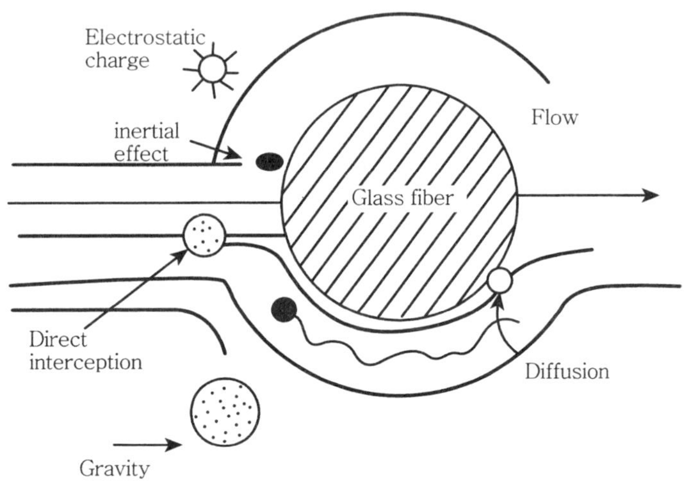

그림 14-9 Glass fiber를 통과하는 공기의 모형

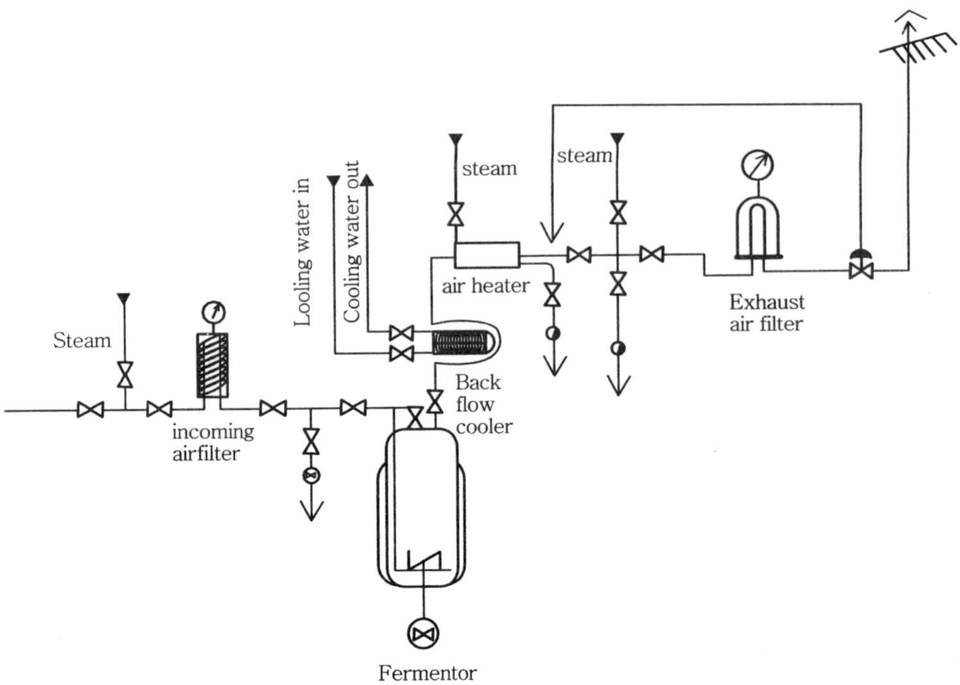

그림 14-10 발효중의 공기여과시설

APPENDIX

부록

1 기호, 단위, 차원

a 가속도 $m \cdot s^{-2}$; $[L][\theta]^{-2}$
두께 m ; $[L]$

a_w 수분 활성도 ; 무차원

A 면적 m^2 ; $[L]^2$

(Bi) Biot 수 $h_s L/k$; 무차원

c 비열 용량 $J \cdot kg^{-1}℃$; $[F][L][M]^{-1}[T]^{-1}$
c_p : 정압에서 비열 용량, c_s : 습열

C 열 컨덕턴스 $J \cdot m^{-2}s^{-1}℃^{-1}$; $[F][L]^{-1}[\theta]^{-1}[T]^{-1}$
계수-배출, 항력, 기하학적 ; 무차원

D 직경 m ; $[L]$
확산도 $m^2 \cdot s^{-1}$; $[L]^2[\theta]^{-1}$

e 작은 온도 차이 ℃ ; $[T]$
조활도 m ; $[L]$

E 에너지 J ; $[F][L]$
E_c : 펌프 에너지, E_f : 마찰 에너지, E_h : 열 에너지
E_k : 운동 에너지, E_p : 위치 에너지, E_r : 압력 에너지

f 마찰계수 ; 무차원

f_c 파쇄 강도 $kg \cdot m^{-1}s^{-2}$; $[M][L]^{-1}[\theta]^{-2}$

F 힘 N ; $[F]$
F_c : 원심력, F_d : 항력, F_e : 외력, F_f : 마찰력
F_g : 진한 원료액에서 액체와 고체의 중력비 ; 121℃에서 살균 시 무차원 시간 ; $[\theta]$

(Fo) Fourier 수($k\theta/c\rho L^2$) ; 무차원

(Fr) Froude 수(DN^2/g) ; 무차원

g 중력가속도 $m \cdot s^{-2}$; $[L][\theta]^2$

G 유체의 질량 유속 $kg \cdot m^{-2}s^{-1}$; $[M][L]^{-2}[\theta]^{-1}$

(Gr) Grashof 수 ($D^3\rho^2\beta g\Delta t/\mu^2$) ; 무차원

h 열전달 계수 $J \cdot m^{-2}s^{-1}℃^{-1}$; $[F][L]^{-1}[\theta]^{-1}[T]^{-1}$
h_c : 대류, h_h : 수평면에서 응축증기, h_r : 복사, h_s : 표면, h_u : 수직면에서 응축증기

H 엔탈피 J ; $[F][L]$

유체의 두 m ; $[L]$
헨리의 법칙 상수, atm · mole^{-1}, kPa · mole^{-1} ; $[F][L]^{-2}$

k 비례상수
마찰 손실계수 ; 무차원
열전도도 J · m^{-1}s^{-1}℃$^{-1}$; $[F][\theta]^{-1}[T]^{-1}$
물질 전달계수

k_g 기체 물질 전달계수 s · m^{-1} ; $[\theta][L]^{-1}$

k_g' 습도차에 따른 물질 전달계수 kg · m^{-2}s^{-1} ; $[M][L]^{-2}[\theta]^{-1}$

k_l 액체 물질 전달계수 kg · m^{-2}s^{-1} ; $[M][L]^{-2}[\theta]^{-1}$

K 상수, K', K'' 등
물질 전달계수 kg · m^{-2}h^{-1} ; $[M][L]^{-2}[\theta]^{-1}$
K_χ 결정면

K_K Kick 상수 m^{3}kg^{-1} ; $[L]^3[M]^{-1}$

K_R Rittinger 상수 m^{4}kg^{-1} ; $[L]^4[M]^{-1}$

L 하층류의 유속 kg · h^{-1}; $[M][\theta]^{-1}$
Fourier와 Biot 수에서 슬래브의 반 두께 m ; $[L]$
길이 m ; $[L]$

(Le) Lewis 수 $h_c/k_g' c_p$; 무차원

m 질량 kg ; $[M]$

M 분자량 ; 무차원
몰랄 농도 kg · mole · m^{-3} ; $[M][L]^{-3}$

N 시료 중 입자의 수 ; 회전 빈도, 회전 수/분 ; $[\theta]^{-1}$

(Nu) Nusselt 수 h_cD/k ; 무차원

p 부분압 p_a ; $[F][L]^{-2}$
p_a : 공기 중 증기의 부분압, p_s : 포화 부분압 ; 무차원

P 냉각식에서 상수 ; 무차원 ; 힘 N · m · s^{-1} ; $[F][L][\theta]^{-1}$
압력 Pa ; $[F][L]^{-2}$

P_{atm} 표면의 압력 Pa ; $[F][L]^{-2}$

(Po) Power 수 $P/D^5N^3\rho$; 무차원

(Pr) Prandtl 수 $c_p\mu/k$; 무차원

q 열흐름 속도 J · s^{-1} ; $[F][L][\theta]^{-1}$
유체흐름 속도 m^{3}s^{-1} ; $[L]^3[\theta]^{-1}$

Q 열량 J ; $[F][L]$

r 반지름 m ; $[L]$

R 냉각식의 상수 ; 무차원

기체상수 8.314kJ · $mole^{-1}K^{-1}$; $[L]^2[\theta]^{-2}[T]^{-1}$

(Re) Reynold 수 $Dv\rho/\mu$ 및 $D^2N\rho/\mu$; 무차원

s 거리 m ; $[L]$

S_c Schmidt 수 $\mu/\rho D$; 무차원

S_h Sherwood 수 kd/D ; 무차원

SG 비중 ; 무차원

t 온도 ℃ ; $[T]$

t_a : 공기, t_s : 표면, t_c : 중심

T 절대온도 K ; $[T]$

T_{av} : 평균 온도, T_m : 복사 시 평균 온도

U 총괄 전열계수 J · $m^{-2}s^{-1}℃^{-1}$; $[F][L]^{-1}[\theta]^{-1}[T]^{-1}$

v 속도 m · s^{-1}; $[L][\theta]^{-1}$

V 상류층의 유속 kgh^{-1} ; $[M][\theta]^{-1}$

부피 m^3 ; $[L]^3$

체적 유량 m^3s^{-1}; $[L]^3[\theta]^{-1}$

w 단위부피당 고형물의 함량 kg · m^{-3} ; $[M][L]^{-3}$

무게 kg ; $[L]$

W 일 N · m ; $[F][L]$

χ 하층류의 농도 kg · m^{-3} ; $[M][L]^{-3}$

거리 m ; $[L]$

분율(몰 또는 무게) ; 무차원

$\bar{\chi}$ 산술 평균

X 수분 함량 ; 무차원

X_c : 임계 수분 함량, X_f : 최종 수분 함량

슬래브의 두께 m ; $[L]$

y 상층류의 농도 kg · m^{-3} ; $[M][L]^{-3}$

분율(몰 또는 무게) ; 무차원

Y 절대습도 ; 무차원

z 높이 m ; $[L]$

열사멸 시간의 10배 변화 시 온도 차이 ℃ ; $[T]$

Z 유체의 깊이 m ; $[L]$

a 흡수도 ; 무차원

β 열팽창 계수 m · $m^{-1}℃$; $[T]^{-1}$

β_1, β_2 냉각식의 길이 비율 ; 무차원

δ 확산층의 두께 m ; $[L]$

Δ 차이

Δt_m 대수 평균 온도 차이 ℃ ; $[T]$

ε 복사율 ; 무차원

조활도 ; 무차원

η 커플링의 효율

θ 시간 h, 초 s ; $[\theta]$

θ_f 냉동 시간

λ 잠열 J · kg^{-1} ; $[F][L][M]^{-1}$

μ 점도 kg · $s^{-1}m^{-1}$; $[M][L]^{-1}[\theta]^{-1}$

Π 전체 압력 Pa ; $[M][L]^{-1}[\theta]^{-2}$

삼투압 kPa ; $[F][L]^{-2}$

ρ 밀도 kg · m^{-3} ; $[M][L]^{-3}$

2 기본적인 환산계수

Acceleration of gravity

$g = 9.80665\ m/s^2$

$g = 980.665\ cm/s^2$

$g = 32.174\ ft/s^2$

$1\ ft/s^2 = 0.304799\ m/s^2$

Area

$1\ acre = 4.046856 \times 10^3\ m^2$

$1\ ft^2 = 0.0929\ m^2$

$1\ in^2 = 6.4516 \times 10^{-4}\ m^2$

Density

$1\ lb_m/ft^3 = 16.0185\ kg/m^3$

$1\ lb_m/gal = 1.198264 \times 10^2\ kg/m^3$

Density of dry air at 0℃, 760 mm Hg = 1.2929 g/liter

1 kg mol ideal gas at 0℃, 760 mm Hg = $22.414\ m^3$

Diffusivity

$1\ ft^2/hr = 2.581 \times 10^{-5}\ m^2/s$

Energy

1 Btu = 1055 J = 1.055 kJ

1 Btu = 252.16 cal

1 kcal = 4.184 kJ

$1\ J = 1\ N \cdot m = 1\ kg \cdot m^2/s^2$

$1\ kW \cdot h = 3.6 \times 10^3\ kJ$

Enthalpy

$1\ Btu/lb_m = 2.3258\ kJ/kg$

Force

$1\ lb_f = 4.4482\ N$

$1\ N = 1\ kg \cdot m/s^2$

$1\ dyne = 1\ g \cdot cm/s^2 = 10^{-5}\ kg \cdot m/s^2$

Heat flow

1 Btu/hr = 0.29307 W

1 Btu/min = 17.58 W

$1\ kJ/hr = 2.778 \times 10^{-4}\ kW$

1 J/s = 1 W

Heat flux

1 Btu/hr · ft^2 = 3.1546 W/ m^2

Heat transfer coefficient

1 Btu/hr · ft^2 · °F = 5.6783 W/ m^2 · K

1 Btu/hr · ft^2 · °F = 1.3571 × 10^{-4} cal/s · cm^2 · ℃

Length

1 ft = 0.3048 m

1 micron = 10^{-6} m = 1 ㎛

1 Å = 10^{-10} m

1 in = 2.54 × 10^{-2} m

1 mile = 1.609344 × 10^3 m

Mass

1 carat = 2 × 10^{-4} kg

1 lb_m = 0.45359 kg

1 lb_m = 16 oz = 7000 grains

1 ton(metric) = 1000 kg8c05

Mass transfer coefficient

1 lb mole/hr · ft^2 · mole fraction = 1.3562 × 10^{-3} kg mol/s · m^2 · mol fraction

Power

1 hp = 0.7457 kW

1 W = 14.34 cal/min

1 hp = 550 ft · lb_f/s

1 Btu/hr = 0.29307 W

1 hp = 0.7068 Btu/s

1 J/s = 1 W

Pressure

1 psia = 6.895 kPa

1 psia = 6.895 × 10^3 N/m^2

1 bar = 1 × 10^5 Pa = 1 × 10^5 N/m^2

1 Pa = 1 N/m^2

1 mm Hg(0℃) = 1.333224 × 10^2 N/m^2

1 atm = 29.921 in. Hg at 0℃

1 atm = 33.90 ft H_2O at 4℃

1 atm = 14.696 psia = 1.01325 × 10^5 N/m^2

1 atm = 1.01325 bars

1 atm = 760 mm Hg at 0℃ = 1.01325 × 10^5 Pa

$1\ lb_f/ft^2 = 4.788 \times 10^2\ dyne/cm^2 = 47.88\ N/m^2$

Specific heat

$1\ Btu/lb_m \cdot {}^\circ F = 4.1865\ J/g \cdot K$

$1\ Btu/lb_m \cdot {}^\circ F = 1\ cal/g \cdot {}^\circ C$

Temperature

$T_{^\circ F} = T_{^\circ C} \times 1.8 + 3.2$

$T_{^\circ C} = (T_{^\circ F} - 32)/1.8$

Thermal conductivity

$1\ Btu/hr \cdot ft \cdot {}^\circ F = 1.731\ W/m \cdot K$

$1\ Btu \cdot in/ft^2 \cdot hr \cdot {}^\circ F = 1.442279 \times 10^{-2}\ W/m \cdot K$

Viscosity

$1\ lb_m/ft \cdot hr = 0.4134\ cp$

$1\ lb_m/ft \cdot s = 1488.16\ cp$

$1\ cp = 10^{-2}\ g/cm \cdot s = 10^{-2}\ poise$

$1\ cp = 10^{-3}\ Pa \cdot s = 10^{-3}\ kg/m \cdot s = 10^{-3}\ N \cdot s/m^2$

$1\ lb_f\ s/ft^2 = 4.7879 \times 10^4\ cp$

$1\ N \cdot s/m^2 = 1\ Pa \cdot s$

$1\ kg/m \cdot s = 1\ Pa \cdot s$

Volume

$1\ ft^3 = 0.02832\ m^3$

$1\ U.S.\ gal = 3.785 \times 10^{-3}\ m^3$

$1\ liter = 1000\ cm^3$

$1\ m^3 = 1000\ liter$

1 U.S. gal = 4 qt

$1\ ft^3 = 7.481\ U.S.\ gal$

1 British gal = 1.20094 U.S. gal

Work

$1\ hp \cdot hr = 0.7457\ kW \cdot hr$

$1\ hp \cdot hr = 2544.5\ Btu$

$1\ ft \cdot lb_f = 1.35582\ J$

3 물의 물리적 성질

물의 잠열(0℃)

용융열 = 1436.3 cal/g mol
= 79.724 cal/g
= 2585.3 btu/lb mol
= 6013.4 kJ/kg mol

기화열(25℃)

압력(mm Hg)	잠 열
23.75	44,020 kJ/kg mol, 10.514 kcal/g mol, 18,925 btu/lb mol
760	44,045 kJ/kg mol, 10.520 kcal/g mol, 18,936 btu/lb mol

Source : National Bureau of Standards, *Circular 500.*

O.A. Hougen, K.M. Watson and R.A. Ragatz, *Chemical Process Principles*, Part 1, 2nd ed. New York : John Wiley & Sons, Inc., 1954.

물의 증기압

온 도		증기압		온 도		증기압	
K	℃	kPa	mm Hg	K	℃	kPa	mm Hg
237.15	0	0.611	4.58	323.15	50	12.333	92.51
283.15	10	1.228	9.21	333.15	60	19.92	149.4
293.15	20	2.338	17.54	343.15	70	31.16	233.7
298.15	25	3.168	23.76	353.15	80	47.34	355.1
303.15	30	4.242	31.82	363.15	90	70.10	525.8
313.15	40	7.375	55.32	373.15	100	101.325	760.0

Source : Physikalish-technishe, Reichsansalt, Holborn, Scheel and Henning, *Warmetabellen.* Brunswick, Germany : Friedrich Viewig and Son, 1909.

물의 밀도

온 도		밀 도		온 도		밀 도	
K	℃	g/cm^3	kg/m^3	K	℃	g/cm^3	kg/m^3
273.15	0	0.99987	999.87	323.15	50	0.98807	988.07
277.15	4	1.00000	1000.00	333.15	60	0.98324	983.24
283.15	10	0.99973	999.73	343.15	70	0.97781	977.81
293.15	20	0.99823	998.23	353.15	80	0.97183	971.83
303.15	30	0.99568	995.68	363.15	90	0.96534	965.34
313.15	40	0.99225	992.25	373.15	100	0.95838	958.38

Source : R.H. Perry and C.H. Chilton, *Chemical Engineers′ Handbook*, 5th ed. New York : McGraw-Hill, Inc., 1973. With permission.

물의 점도

온 도		점 도 [(Pa·s) 10^3, (kg/m·s) 10^3, *or* cp]	온 도		점 도 [(Pa·s) 10^3, (kg/m·s) 10^3, *or* cp]
K	℃		K	℃	
273.15	0	1.7921	323.15	50	0.5494
275.15	2	1.6728	325.15	52	0.5315
277.15	4	1.5674	327.15	54	0.5146
279.15	6	1.4728	329.15	56	0.4985
281.15	8	1.3860	331.15	58	0.4832
283.15	10	1.3077	333.15	60	0.4688
285.15	12	1.2363	335.15	62	0.4550
287.15	14	1.1709	337.15	64	0.4418
289.15	16	1.1111	339.15	66	0.4293
291.15	18	1.0559	341.15	68	0.4174
293.15	20	1.0050	343.15	70	0.4061
293.35	20.2	1.0000	345.15	72	0.3952
295.15	22	0.9579	347.15	74	0.3849
297.15	24	0.9142	349.15	76	0.3750
299.15	26	0.8737	351.15	78	0.3655
301.15	28	0.8360	353.15	80	0.3565
303.15	30	0.8007	355.15	82	0.3478
305.15	32	0.7679	357.15	84	0.3395
307.15	34	0.7371	359.15	86	0.3315
309.15	36	0.7085	361.15	88	0.3239
311.15	38	0.6814	363.15	90	0.3165

온 도		점 도 [(Pa·s) 10^3, (kg/m·s) 10^3, *or* cp]	온 도		점 도 [(Pa·s) 10^3, (kg/m·s) 10^3, *or* cp]
K	℃		K	℃	
313.15	40	0.6560	365.15	92	0.3095
315.15	42	0.6321	367.15	94	0.3027
317.15	44	0.6097	369.15	96	0.2962
319.15	46	0.5883	371.15	98	0.2899
321.15	48	0.5683	373.15	100	0.2838

Source : Bingham, *Fluidity and Plasticity*. New York : McGraw-Hill, Inc., 1922. With permission.

물의 열용량(101.325 kPa)

온 도		열용량, *cp*		온 도		열용량, *cp*	
℃	K	cal/g·℃	kJ/kg·K	℃	K	cal/g·℃	kJ/kg·K
0	273.15	1.0080	4.220	60	333.15	1.0001	4.187
10	283.15	1.0019	4.195	70	343.15	1.0013	4.192
20	293.15	0.9995	4.158	80	353.15	1.0029	4.199
30	303.15	0.9987	4.181	90	363.15	1.0050	4.208
40	313.15	0.9987	4.181	100	373.15	1.0076	4.219
50	323.15	0.9992	4.183				

Source : N.S. Osborne, H.F. Stimson and D.C. *Ginnings, Bur. Standards J. Res.*, 23, 197 (1939).

물의 열전도도

온 도			열전도도	
℃	℉	K	btu/h·ft·℉	W/m·K
0	32	273.15	0.329	0.569
37.8	100	311.0	0.363	0.628
93.3	200	366.5	0.393	0.680
148.9	300	422.1	0.395	0.684
215.6	420	588.8	0.376	0.651
326.7	620	599.9	0.275	0.476

Source : D.L. Timrot and N.B. Vargaftik, *J. Tech. Phys. (U.S.S.R.)*, 10, 1063 (1940) ; 6th International Conference on the Properties of Steam, Paris, 1964.

얼음-수증기의 증기압 및 승화열

온 도			증기압			승화열	
K	℉	℃	kPa	psia	mm Hg	btu/lbm	kJ/kg
273.2	32	0	6.107×10^{-1}	8.858×10^{-2}	4.581	1218.6	2834.5
266.5	20	−6.7	3.478×10^{-1}	5.045×10^{-2}	2.609	1219.3	2836.1
261.0	10	−12.2	2.128×10^{-1}	3.087×10^{-2}	1.596	1219.7	2837.0
255.4	0	−17.8	1.275×10^{-1}	1.849×10^{-2}	0.9562	1220.1	2838.0
249.9	−10	−23.3	7.411×10^{-2}	1.082×10^{-2}	0.5596	1220.3	2838.4
244.3	−20	−28.9	3.820×10^{-2}	6.181×10^{-3}	0.3197	1220.5	2838.9
238.8	−30	−34.4	2.372×10^{-2}	3.440×10^{-3}	0.1779	1220.5	2838.9
233.2	−40	−40.4	1.283×10^{-2}	1.861×10^{-3}	0.09624	1220.5	2838.9

Source : ASHRAE, *Handbook of Fundamentals*. New York : ASHRAE, 1972.

얼음의 열용량

온 도		열용량, c_p		온 도		열용량, c_p	
℉	K	btu/lb$_m$·℉	kJ/kg·K	℉	K	btu/lb$_m$·℉	kJ/kg·K
32	273.15	0.500	2.093	−10	249.85	0.461	1.930
20	266.45	0.490	2.052	−20	244.25	0.452	1.892
10	260.95	0.481	2.014	−30	238.75	0.442	1.850
0	255.35	0.472	1.976	−40	233.15	0.433	1.813

Sourec : ASHRAE, *Handbook of Fundamentals*. New York : ASHRAE, 1972.

포화수증기와 물의 특성(steam table), SI 단위

온도(℃)	증기압 (kPa)	비체적(m^3/kg)		엔탈피(kJ/kg)		엔트로피(kJ/kg·K)	
		액 체	포화증기	액 체	포화증기	액 체	포화증기
0.01	0.6113	0.0010002	206.136	0.00	2501.4	0.0000	9.1562
3	0.7577	0.0010001	168.132	12.57	2506.9	0.0457	9.0773
6	0.9349	0.0010001	137.734	25.20	2512.4	0.0912	9.0003
9	1.1477	0.0010003	113.386	37.80	2517.9	0.1362	8.9253
12	1.4022	0.0010005	93.784	50.41	2523.4	0.1806	8.8524
15	1.7051	0.0010009	77.926	62.99	2528.9	0.2245	8.7814
18	2.0640	0.0010014	65.038	75.58	2534.4	0.2679	8.7123
21	2.487	0.0010020	54.514	88.14	2539.9	0.3109	8.6450
24	2.985	0.0010027	45.883	100.70	2545.4	0.3534	8.5794
27	3.567	0.0010035	38.774	113.25	2550.8	0.3954	8.5156
30	4.246	0.0010043	32.894	125.79	2556.3	0.4369	8.4533

온도(℃)	증기압 (kPa)	비체적(m^3/kg)		엔탈피(kJ/kg)		엔트로피(kJ/kg·K)	
		액 체	포화증기	액 체	포화증기	액 체	포화증기
33	5.034	0.0010053	28.011	138.33	2561.7	0.4781	8.3927
36	5.947	0.0010063	23.940	150.86	2567.1	0.5188	8.3336
40	7.384	0.0010078	19.523	167.57	2574.3	0.5725	8.2570
45	9.593	0.0010099	15.258	188.45	2583.2	0.6387	8.1648
50	12.349	0.0010121	12.032	209.33	2592.1	0.7038	8.0763
55	15.758	0.0010146	9.568	230.23	2600.9	0.7679	7.9913
60	19.940	0.0010172	7.671	251.13	2609.6	0.8312	7.9096
65	25.03	0.0010199	6.197	272.06	2618.3	0.8935	7.8310
70	31.19	0.0010228	5.042	292.98	2626.8	0.9549	7.7553
75	38.58	0.0010259	4.131	313.93	2635.3	1.0155	7.6824
80	47.39	0.0010291	3.407	334.91	2643.7	1.0753	7.6122
85	57.83	0.0010325	2.828	355.90	2651.9	1.1343	7.5445
90	70.14	0.0010360	2.361	376.92	2660.1	1.1925	7.4791
95	84.55	0.0010397	1.9819	397.96	2668.1	1.2500	7.4159
100	101.35	0.0010435	1.6729	419.04	2676.1	1.3069	7.3549
105	120.82	0.0010475	1.4194	440.15	2683.8	1.3630	7.2958
110	143.27	0.0010516	1.2102	461.30	2691.5	1.4185	7.2387
115	169.06	0.0010559	1.0366	482.48	2699.0	1.4734	7.1833
120	198.53	0.0010603	0.8919	503.71	2706.3	1.5276	7.1296
125	232.1	0.0010649	0.7706	524.99	2713.5	1.5813	7.0775
130	270.1	0.0010697	0.6685	546.31	2720.5	1.6344	7.0269
135	313.0	0.0010746	0.5822	567.69	2727.3	1.6870	6.9777
140	316.3	0.0010797	0.5089	589.13	2733.9	1.7391	6.9299
145	415.4	0.0010850	0.4463	610.63	2740.3	1.7907	6.8833
150	475.8	0.0010905	0.3928	632.20	2746.5	1.8418	6.8379
155	543.1	0.0010961	0.3468	653.84	2752.4	1.8925	6.7935
160	617.8	0.0011020	0.3071	675.55	2758.1	1.9427	6.7502
165	700.5	0.0011080	0.2727	697.34	2763.5	1.9925	6.7078
170	791.7	0.0011143	0.2428	719.21	2768.7	2.0419	6.6663
175	892.0	0.0011207	0.2168	741.17	2773.6	2.0909	6.6256
180	1002.1	0.0011274	0.19405	763.22	2778.2	2.1396	6.5857
190	1254.4	0.0011414	0.15654	807.62	2786.4	2.2359	6.5079
200	1553.8	0.0011565	0.12736	852.45	2793.2	2.3309	6.4323
225	2548	0.0011992	0.07849	966.78	2803.3	2.5639	6.2503
250	3973	0.0012512	0.05013	1085.36	2801.5	2.7927	6.0730
275	5942	0.0013168	0.03279	1210.07	2785.0	3.0208	5.8938
300	8581	0.0010436	0.02167	1344.0	2749.0	3.2534	5.7045

Source : Abridged from J.H. Keenan, F.G. Keyes, P.G. Hill and J.G. Moore, *Steam Tables-Metric Units*. New York : John Wiley & Sons, Inc., 1969. With permission of the authors and publishers.

포화 수증기와 물의 특성(steam table), 영국 단위

온도(℉)	증기압 (psia)	비체적(ft^3/lb_m)		엔탈피(btu/lb_m)		엔트로피(btu/lb_m·℉)	
		액 체	포화증기	액 체	포화증기	액 체	포화증기
32.02	0.08866	0.016022	3302	0.00	1075.4	0.000	2.1869
35	0.09992	0.016021	2948	3.00	1076.7	0.00607	2.1764
40	0.12166	0.016020	2445	8.02	1078.9	0.01617	2.1592
45	0.14748	0.016021	2037	13.04	1081.1	0.02618	2.1423
50	0.17803	0.016024	1704.2	18.06	1083.3	0.03607	2.1259
55	0.2140	0.016029	1431.4	23.07	1085.5	0.04586	2.1099
60	0.2563	0.016035	1206.9	28.08	1087.7	0.05555	2.0943
65	0.3057	0.016042	1021.5	33.09	1089.9	0.06514	2.0791
70	0.3622	0.016051	867.7	38.09	1092.0	0.07463	2.0642
75	0.4300	0.016061	739.7	43.09	1094.2	0.08402	2.0497
80	0.5073	0.016073	632.8	48.09	1096.4	0.09332	2.0356
85	0.5964	0.016085	543.1	53.08	1098.6	0.10252	2.0218
90	0.6988	0.016099	467.7	58.07	1100.7	0.11165	2.0083
95	0.8162	0.016114	404.0	65.06	1102.9	0.12068	1.9951
100	0.9503	0.016130	350.0	68.05	1105.0	0.12963	1.9822
110	1.2763	0.016166	265.1	78.02	1109.3	0.14730	1.9574
120	1.6945	0.016205	203.0	88.00	1113.5	0.16465	1.9336
130	2.225	0.016247	157.17	97.98	1117.8	0.18172	1.9109
140	2.892	0.016293	122.88	107.96	1121.9	0.19851	1.8892
150	3.722	0.016343	96.99	117.96	1126.1	0.21503	1.8684
160	4.745	0.016395	77.23	127.96	1130.1	0.23130	1.8484
170	5.996	0.016450	62.02	137.97	1134.2	0.24732	1.8293
180	7.515	0.016509	50.20	147.99	1138.2	0.26311	1.8109
190	9.343	0.016570	40.95	158.03	1142.1	0.27866	1.7932
200	11.529	0.016634	33.63	168.07	1145.9	0.29400	1.7762
210	14.125	0.016702	27.82	178.14	1149.7	0.30913	1.7599
212	14.698	0.016716	26.90	180.16	1150.5	0.31213	1.7567
220	17.188	0.016772	23.15	188.22	1153.5	0.32406	1.7441
230	20.78	0.016845	19.386	198.32	1157.1	0.33880	1.7289
240	24.97	0.016922	16.327	208.44	1160.7	0.35335	1.7143
250	29.82	0.017001	13.826	218.59	1164.2	0.36772	1.7001
260	35.42	0.017084	11.768	228.76	1167.6	0.38193	1.6864
270	41.85	0.017170	10.066	238.95	1170.9	0.39597	1.6731
280	49.18	0.017259	8.650	249.18	1174.1	0.40986	1.6602
290	57.33	0.017352	7.467	259.44	1177.2	0.42360	1.6477
300	66.98	0.017448	6.472	269.73	1180.2	0.43720	1.6356
310	77.64	0.017548	5.632	280.06	1183.0	0.45067	1.6238
320	89.60	0.017652	4.919	290.43	1185.8	0.46400	1.6123
330	103.00	0.017760	4.312	300.84	1188.4	0.47722	1.6010
340	117.93	0.017872	3.792	311.30	1190.8	0.49031	1.5901
350	134.53	0.017988	3.346	321.80	1193.1	0.50329	1.5793
360	152.92	0.018108	2.961	332.35	1195.2	0.51617	1.5688
370	173.23	0.018233	2.628	342.96	1197.2	0.52894	1.5585
380	195.60	0.018363	2.339	323.62	1199.0	0.54163	1.5483
390	220.2	0.018498	2.087	364.34	1200.6	0.55422	1.5383
400	247.1	0.018638	1.8661	375.12	1202.0	0.56672	1.5284
410	276.5	0.018784	1.6726	385.97	1203.1	0.57916	1.5187
450	422.1	0.019433	1.1011	430.2	1205.6	0.6282	1.4806

Source : Abridged from J.H. Keenan, F.G. Keyes, P.G. Hill and J.G. Moore, *Steam Tables-English Units*. New York : John Wiley & Sons, Inc., 1969. With permission of the authors and publishers.

포화수증기와 물의 특성(steam table), MKS 단위(압력기준)

압 력 p kg/cm^2	온 도 T℃	비(比)체적, m^3/kg 액 체 v_f	증 기 v_g	엔탈피, kcal/kg 액 체 H_f	증 기 H_g	증발잠열 H_g-H_f
0.010	6.700	0.0010001	131.6	6.73	600.1	593.4
0.015	12.735	0.0010007	89.59	12.78	602.8	590.0
0.020	17.202	0.0010013	68.25	17.24	604.7	587.4
0.025	20.774	0.0010020	55.24	20.80	606.2	585.4
0.030	23.771	0.0010027	46.50	23.79	607.5	583.7
0.040	28.641	0.0010040	35.43	28.65	609.6	581.0
0.05	32.55	0.0010052	28.70	32.55	611.3	578.8
0.06	35.82	0.0010064	24.17	35.81	612.7	576.9
0.07	38.66	0.0010074	20.90	38.64	613.9	575.3
0.08	41.46	0.0010083	18.43	41.14	615.0	573.9
0.09	43.41	0.0010093	16.50	43.38	616.0	572.6
0.10	45.45	0.0010101	14.94	45.41	616.8	571.4
0.12	49.05	0.0010117	12.58	49.00	618.4	569.4
0.14	52.17	0.0010131	10.89	52.12	619.6	567.5
0.16	54.93	0.0010144	9.602	54.87	620.8	565.9
0.18	57.41	0.0010157	8.597	57.35	621.8	564.5
0.20	59.66	0.0010169	7.787	59.60	622.7	563.1
0.22	61.73	0.0010180	7.121	61.67	623.6	562.0
0.24	63.65	0.0010191	6.562	63.59	624.4	560.8
0.26	65.43	0.0010201	6.088	65.37	625.2	559.8
0.28	67.10	0.0010211	5.678	67.03	625.8	558.8
0.30	68.67	0.0010220	5.323	68.60	626.5	557.9
0.32	70.16	0.0010229	5.011	70.09	627.1	557.0
0.34	71.57	0.0010237	4.734	71.51	627.7	556.2
0.36	72.9	0.0010245	4.487	72.85	628.2	555.4
0.38	74.19	0.0010253	4.265	74.13	628.7	554.6
0.40	75.41	0.0010261	4.065	75.35	629.2	553.9
0.45	78.26	0.0010278	3.641	78.21	630.4	552.2
0.50	80.86	0.0010296	3.299	80.81	631.4	550.6
0.55	83.24	0.0010312	3.018	83.20	632.3	549.1
0.60	85.45	0.0010327	2.781	85.41	633.2	547.8
0.65	87.51	0.0010341	2.580	87.48	634.0	546.5
0.70	89.45	0.0010355	2.407	89.43	634.8	545.4
0.75	91.27	0.0010368	2.257	91.25	635.5	544.3
0.80	92.99	0.0010381	2.125	92.98	636.2	543.2
0.90	96.18	0.0010405	1.904	96.19	637.4	541.2
1.0	99.09	0.0010428	1.725	99.12	638.5	539.4
1.1	101.76	0.0010448	1.578	101.81	639.5	537.7
1.2	104.25	0.0010468	1.454	104.32	640.4	536.1
1.3	106.56	0.0010486	1.350	106.65	641.3	534.6
1.4	108.74	0.0010505	1.259	108.86	642.1	533.2
1.5	110.79	0.0010523	1.180	110.92	642.8	531.9
1.6	112.73	0.0010538	1.111	112.89	643.5	530.7

압 력 p kg/cm^2	온 도 T℃	비(比)체적, m^3/kg		엔탈피, kcal/kg		
		액 체 v_f	증 기 v_g	액 체 H_f	증 기 H_g	증발잠열 H_g-H_f
1.8	116.33	0.0010570	0.9954	116.53	644.8	528.3
2.0	119.62	0.0010600	0.9018	119.86	646.0	526.1
2.2	122.64	0.0010627	0.8249	122.92	647.0	524.1
2.4	125.46	0.0010653	0.7604	125.84	648.0	522.2
2.6	128.08	0.0010679	0.7054	128.45	648.9	520.4
2.8	130.55	0.0010702	0.6581	130.98	649.7	518.7
3.0	132.88	0.0010725	0.6166	133.36	650.5	517.1
4.0	142.92	0.0010828	0.4709	143.63	653.7	510.0
5.0	151.11	0.0010918	0.3818	152.04	656.1	504.1
6.0	158.08	0.0010998	0.3215	159.25	658.1	498.8
7.0	164.17	0.0011070	0.2779	165.60	659.7	494.1
8.0	169.61	0.0011139	0.2449	171.26	661.1	489.8
9.0	174.53	0.0011202	0.2191	176.45	662.2	485.8
10.0	179.04	0.0011262	0.1981	181.19	663.2	482.0
11	183.20	0.0011318	0.1806	185.55	664.1	478.5
12	187.08	0.0011373	0.1662	189.67	664.8	475.2
13	190.71	0.0011425	0.1540	193.53	665.5	472.0
14	194.13	0.0011476	0.1436	197.18	666.1	468.9
15	197.36	0.0011524	0.1344	200.63	666.6	466.0
16	200.43	0.0011571	0.1263	203.96	667.1	463.1
17	203.36	0.0011618	0.1190	207.10	667.5	460.4
18	206.15	0.0011662	0.1126	210.14	667.9	457.7
19	208.82	0.0011706	0.1067	213.04	668.2	455.1
20	211.38	0.0011749	0.1015	215.82	668.5	452.7
22	216.23	0.0011832	0.09249	221.12	668.9	447.8
24	220.75	0.0011914	0.08490	226.13	669.3	443.1
26	222.90	0.0011953	0.08153	228.52	669.4	440.9
28	228.97	0.0012067	0.07285	235.27	669.7	434.4
30	232.75	0.0012141	0.06800	239.51	669.7	430.2
32	236.34	0.0012215	0.06373	243.65	669.7	426.1
34	239.76	0.0012286	0.05994	247.43	669.7	422.2
36	243.03	0.0012356	0.05658	251.20	669.5	418.3
38	246.16	0.0012425	0.05354	254.77	669.4	414.6
40	249.17	0.0012492	0.05079	258.25	669.2	410.9
42	252.07	0.0012560	0.04830	261.64	668.9	407.3
44	254.86	0.0012626	0.04603	264.93	668.7	403.7
46	257.56	0.0012693	0.04394	268.08	668.3	400.3
48	260.17	0.0012760	0.04202	271.16	668.0	396.8
50	262.70	0.0012826	0.04026	247.15	667.6	393.5
55	268.69	0.0012986	0.03640	281.37	666.5	385.2

과포화 수증기의 특성(steam table), SI 단위

(v, 비체적, m^3/kg ; H, 엔탈피 kJ/kg ; s, 엔트로피 kJ/kg · K)

절대압력 kPa (*Sat. Temp.*, ℃)		온도(℃) 100	150	200	250	300	360	420	500
10 (45.81)	v	17.196	19.512	21.825	24.136	26.445	29.216	31.986	35.679
	H	2687.5	2783.0	2879.5	2977.3	3076.5	3197.6	3320.9	3489.1
	s	8.4479	8.6882	8.9038	9.1002	9.2813	9.4821	9.6682	9.8978
50 (81.33)	v	3.418	3.889	4.356	4.820	5.284	5.839	6.394	7.134
	H	2682.5	2780.1	2877.7	2976.0	3075.5	3196.8	3320.4	3488.7
	s	7.6947	7.9401	8.1580	8.3556	8.5373	8.7385	8.9249	9.1546
75 (91.78)	v	2.270	2.587	2.900	3.211	3.520	3.891	4.262	4.755
	H	2679.4	2778.2	2876.5	2975.2	3074.9	3196.4	3320.0	3488.4
	s	7.5009	7.7496	7.9690	8.1673	8.3493	8.5508	8.7374	8.9692
100 (99.63)	v	1.6958	1.9364	2.172	2.406	2.639	2.917	3.195	3.565
	H	2676.2	2776.4	2875.3	2974.3	3074.3	3195.9	3319.6	3488.1
	s	7.3614	7.6134	7.8343	8.0333	8.2158	8.4175	8.6042	8.8342
150 (111.37)	v		1.2853	1.4443	1.6012	1.7570	1.9432	2.129	2.376
	H		2.7726	2872.9	2972.7	3073.1	3195.0	3318.9	3487.6
	s		7.4193	7.6433	7.8438	8.0720	8.2293	8.4163	8.6466
400 (143.63)	v		0.4708	0.5342	0.5951	0.6548	0.7257	0.7960	0.8893
	H		2752.8	2860.5	2964.2	3066.8	3190.3	3315.3	3484.9
	s		6.9299	7.1706	7.3789	7.5662	7.7712	7.9598	8.1913
700 (164.97)	v			0.2999	0.3363	0.3714	0.4126	0.4533	0.5070
	H			2844.8	2953.6	3059.1	3184.7	3310.9	3481.7
	s			6.8865	7.1053	7.2979	7.5063	7.6968	7.9299
1000 (179.91)	v			0.2060	0.2327	0.2579	0.2873	0.3162	0.3541
	H			2827.9	2942.6	3051.2	3178.9	3306.5	3478.5
	s			6.6940	6.9247	7.1229	7.3349	7.5275	7.7622
1500 (198.32)	v			0.13248	0.15195	0.16966	0.18988	0.2095	0.2352
	H			2796.8	2923.3	3037.6	3.1692	3299.1	3473.1
	s			6.4546	6.7090	6.9179	7.1363	7.3323	7.5698
2000 (212.42)	v				0.11144	0.12547	0.14113	0.15616	0.17568
	H				2902.5	3023.5	3159.3	3291.6	3467.6
	s				6.5453	6.7664	6.9917	7.1915	7.4317
2500 (223.99)	v				0.08700	0.09890	0.11186	0.12414	0.13998
	H				2880.1	3008.8	3149.1	3284.0	3462.1
	s				6.4085	6.6438	6.8767	7.0803	7.3234
3000 (233.90)	v				0.07058	0.08114	0.09233	0.10279	0.11619
	H				2855.8	2993.5	3138.7	3276.3	3456.5
	s				6.2872	6.5390	6.7801	6.9878	7.2338

Source : Abridged from J.H. Keenan, F.G. Keyes, P.G. Hill and J.G. Moore, *Steam Tables-Metric Units*. New York : John Wiley & Sons, Inc., 1969. With permission of the authors and publishers.

물의 열전달 특성

T (℃)	T (K)	ρ (kg/m^3)	c_p (kJ/kg·K)	$\mu\times10^3$ (Pa·s or kg/m·s)	k (W/m·K)	N_{Pr}	$\beta\times10^4$ (1/K)	$(g\beta\rho^2/\mu^2)\times10^{-3}$ (1/K·m^3)
0	273.2	999.6	4.229	1.786	0.5694	13.3	−0.630	
15.6	288.8	998.0	4.187	1.131	0.5884	8.07	1.44	10.93
26.7	299.9	996.4	4.183	0.860	0.6109	5.89	2.34	30.70
37.8	311.0	994.7	4.183	0.682	0.6283	4.51	3.24	68.0
65.6	338.8	981.9	4.187	0.432	0.6629	2.72	5.04	256.2
93.3	366.5	962.7	4.229	0.3066	0.6802	1.91	6.66	642
121.1	394.3	943.5	4.271	0.2381	0.6836	1.49	8.46	1,300
148.9	422.1	917.9	4.312	0.1935	0.6836	1.22	10.08	2,231
204.4	477.6	858.6	4.522	0.1384	0.6611	0.950	14.04	5,308
260.0	533.2	784.9	4.982	0.1042	0.6040	0.859	19.8	11,030
315.6	588.8	679.2	6.322	0.0862	0.5071	1.07	31.5	19,260

수증기(스팀)의 열전달 특성(101.325 kPa)

T (℃)	T (K)	ρ (kg/m^3)	c_p (kJ/kg·K)	$\mu\times10^5$ (Pa·s or kg/m·s)	k (W/m·K)	N_{Pr}	$\beta\times10^3$ (1/K)	$g\beta\rho^2/\mu^2$ (1/K·m^3)
100.0	373.2	0.596	1.888	1.295	0.02510	0.96	2.68	0.557×10^8
148.9	422.1	0.525	1.909	1.488	0.02960	0.95	2.38	0.292×10^8
204.4	477.6	0.461	1.934	1.682	0.03462	0.94	2.09	0.154×10^8
260.0	533.2	0.413	1.968	1.883	0.03946	0.94	1.87	0.0883×10^8
315.6	588.8	0.373	1.997	2.113	0.04448	0.94	1.70	52.1×10^5
371.1	644.3	0.341	2.030	2.314	0.04985	0.93	1.55	33.1×10^5
426.7	699.9	0.314	2.068	2.529	0.05556	0.92	1.43	21.6×10^5

Source : D.L. Timrot and N.B. Vargaftik. *J. Tech. Phys.(U.S.S.R.)* 10, 1063 (1940) ; R.H. Perry and C.H. Chilton, *Chemical Engineers' Handbook*, 5th ed. New York : Mc Graw-Hill, Inc., 1973 ; J.H. Keenan, F.G. Keyes, P.G. Hill and J.G. Moore. *Steam Tables*. New York : John Wiley & Sons, Inc., 1969 ; National Research Council, *International Critical Tables*. New York : Mc Graw-Hill, Inc., 1929 ; L.S. Marks, *Mechanical Engineers' Handbook*, 5th ed. New York : Mc Graw-Hill, Inc., 1951.

식품의 열용량

Produce	Composition(%)					Specific heat		
	Water	Protein	Carbo-hydrate	Fat	Ash	Eq.(4.2) (kJ/kg·K)	Eq.(4.3) (kJ/kg·K)	Experimental[a] (kJ/kg·K)
Beef (hamburger)	68.3	20.7	0.0	10.0	1.0	3.39	3.35	3.52
Fish, canned	70.0	27.1	0.0	0.3	2.6	3.43	3.35	
Starch	12.0	0.5	87.0	0.2	0.3	1.976	1.754	
Orange juice	87.5	0.8	11.1	0.2	0.4	3.873	3.822	
Liver, raw beef	74.9	15.0	0.9	9.1	1.1	3.554	3.525	
Dry milk, nonfat	3.5	35.6	52.0	1.0	7.9	1.763	1.520	
Butter	15.5	0.6	0.4	81.0	2.5	2.064	2.043	2.051~2.135
Milk, whole pasteurized	87.0	3.5	4.9	3.9	0.7	3.860	3.831	3.852
Blueberries, syrup pack	73.0	0.4	23.6	0.4	2.6	3.508	3.445	
Cod, raw	82.6	15.0	0.0	0.4	2.0	3.751	3.697	
Skim milk	90.5	3.5	5.1	0.1	0.8	3.948	3.935	3.977~4.019
Tomato suop, concentrate	81.4	1.8	14.6	1.8	0.4	3.718	3.676	
Beef, lean	77.0	22.0	–	–	1.0	3.559	3.579	
Egg yolk	49.0	13.0	–	11.0	1.0	2.905	2.449	2.810
Fish, fresh	76.0	19.0	–	–	1.4	3.617	3.500	3.600
Beef, lean	71.7	21.6	0.0	5.7	1.0	3.458	3.437	3.433
Potato	79.8	2.1	17.1	0.1	0.9	3.680	3.634	3.517
Apple, raw	84.4	0.2	14.5	0.6	0.3	3.793	3.759	3.726~4.019
Bacon	49.9	27.6	0.3	17.5	4.7	2.926	2.851	2.01
Cucumber	96.1	0.5	1.9	0.1	1.4	4.090	4.061	4.103
Blackberry, syrup pack	76.0	0.7	22.9	0.2	0.2	3.588	3.521	
Potato	75.0	0.0	23.0	0.0	2.0	3.559	3.483	3.517
Veal	68.0	21.0	0.0	10.0	1.0	3.383	3.349	3.223
Fish	80.0	15.0	4.0	0.3	0.7	3.684	3.651	3.60

Produce	Composition(%)					Specific heat		
	Water	Protein	Carbo-hydrate	Fat	Ash	Eq.(4.2) (kJ/kg·K)	Eq.(4.3) (kJ/kg·K)	Experimental[a] (kJ/kg·K)
Cheese, cottage	65.0	25.0	1.0	2.0	7.0	3.307	3.215	3.265
Shrimp	66.2	26.8	0.0	1.4	0.0	3.337	3.404	3.014
Sardines	57.4	25.7	1.2	11.0	0.0	3.115	3.002	3.014
Beef, roast	60.0	25.0	0.0	13.0	0.0	3.081	3.115	3.056
Carrot, fresh	88.2	1.2	9.3	0.3	1.1	3.889	3.864	3.81~3.935

Source : Adapted from Heldman and Singh(1981).
[a] Experimental specific heat values from Reidy(1968).

식품의 열전도도

Product	Moisture content (%)	Temperature (℃)	Thermal conductivity (W/m·K)
Apple	85.6	2~36	0.393
Applesauce	78.8	2~36	0.516
Beef, freeze dried			
1000 mm Hg pressure	–	0	0.065
0.001 mm Hg pressure	–	0	0.037
Beef, lean			
Perpendicular to fibers	78.9	7	0.476
Perpendicular to fibers	78.9	62	0.485
Parallel to fibers	78.7	8	0.431
Parallel to fibers	78.7	61	0.447
Beef fat	–	24~38	0.19
Butter	15	46	0.197
Cod	83	2.8	0.544
Corn, yellow dust	0.91	8~52	0.141
	30.2	8~52	0.172
Egg, frozen whole	–	−10 to −6	0.97
Egg, white	–	36	0.557
Egg, yolk	–	33	0.338
Fish muscle	–	0~10	0.557
Grapefruit, whole	–	30	0.45
Honey	12.6	2	0.502
	80	2	0.344
	14.8	69	0.623
	80	69	0.415
Juice, apple	87.4	20	0.559
	87.4	80	0.632
	36.0	20	0.389
	36.0	80	0.436
Lamb			
Perpendicular to fiber	71.8	5	0.45

Product	Moisture content (%)	Temperature (℃)	Thermal conductivity (W/m·K)
		61	0.478
Parallel to fiber	71.0	5	0.415
		61	0.422
Milk	–	37	0.530
Milk, condensed	90	24	0.571
	–	78	0.641
	50	26	0.329
	–	78	0.364
Milk, skimmed	–	1.5	0.538
	–	80	0.635
Milk, nonfat dry	4.2	39	0.149
Olive oil	–	15	0.189
	–	100	0.163
Oranges, combined	–	30	0.431
Peas, black-eyed	–	3~17	0.312
Pork			
Perpendicular to fibers	75.1	6	0.488
		60	0.54
Parallel to fibers	75.9	4	0.443
		61	0.489
Pork fat	–	25	0.152
Potato, raw flesh	81.5	1~32	0.554
Potato, starch gel	–	1~67	0.04
Poultry, broiler muscle	69.1~74.9	4~27	0.412
Salmon			
Perpendicular	73	4	0.502
Salt	–	87	0.247
Sausage mixture	65.72	24	0.407
Soybean oil meal	13.2	7~10	0.069
Strawberries	–	14 to 25	0.675
Sugars	–	29~62	0.087~0.22
Turkey, breast			
Perpendicular to fibers	74	3	0.502
Parallel to fibers	74	3	0.523
Veal			
Perpendicular to fibers	75	6	0.476
		62	0.489
Parallel to fibers	75	5	0.441
		60	0.452
Vegetable and animal oils	–	4~187	0.169
Wheat flour	8.8	43	0.45
		65.5	0.689
		1.7	0.542
Whey		80	0.641

Source : Reidy(1968).

식품의 열확산도

Product	Water content (% wt.)	Temperature[a] (℃)	Thermal diffusivity ($\times 10^{-7}$ m^2/s)
Fruits, vegetables and by-products			
Apple, whole, Red Delicious	85	0~30	1.37
Applesauce	37	5	1.05
	37	65	1.12
	80	5	1.22
	80	65	1.40
	–	26~129	1.67
Avocado, flesh	–	24, 0	1.24
Seed	–	24, 0	1.29
Whole	–	41, 0	1.54
Banana, flesh	76	5	1.18
	76	65	1.42
Beans, baked	–	4~122	1.68
Cherries, tart, flesh	–	30, 0	1.32
Grapefruit, Marsh, flesh	88.8	–	1.27
Grapefruit, Marsh, albedo	72.2	–	1.09
Lemon, whole	–	40, 0	1.07
Lima bean, pureed	–	26~122	1.80
Pea, pureed	–	26~128	1.82
Peach, whole	–	27, 4	1.39
Potato, flesh	–	25	1.70
Potato, mashed, cooked	78	5	1.23
	78	65	1.45
Rutabaga	–	48, 0	1.34
Squash, whole	–	47, 0	1.71
Strawberry, flesh	92	5	1.27
Sugarbeet	–	14, 60	1.26
Sweet potato, whole	–	35	1.06
	–	55	1.39
	–	70	1.91
Tomato, pulp	–	4, 26	1.48
Fish and meat products			
Codfish	81	5	1.22
	81	65	1.42
Corned beef	65	5	1.32
	65	65	1.18
Beef, chuck[b]	66	40~65	1.23
Beef, round[b]	71	40~65	1.33
Beef, tongue[b]	68	40~65	1.32
Halibut	76	40~65	1.47
Ham, smoked	64	5	1.18
Ham, smoked	64	40~65	1.38
Water	–	30	1.48
	–	65	1.60
Ice	–	0	11.82

Source : Singh(1982). Reprinted from *Food Technology* 36(2), 87-91. Copyright © by Institute of Food Technologists.

[a] Where two temperatures separated by a comma are given, the first is the initial temperature of the sample, and the second is that of the surroundings.

[b] Data are applicable only where juices that exuded during heating remain in the food samples.

액체식품의 점도

Product	Composition	Temperature (℃)	Viscosity (Pa·s)
Cream	10% fat	40	0.00148
	10% fat	60	0.00107
	10% fat	80	0.00083
Cream	20% fat	60	0.00171
	30% fat	60	0.00289
	40% fat	60	0.00510
Homogenized milk	–	20	0.0020
	–	40	0.0015
	–	60	0.000775
	–	80	0.0006
Raw milk	–	0	0.00344
	–	10	0.00264
	–	20	0.00199
	–	30	0.00149
	–	40	0.00123
Corn oil	–	25	0.0565
	–	38	0.0317
Cottonseed oil	–	20	0.0704
	–	38	0.0306
Peanut oil	–	25	0.0656
	–	38	0.0251
Safflower oil	–	25	0.0522
	–	38	0.0286
Soybean oil	–	30	0.04
Honey, buckwheat	18.6% T.S.	24.8	3.86
sage	18.6% T.S.	25.9	8.88
white clover	18.2% T.S.	25.0	4.80
Apple juice	20° Brix	27	0.0021
	60° Brix	27	0.03
Grape juice	20° Brix	27	0.0025
	60° Brix	27	0.11
Corn syrup	48.4% T.S.	27	0.053

Source : Steffe(1983).

얼음의 성질

Temperature (℃)	Thermal conductivity (W/m·K)	Specific heat (kJ/kg·K)	Density (kg/m^3)
−101	3.50	1.382	925.8
−73	3.08	1.587	924.2
−45.5	2.72	1.783	922.6
−23	2.41	1.922	919.4
−18	2.37	1.955	919.4
−12	2.32	1.989	919.4
−7	2.27	2.022	917.8
0	2.22	2.050	916.2

Soruce : Adapted from Dickerson(1969).

각 온도에서 저장된 과일과 야채의 열방출속도

Commodity	Watts per megagram(W/Mg)[a]			
	0℃	5℃	10℃	15℃
Apples	10~12	15~21	41~61	41~92
Apricots	15~17	19~27	33~56	63~101
Artichokes, globe	67~133	94~177	161~291	229~429
Asparagus	81~237	161~403	269~902	471~970
Avocados	–	59~89	–	183~464
Bananas, ripening	–	–	65~116	87~164
Beans, green or sanp	–	101~103	161~172	251~276
Beans, lima(unshelled)	31~89	58~106	–	296~369
Beets, red(roots)	16~21	27~28	35~40	50~69
Blackberries	46~68	85~135	154~280	208~431
Blueberries	7~31	27~36	69~104	101~183
Broccoli, sprouting	55~63	102~474	–	514~1000
Brussels sprouts	46~71	95~143	186~250	282~316
Cabbage	12~40	28~63	36~86	66~169
Cantaloupes	15~17	26~30	46	100~114
Carrots, topped	46	58	93	117
Cauliflower	53~71	61~81	100~144	136~242
Celery	21	32	58~81	110
Cherries, sour	17~39	38~39	–	81~148
Cherries, sweet	12~16	28~42	–	74~133
Corn, sweet	125	230	331	482
Cranberries	–	12~14	–	–
Cucumbers	–	–	68~86	71~98
Figs, Mission	–	32~39	65~58	145~187
Garlic	9~32	17~29	27~29	32~81
Gooseberries	20~26	36~40	–	64~95
Grapefruit	–	–	27~29	35~38
Grapes, American	8	16	23	47
Grapes, European	4~7	9~17	24	30~35
Honeydew melons	–	9~15	24	35~47
Horseradish	24	32	78	97
Kohlrabi	30	48	93	145
Leeks	28~48	58~86	158~201	245~346
Lemons	9	15	33	47
Lettuce, head	27~50	39~59	64~118	114~121
Lettuce, leaf	68	87	116	186
Mushrooms	83~129	210	297	–
Nuts, kind not specified	2	5	10	10
Okra	–	163	258	431
Onions	7~9	10~20	21	33
Onions, green	31~66	51~201	107~174	195~288
Olives	–	–	–	64~115
Oranges	9	14~19	35~40	38~67
Peaches	11~19	19~27	46	98~125
Pears	8~20	15~46	23~63	45~159

Commodity	Watts per megagram(W/Mg)[a]			
	0℃	5℃	10℃	15℃
Peas, green (in pod)	90~138	163~226	–	529~299
Peppers, sweet	–	–	43	68
Plums, Wickson	6~9	12~27	27~34	35~37
Potatoes, immature	–	35	42~62	42~92
Potatoes, mature	–	17~20	20~30	20~35
Radishes, with tops	43~51	57~62	92~108	207~230
Radishes, topped	16~17	23~24	45~47	82~97
Raspberries	52~74	92~114	82~164	243~300
Rhubarb, topped	24~39	32~54	–	92~134
Spinach	–	136	327	529
Squash, yellow	35~38	42~55	103~108	222~269
Strawberries	36~52	48~98	145~280	210~273
Sweet potatoes	–	–	39~95	47~85
Tomatoes, mature green	–	21	45	61
Tomatoes, ripening	–	–	42	79
Turnips, roots	26	28~30	–	63~71
Watermelons	–	9~12	22	–

[a] Conversion factor : (watts per megagram) × 74.12898 = Btu per ton per 24 hr. From American Society of Heating, Refrigerating and Air-Conditioning Engineers ; with permission of the American Society of Heating, Refrigerating, and Air-Conditioning Engineers, Atlanta, Georgia(1978).

냉동식품의 엔탈피

Temperature (℃)	Beef (kJ/kg)	Lamb (kJ/kg)	Poultry (kJ/kg)	Fish (kJ/kg)	Beans (kJ/kg)	Broccoli (kJ/kg)	Peas (kJ/kg)	Mashed potatoes (kJ/kg)	Cooked rice (kJ/kg)
−28.9	14.7	19.3	11.2	9.1	4.4	4.2	11.2	9.1	18.1
−23.3	27.7	31.4	23.5	21.6	16.5	16.3	23.5	21.6	31.9
−17.8	42.6	45.4	37.7	35.6	29.3	28.8	37.7	35.6	47.7
−12.2	62.8	67.2	55.6	52.1	43.7	42.8	55.6	52.1	70.0
−9.4	77.7	84.2	68.1	63.9	52.1	51.2	68.1	63.9	87.5
−6.7	101.2	112.6	87.5	80.7	63.3	62.1	87.5	80.7	115.1
−5.6	115.8	130.9	99.1	91.2	69.8	67.9	99.1	91.2	133.0
−4.4	136.9	157.7	104.4	105.1	77.9	75.6	104.4	105.1	158.9
−3.9	151.6	176.8	126.8	115.1	83.0	80.7	126.8	115.1	176.9
−3.3	170.9	201.6	141.6	128.2	90.2	87.2	141.6	128.2	177.9
−2.8	197.2	228.2	142.3	145.1	99.1	95.6	142.3	145.1	233.5
−2.2	236.5	229.8	191.7	170.7	112.1	107.7	191.7	170.7	242.3
−1.7	278.2	231.2	240.9	212.1	132.8	126.9	240.9	212.1	243.9
−1.1	280.0	232.8	295.4	295.1	173.7	165.1	295.4	295.1	245.6
1.7	288.4	240.7	304.5	317.7	361.9	366.8	304.5	317.7	254.9
4.4	297.9	248.4	313.8	327.2	372.6	377.5	313.8	327.2	261.4
7.2	306.8	256.3	323.1	336.5	383.3	388.2	323.1	336.5	269.3
10.0	315.8	263.9	332.1	346.3	393.8	398.9	332.1	346.3	277.2
15.6	333.5	279.6	350.5	365.4	414.7	420.3	350.5	365.4	292.8

Source : Mott(1964), by permission of H.G. Goldstein, editor of *Aust. Refrig. Air Cond. Heat.*

5 비식품 물질의 물리적 성질

비식품 물질의 물리적 성질

Metal	Properties at 20℃			
	ρ (kg/m^3)	c_p (kJ/kg·℃)	k (W/m·℃)	a (×10^{-5} m^2/s)
Aluminum				
Pure	2,707	0.896	204	8.418
Al-Cu(Duralumin, 94~96% Al, 3~5% Cu, trace Mg)	2,787	0.883	164	6.676
Al-Si(Silumin, copper-bearing: 86.5% Al, 1% Cu)	2,659	0.867	137	5.933
Al-Si(Alusil, 78~80% Al, 20~22% Si)	2,627	0.854	161	7.172
Al-Mg-Si, 97% Al, 1% Mg, 1% Si, 1% Mn)	2,707	0.892	177	7.311
Lead	11,373	0.130	35	2.343
Iron				
Pure	7,897	0.452	73	2.034
Steel (C max ≈ 1.5%)				
Carbon steel				
C ≈ 0.5%	7,833	0.465	54	1.474
1.0%	7,801	0.473	43	1.172
1.5%	7,753	0.486	36	0.970
Nickel steel				
Ni ≈ 0%	7,897	0.452	73	2.026
20%	7,933	0.46	19	0.526
40%	8,169	0.46	10	0.279
80%	8,618	0.46	35	0.872
Invar 36% Ni	8,137	0.46	10.7	0.286
Chrome steeel				
Cr = 0%	7,897	0.452	73	2.026
1%	7,865	0.46	61	1.665
5%	7,833	0.46	40	1.110
20%	7,689	0.46	22	0.635
Cr-Ni(chrome-nickel)				
15% Cr, 10% Ni	7,865	0.46	19	0.526
18% Cr, 8% Ni(V2A)	7,817	0.46	16.3	0.444
20% Cr, 15% Ni	7,833	0.46	15.1	0.415
25% Cr, 20% Ni	7,865	0.46	12.8	0.361

Metal	Properties at 20℃			
	ρ (kg/m^3)	c_p (kJ/kg·℃)	k (W/m·℃)	α (×10^{-5} m^2/s)
Tungsten steel				
W = 0%	7,897	0.452	73	2.026
W = 1%	7,913	0.448	66	1.858
W = 5%	8,073	0.435	54	1.525
W = 10%	8,314	0.419	48	1.391
Copper				
Pure	8,854	0.3831	386	11.234
Aluminum bronze(95% Cu, 5% Al)	8,666	0.410	83	2.330
Bronze(75% Cu, 25% Sn)	8,666	0.343	26	0.859
Red brass(85% Cu, 9% Sn, 6% Zn)	8,714	0.385	61	1.804
Brass(70% Cu, 30% Zn)	8,522	0.385	111	3.412
German silver(62% Cu, 15% Ni, 22% Zn)	8,618	0.394	24.9	0.733
Constantan(60% Cu, 40% Ni)	8,922	0.410	22.7	0.612
Magnesium				
Pure	1,746	0.013	171	9.708
Mg-Al(electrolytic), 6~8% Al, 1~2% Zn)	1,810	1.00	66	3.605
Molybdenum	10,220	0.251	123	4.790
Nickel				
Pure(99.9%)	8,906	0.4459	90	2.266
Ni-Cr(90% Ni, 10% Cr)	8,666	0.444	17	0.444
80% Ni, 20% Cr	8,314	0.444	12.6	0.343
Silver				
Purest	10,524	0.2340	419	17.004
Pure(99.9%)	10,524	0.2340	407	16.563
Tin, pure	7,304	0.2265	64	3.884
Tungsten	19,350	0.1344	163	6.271
Zinc, pure	7,144	0.3843	112.2	4.106

Source : Adapted from Holman(1990). Reproduced with permission of the publisher.

비금속의 물리적 성질

Substance	Tempe-rature(℃)	k (W/m·℃)	ρ (kg/m³)	c (kJ/kg·℃)	α (×10⁻⁷ m²/s)
Asphalt	20~55	0.74~0.76			
Brick					
Building brick, common	20	0.69	1600	0.84	5.2
Fireclay brick, burnt	500	1.04	2000	0.96	5.4
133℃	800	1.07			
	1100	1.09			
Cement, Portland		0.29	1500		
Mortar	23	1.16			
Concrete, cinder	23	0.76			
Glass, window	20	0.78 (avg)	2700	0.84	3.4
Plaster, gypsum	20	0.48	1440	0.84	4.0
Metal lath	20	0.47			
Wood lath	20	0.28			
Stone					
Granite		1.73~3.98	2640	0.82	8~18
Limestone	100~300	1.26~1.33	2500	0.90	5.6~5.9
Marble		2.07~2.94	2500~2700	0.80	10~13.6
Sandstone	40	1.83	2160~2300	0.71	11.2~11.9
Wood (across the grain)					
Cypress	30	0.097	460		
Fir	23	0.11	420	2.72	0.96
Maple or oak	30	0.166	540	2.4	1.28
Yellow pine	23	0.147	640	2.8	0.82
White pine	30	0.112	430		
Asbestos					
Loosely packed	−45	0.149			
	0	0.154	470~570	0.816	3.3~4
	100	0.161			
Sheets	51	0.166			
Cardboard, corrugated	−	0.064			
Corkboard, 160 kg/m³	30	0.043	160		
Cork, regranulated	32	0.045	45~120	1.88	2~5.3
Ground	32	0.043	150		
Diatomaceous earth (Sil−o−cel)	0	0.061	320		
Fiber, insulating board	20	0.048	240		
Glass wool, 24 kg/m³	23	0.038	24	0.7	22.6
Magnesia, 85%	38	0.067	270		
	93	0.071			
	150	0.074			
	204	0.080			
Rock wool, 24 kg/m³	32	0.040	160		
Loosely packed	150	0.067	64		
	260	0.087			
Sawdust	23	0.059			
Wood shavings	23	0.059			

Source : Adapted from Holman(1990). Reproduced with permission of the publisher.

6 대기압하에서 건조공기의 물리적 성질

대기압하에서 건조공기의 물리적 성질

Temperature t (℃)	T (K)	Density (ρ) (kg/m^3)	Volumetric coefficient of expansion (β) (×10^{-3} K−1)	Specific heat (c_p) (kJ/kg · K)	Thermal conductivity (k) (W/m · K)	Thermal diffusivity (α) (×10^{-6} m^2/s)	Viscosity (μ) (×10^{-6} N · s/m^2)	Kinematic viscosity (ν) (×10^{-6} m^2/s)	Prandtl number (Pr)
−20	253,15	1,365	3,97	1,005	0,0226	16,8	16,279	12,0	0,71
0	273,15	1,252	3,65	1,011	0,0237	19,2	17,456	13,9	0,71
10	283,15	1,206	3,53	1,010	0,0244	20,7	17,848	14,66	0,71
20	293,15	1,164	3,41	1,012	0,0251	22,0	18,240	15,7	0,71
30	303,15	1,127	3,30	1,013	0,0258	23,4	18,682	16,58	0,71
40	313,15	1,092	3,20	1,014	0,0265	24,8	19,123	17,6	0,71
50	323,15	1,057	3,10	1,016	0,0272	26,2	19,515	18,58	0,71
60	333,15	1,025	3,00	1,017	0,0279	27,6	19,907	19,4	0,71
70	343,15	0,996	2,91	1,018	0,0286	29,2	20,398	20,65	0,71
80	353,15	0,968	2,83	1,019	0,0293	30,6	20,790	21,5	0,71
90	363,15	0,942	2,76	1,021	0,0300	32,2	21,231	22,82	0,71
100	373,15	0,916	2,69	1,022	0,0307	33,6	21,673	23,6	0,71
120	393,15	0,870	2,55	1,025	0,0320	37,0	22,555	25,9	0,71
140	413,15	0,827	2,43	1,027	0,0333	40,0	23,340	28,2	0,71
150	423,15	0,810	2,37	1,028	0,0336	41,2	23,732	29,4	0,71
160	433,15	0,789	2,31	1,030	0,0344	43,3	24,124	30,6	0,71
180	453,15	0,755	2,20	1,032	0,0357	47,0	24,909	33,0	0,71
200	473,15	0,723	2,11	1,035	0,0370	49,7	25,693	35,5	0,71
250	523,15	0,653	1,89	1,043	0,0400	60,0	27,557	42,2	0,71

7 습도도표

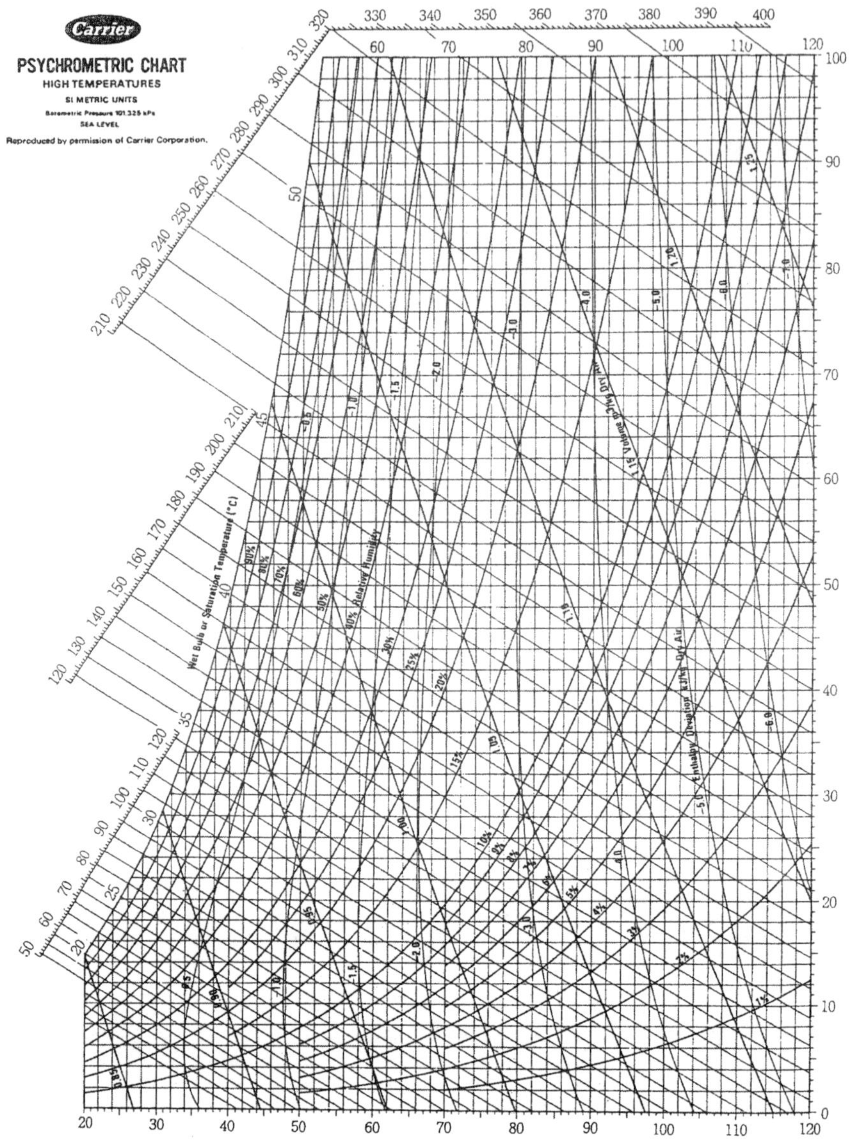
Carrier
PSYCHROMETRIC CHART
HIGH TEMPERATURES
SI METRIC UNITS
Barometric Pressure 101.325 kPa
SEA LEVEL
Reproduced by permission of Carrier Corporation.
Wet Bulb or Saturation Temperature (°C)
Relative Humidity
Volume m³/kg Dry Air
Enthalpy Deviation kJ/kg Dry Air

8 냉매 12에 대한 압력 -엔탈피표

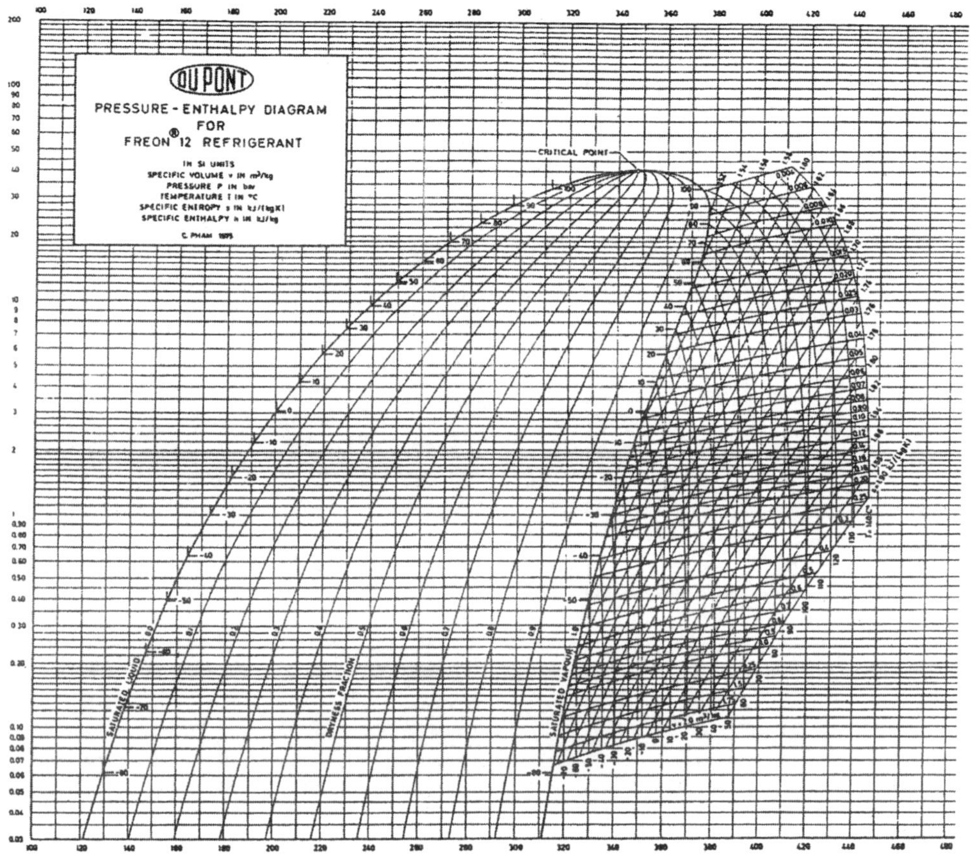

R-12[a]의 포화액 및 기체의 성질

t(℃)	P(kPa)	Enthalpy (kJ/kg)		Entropy (kJ/kg·K)		Specific volume (L/kg)	
		h_f	h_g	s_f	s_g	v_f	v_g
−60	22.62	146.463	324.236	0.77977	1.61373	0.63689	637.911
−55	29.98	150.808	326.567	0.79990	1.60552	0.64226	491.000
−50	39.15	155.169	328.897	0.81964	1.59810	0.64782	383.105
−45	50.44	159.549	331.223	0.83901	1.59142	0.65355	302.683
−40	64.17	163.948	333.541	0.85805	1.58539	0.65949	241.910
−35	80.71	168.369	335.849	0.86776	1.57996	0.66563	195.398
−30	100.41	172.810	338.143	0.89516	1.57507	0.67200	159.375
−28	109.27	174.593	339.057	0.90244	1.57326	0.67461	147.275
−26	118.72	176.380	339.968	0.90967	1.57152	0.67726	136.284
−24	128.80	178.171	340.876	0.91686	1.56985	0.67996	126.282
−22	139.53	179.965	341.780	0.92400	1.56825	0.68269	117.167
−20	150.93	181.764	342.682	0.93110	1.56672	0.68547	108.847
−18	163.04	183.567	343.580	0.93816	1.56526	0.68829	101.242
−16	175.89	185.374	344.474	0.94518	1.56385	0.69115	94.2788
−14	189.50	187.185	345.365	0.95216	1.56250	0.69407	87.8951
−12	203.90	189.001	346.252	0.95910	1.56121	0.69703	82.0344
−10	219.12	190.822	347.134	0.96601	1.55997	0.70004	76.6464
−9	227.04	191.734	347.574	0.96945	1.55938	0.70157	74.1155
−8	235.19	192.647	348.012	0.97287	1.55897	0.70310	71.6864
−7	243.55	193.562	348.450	0.97629	1.55822	0.70465	69.3543
−6	252.14	194.477	348.886	0.97971	1.55765	0.70622	67.1146
−5	260.96	195.395	349.321	0.98311	1.55710	0.70780	64.9629
−4	270.01	196.313	349.755	0.98650	1.55657	0.70939	62.8952
−3	279.30	197.233	350.187	0.98989	1.55604	0.71099	60.9075
−2	288.82	198.154	350.619	0.99327	1.55552	0.71261	58.9963
−1	298.59	199.076	351.049	0.99664	1.55502	0.71425	57.1579
0	308.61	200.000	351.477	1.00000	1.55452	0.71590	55.3892
1	318.88	200.925	351.905	1.00335	1.55404	0.71756	53.6869
2	329.40	201.852	352.331	1.00670	1.55356	0.71324	52.0481
3	340.19	202.780	352.755	1.01004	1.55310	0.72094	50.4700
4	351.24	203.710	353.179	1.01337	1.55264	0.72265	48.9499
5	363.55	204.642	353.600	1.01670	1.55220	0.72438	47.4853
6	374.14	205.575	354.020	1.02001	1.55176	0.72612	46.0737
7	386.01	206.509	354.439	1.02333	1.55133	0.72788	44.7129
8	398.15	207.445	354.856	1.02663	1.55091	0.72966	43.4006
9	410.58	208.383	355.272	1.02993	1.55050	0.73146	42.1349
10	423.30	209.323	355.686	1.03322	1.55010	0.73326	40.9137
11	436.31	210.264	356.098	1.03650	1.54970	0.73510	39.7352
12	449.62	211.207	356.509	1.03978	1.54931	0.73695	38.5975
13	463.23	212.152	356.918	1.04305	1.54893	0.73882	37.4991
14	477.14	213.099	357.325	1.04632	1.54856	0.74071	36.4382
15	491.37	214.048	357.730	1.04958	1.54819	0.74262	35.4133
16	505.91	214.998	358.134	1.05284	1.54783	0.74455	34.4230
17	520.76	215.951	358.535	1.05609	1.54748	0.74649	33.4658
18	535.94	216.906	358.935	1.05933	1.54713	0.74846	32.5405
19	551.45	217.863	359.333	1.06258	1.54679	0.75045	31.6457
20	567.29	218.821	359.729	1.06581	1.54645	0.75246	30.7802

t(℃)	P(kPa)	Enthalpy (kJ/kg)		Entropy (kJ/kg·K)		Specific volume (L/kg)	
		h_f	h_g	s_f	s_g	v_f	v_g
21	583.47	219.783	360.122	1.06904	1.54612	0.75449	29.9429
22	599.98	220.746	360.514	1.07227	1.54579	0.75655	29.1327
23	616.84	221.712	360.904	1.07549	1.54547	0.75863	28.3485
24	634.05	222.680	361.291	1.07871	1.54515	0.76073	27.5894
25	651.62	223.650	361.676	1.08193	1.54484	0.76286	26.8542
26	669.54	224.623	362.059	1.08514	1.54453	0.76501	26.1442
27	687.82	225.598	362.439	1.08835	1.54423	0.76718	25.4524
28	706.47	226.576	362.817	1.09155	1.54393	0.76938	24.7840
29	725.50	227.557	363.193	1.09475	1.54363	0.77161	24.1362
30	744.90	228.540	363.566	1.09795	1.54334	0.77386	23.5082
31	764.68	229.526	363.937	1.10115	1.54305	0.77614	22.8993
32	784.85	230.515	346.305	1.10434	1.54276	0.77845	22.3088
33	805.41	231.506	364.670	1.10753	1.54247	0.78079	21.7359
34	826.36	232.501	365.033	1.11072	1.54219	0.78316	21.1802
35	847.72	233.498	365.392	1.11391	1.54191	0.78556	20.6408
36	869.48	234.499	365.749	1.11710	1.54163	0.78799	20.1173
37	891.64	235.503	366.103	1.12028	1.54135	0.79045	19.6091
38	914.23	236.510	366.454	1.12347	1.54107	0.79294	19.1156
39	937.23	237.521	366.802	1.12665	1.54079	0.79546	18.6362
40	960.65	238.535	367.146	1.12984	1.54051	0.79802	18.1706
41	984.51	239.552	367.487	1.13302	1.54024	0.80062	17.7182
42	1008.8	240.574	367.825	1.13620	1.53996	0.80325	17.2785
43	1033.5	241.598	368.160	1.13938	1.53968	0.80592	16.8511
44	1058.7	242.627	368.491	1.14257	1.53941	0.80836	16.4356
45	1084.3	243.659	368.818	1.14575	1.53913	0.81137	16.0316
46	1110.4	244.696	369.141	1.14894	1.53885	0.81416	15.6386
47	1136.9	245.736	369.461	1.15213	1.53856	0.81698	15.2563
48	1163.9	246.781	369.777	1.15532	1.53828	0.81985	14.8844
49	1191.4	247.830	370.088	1.15851	1.53799	0.82277	14.5224
50	1219.3	248.884	370.396	1.16170	1.53770	0.82573	14.1701
52	1276.6	251.004	370.997	1.16810	1.53712	0.83179	13.4931
54	1335.9	253.144	371.581	1.17451	1.53651	0.83804	12.8509
56	1397.2	255.304	372.145	1.18093	1.53589	0.84451	12.2412
58	1460.5	257.486	372.688	1.18738	1.53524	0.85121	11.6620
60	1525.9	259.690	373.210	1.19384	1.53457	0.85814	11.1113
62	1593.5	261.918	373.707	1.20034	1.53387	0.86534	10.5872
64	1663.2	264.172	374.180	1.20686	1.53313	0.87282	10.0881
66	1735.1	266.452	374.625	1.21342	1.53235	0.88059	9.61234
68	1809.3	268.762	375.042	1.22001	1.53153	0.88870	9.15844
70	1885.8	271.102	375.427	1.22665	1.53066	0.89716	8.72502
75	2087.5	277.100	376.234	1.24347	1.52821	0.92009	7.72258
80	2304.6	283.341	376.777	1.26069	1.52526	0.94612	6.82143
85	2538.0	289.879	376.985	1.27845	1.52164	0.97621	6.00494
90	2788.5	296.788	376.748	1.29691	1.51708	1.01190	5.25759
95	3056.9	304.181	375.887	1.31637	1.51113	1.05581	4.56341
100	3344.1	312.261	374.070	1.33732	1.50296	1.11311	3.90280

Source : Stoecker(1988).

[a]Subscripts : f = liquid, g = gas.

R-12 과열증기의 압력-엔탈피표

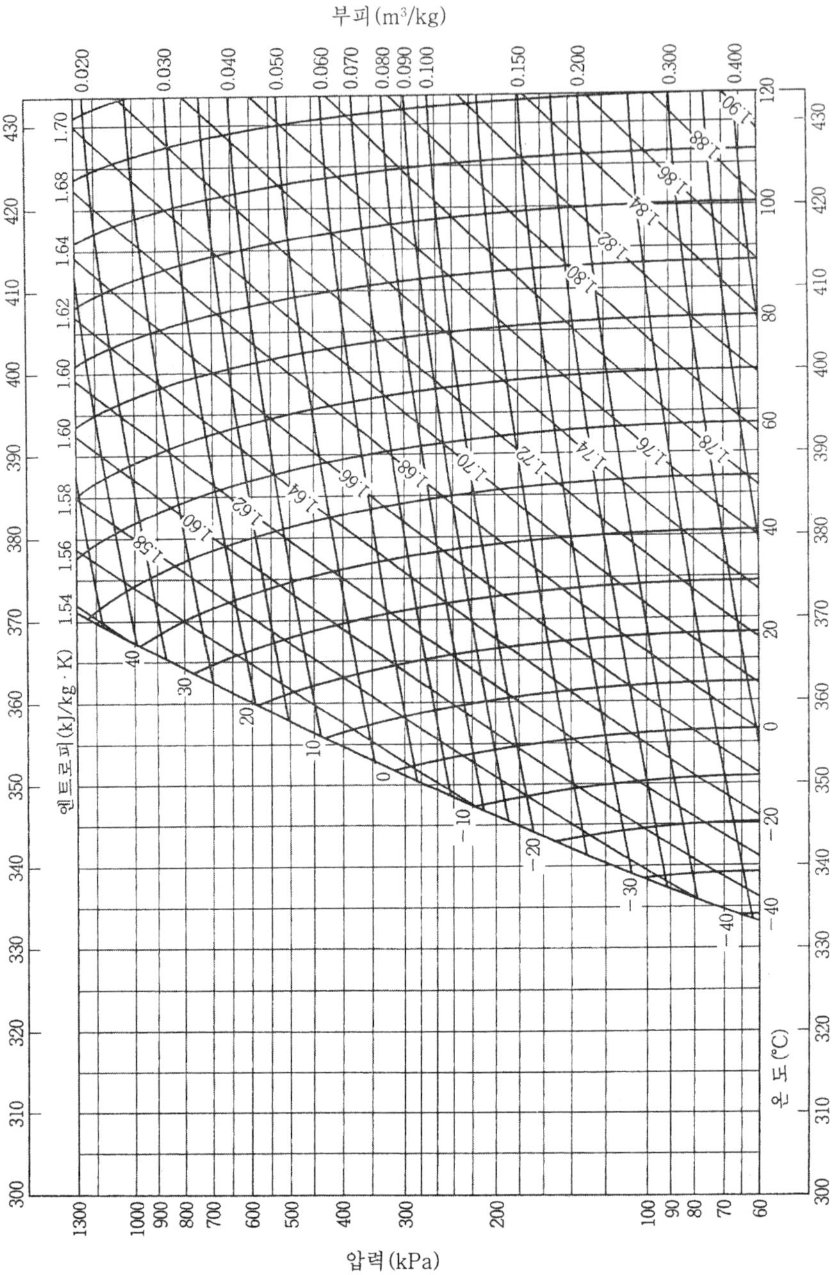

R-117(암모니아)a의 포화액 및 기체의 성질

t(℃)	P(kPa)	Enthalpy (kJ/kg)		Entropy (kJ/kg·K)		Specific volume (L/kg)	
		h_f	h_g	s_f	s_g	v_f	v_g
−60	21.99	−69.5330	1373.19	−0.10909	6.6592	1.4010	4685.08
−55	30.29	−47.5062	1382.01	−0.00717	6.5454	1.4126	3474.22
−50	41.03	−25.4342	1390.64	−0.09264	6.4382	1.4245	2616.51
−45	54.74	−3.3020	1399.07	−0.19049	6.3369	1.4367	1998.91
−40	72.01	18.9024	1407.26	0.28651	6.2410	1.4493	1547.36
−35	93.49	41.1883	1415.20	0.38082	6.1501	1.4623	1212.49
−30	119.90	63.5629	1422.86	0.47351	6.0636	1.4757	960.867
−28	132.02	72.5387	1425.84	0.51015	6.0302	1.4811	878.100
−26	145.11	81.5300	1428.76	0.54655	5.9974	1.4867	803.761
−24	159.22	90.5370	1431.64	0.58272	5.9652	1.4923	736.868
−22	174.41	99.5600	1434.46	0.61865	5.9336	1.4980	676.570
−20	190.74	108.599	1437.23	0.65436	5.9025	1.5037	622.122
−18	208.26	117.656	1439.94	0.68984	5.8720	1.5096	572.875
−16	227.04	126.729	1442.60	0.72511	5.8420	1.5155	528.257
−14	247.14	135.820	1445.20	0.76016	5.8125	1.5215	487.769
−12	268.63	144.929	1447.74	0.79501	5.7835	1.5276	450.971
−10	291.57	154.056	1450.22	0.82965	5.7550	1.5338	417.477
−9	303.60	158.628	1451.44	0.84690	5.7409	1.5369	401.860
−8	316.02	163.204	1452.64	0.86410	5.7269	1.5400	386.944
−7	328.84	167.785	1453.83	0.88125	5.7131	1.5432	372.692
−6	342.07	172.371	1455.00	0.89835	5.6993	1.5464	359.071
−5	355.71	176.962	1456.15	0.91541	5.6856	1.5496	346.046
−4	369.77	181.559	1457.29	0.93242	5.6721	1.5528	333.589
−3	384.26	186.161	1458.42	0.94938	5.6586	1.5561	321.670
−2	399.20	190.768	1459.53	0.96630	5.6453	1.5594	310.263
−1	414.58	195.381	1460.62	0.98317	5.6320	1.5627	299.340
0	430.43	200.000	1461.70	1.00000	5.6189	1.5660	288.880
1	446.74	204.625	1462.76	1.01679	5.6058	1.5694	278.858
2	463.53	209.256	1463.80	1.03354	5.5929	1.5727	269.253
3	480.81	213.892	1464.83	1.05024	5.5800	1.5762	260.046
4	498.59	218.535	1465.84	1.06691	5.5672	1.5796	251.216
5	516.87	223.185	1466.84	1.08353	5.5545	1.5831	242.745
6	535.67	227.841	1467.82	1.10012	5.5419	1.5866	234.618
7	555.00	232.503	1468.78	1.11667	5.5294	1.5901	226.817
8	574.87	237.172	1469.72	1.13317	5.5170	1.5936	219.326
9	595.28	241.848	1470.64	1.14964	5.5046	1.5972	212.132
10	616.25	246.531	1471.57	1.16607	5.4924	1.6008	205.221
11	637.78	251.221	1472.46	1.18246	5.4802	1.6045	198.580
12	659.89	255.918	1473.34	1.19882	5.4681	1.6081	192.196
13	682.59	260.622	1474.20	1.21515	5.4561	1.6118	186.058
14	705.88	265.334	1475.05	1.23144	5.4441	1.6156	180.154
15	729.29	270.053	1475.88	1.24769	5.4322	1.6193	174.475

t(℃)	P(kPa)	Enthalpy (kJ/kg)		Entropy (kJ/kg·K)		Specific volume (L/kg)	
		h_f	h_g	s_f	s_g	v_f	v_g
16	754.31	274.779	1476.69	1.26391	5.4204	1.6231	169.009
17	779.46	279.513	1477.48	1.28010	5.4087	1.6269	163.748
18	805.25	284.255	1478.25	1.29626	5.3971	1.6308	158.683
19	831.69	289.005	1479.01	1.31238	5.3855	1.6347	153.804
20	858.79	293.762	1479.75	1.32847	5.3740	1.6386	149.106
21	886.57	298.527	1480.48	1.34452	5.3626	1.6426	144.578
22	915.03	303.300	1481.18	1.36055	5.3512	1.6466	140.214
23	944.18	308.081	1481.87	1.37654	5.3399	1.6507	136.006
24	974.03	312.870	1482.53	1.39250	5.3286	1.6547	131.950
25	1004.6	316.667	1483.18	1.40843	5.3175	1.6588	128.037
26	1035.9	322.471	1483.81	1.42433	4.3063	1.6630	124.261
27	1068.0	327.284	1484.42	1.44020	5.2953	1.6672	120.619
28	1100.7	332.104	1485.01	1.45064	5.2843	1.6714	117.103
29	1134.3	336.933	1485.59	1.47185	5.2733	1.6757	113.708
30	1168.6	341.769	1486.14	1.48762	5.2624	1.6800	110.430
31	1203.7	346.614	1486.67	1.50337	5.2516	1.6844	107.263
32	1239.6	351.466	1487.18	1.51908	5.2408	1.6888	104.205
33	1276.3	356.326	1487.66	1.53477	5.2300	1.6932	101.248
34	1313.9	361.195	1488.13	1.55042	5.2193	1.6977	98.3913
35	1352.2	366.072	1488.57	1.56605	5.2086	1.7023	95.6290
36	1391.5	370.957	1488.99	1.58165	5.1980	1.7069	92.9579
37	1431.5	375.851	1489.39	1.59722	5.1874	1.7115	90.3743
38	1472.4	380.754	1489.76	1.61276	5.1768	1.7162	87.8748
39	1514.3	385.666	1490.10	1.62828	5.1663	1.7209	85.4561
40	1557.0	390.587	1490.42	1.64377	5.1558	1.7257	83.1150
41	1600.6	395.519	1490.71	1.65924	5.1453	1.7305	80.8484
42	1645.1	400.462	1490.98	1.67470	5.1349	1.7354	78.6536
43	1690.6	405.416	1491.21	1.69013	5.1244	1.7404	76.5276
44	1737.0	410.382	1491.41	1.70554	5.1140	1.7454	74.4678
45	1784.3	415.362	1491.58	1.72095	5.1036	1.7504	72.4716
46	1832.6	420.358	1491.72	1.73635	5.0932	1.7555	70.5365
47	1881.9	425.369	1491.83	1.75174	5.0827	1.7607	68.6602
48	1932.2	430.399	1491.88	1.76714	5.0723	1.7659	66.8403
49	1983.5	435.450	1491.91	1.78255	5.0618	1.7712	65.0746
50	2035.9	440.523	1491.89	1.79798	5.0514	1.7766	63.3608
51	2089.2	445.623	1491.83	1.81343	5.0409	1.7820	61.6971
52	2143.6	450.751	1491.73	1.82891	5.0303	1.7875	60.0813
53	2199.1	455.913	1491.58	1.84445	5.0198	1.7931	58.5114
54	2255.6	461.112	1491.38	1.86004	5.0092	1.7987	56.9855
55	2313.2	466.353	1491.12	1.87571	4.9985	1.8044	55.5019

Source : Stoecker(1988).

[a]Subscripts : f = liquid, g = gas.

R-717(암모니아) 과열기체의 압력-엔탈피표

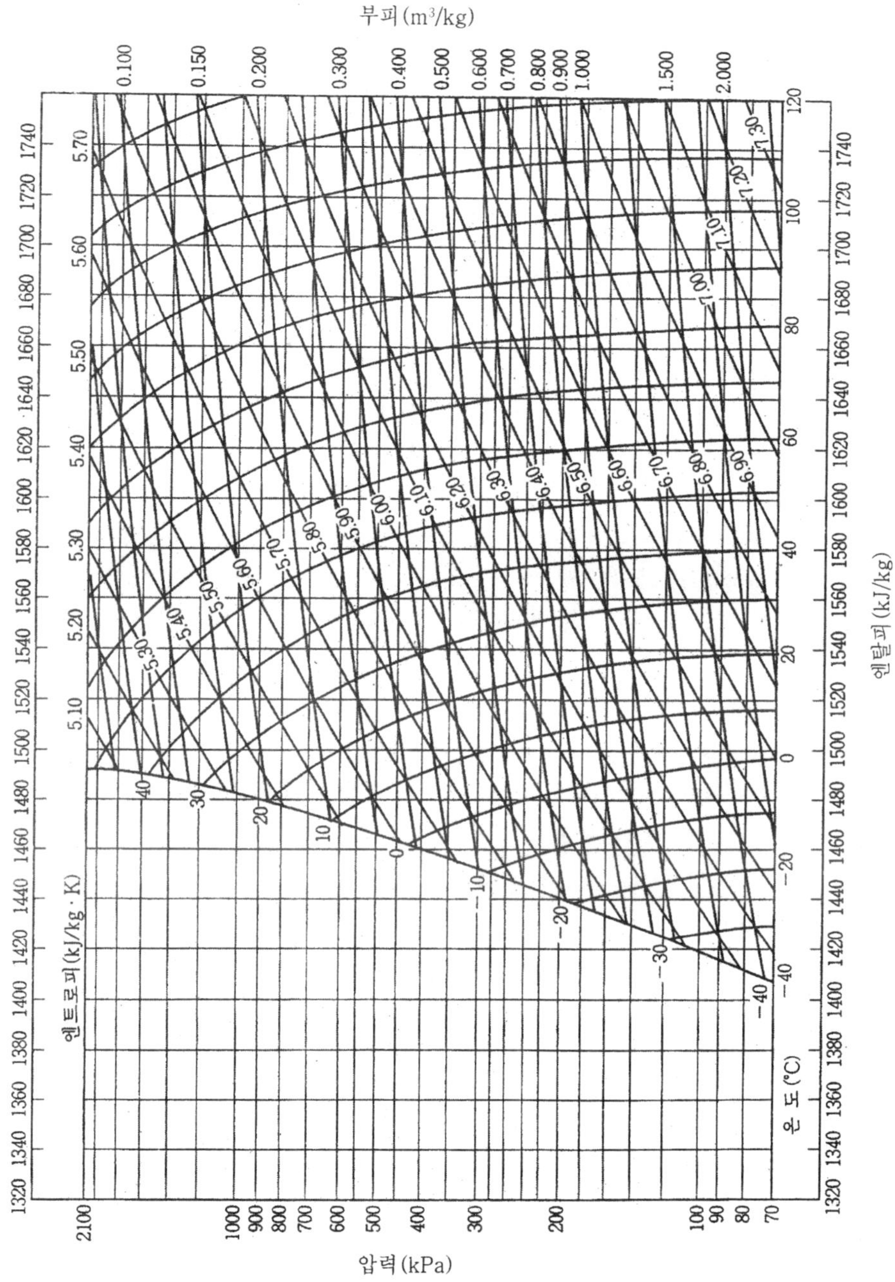

참고문헌

Batty, J.C. and Folkman S.L., Food Engineering Fundamentals, John Wiley & Sons (1983)

Ball, C.O. and Olson, F.C.W, Steilization in Food Technology, McGraw Hill, New York (1957)

Bassel, W.D., Preliminary Chemical Engineering Plant Design, Elsevier, North Holland (1978)

Beveridge, G.S.G. and Schecger, R.S., Optimization, McGraw Hill, New York (1970)

Bird, R.B. and Stewart, W.E. and Lightfoot, E.N., Transport Phenomena, John Wiley and Sons, New York (1960)

Brennan, J.G., Butters, J.R., Cowell, N.D. and Lilly, A.E.V., Food Engineering Operations, 2nd ed., Applied Science, London (1976)

Bond, F.C., Some Recent advances in Grinding Theory and Practice, Brit. Chem. Eng., 8 (9) : 631 (1963)

Brooker, Bakker, A. and Hall, P, Drying Cereal Grains, AVI (1975)

Brown, G.G. and Associates, Unit Operations, John Wiley and Sons (1950)

Carlaw, H.S. and Jaeger, J.C., Conduction of Heat in Solids, 2nd ed. Oxford University Press (1959)

Charm, S.E., The Fundamentals of Food Engineering, AVI (1971)

Coulson, J.M. Chemical Engineering (part Ⅱ), Pegamon Press, Oxford (1978)

Coulson, J.M. and Richardson, J.F., Chemical Engineering (vol. 11), 2nd ed., Pergamon Press, Oxford (1964)

Desrosier, N.W. and Desrosier, J.N., The Technology of Food Preservation, 4th ed. AVI (1977)

Earle, R.L., Unit Operations in Food Processing, Pergamon Press, London (1966)

Farral, A.W., Food Engineering Systems, vol. 1, AVI (1976)

Fellows, P., Food Processing Technology : Principles and Practice, Ellis Horwood (1998)

Foust, A.S., Wenzel, L.A., Clump, C.W., Maus, L. and Anderson, L.B., Principles of Unit Operations, John Wiley and Sons, New York (1960)

Geankoplis, C.J., Transport Process and Unit Operations, Allyn and Bacon, Inc., Boston (1978)

Goldblith, S.A., Rey, L. and Rothmayr, W.W., Freeze Drying and Advanced Food Technology, Academic Press, New York (1975)

Harper, J.C., Elements of Food Engineering, AVI (1976)

Harper, W.T. and Hall, C.W., Dairy Technology and Engineering, AVI (1976)

Heldman, D.R. and Singh, R.P., Food Process Engineering, 2nd ed. AVI (1981)
Holland, F.A., Moores, R.M., Watson, F.A. and Wilkinson, J.K., Heat Transfer, Heinemann Educational Books, London (1970)
Hugot, E., Handbook of Cane Sugar Engineering, 2nd ed. Elsevier North Holland (1960)
Karel, M., Fennema, O.R. and Lund, D.B., Physical Principles of Food Preservation, Marcel Dekker, Inc., New York (1975)
Kerr, R.W., Chemistry and Industry of Starch, 2nd ed. Academic Press, New York (1960)
Kessler, H.G., Food Engineering and Dairy Technology, Verlag A. Kessler, Germany (1981)
Kuester, T.L. and Mize, J.H., Optimization Techniques with Fortran, Mcgraw Hill, New York (1973)
Leniger, H.A. and Beverloo, W.A., Food Process Engineering, D. Reidel Pub., Boston (1975)
Lewis, M.J., Physical Properties of Foods and Food Processing Systems, Ellis Horwood (1990)
Lockwood, F.F., Flour Milling, Henry Simon Ltd. (1960)
Loncin, M., Die Grundlagen der Verfahrenstechnik in der Lebensmittelindustrie, Sauerlander, Aarau (1969)
Loncin, M. and Merson, R.L., Food Engineering, Academic Press, New York (1976)
Masters, K., Spray Drying, 2nd ed. John Wiley and Sons (1976)
McCabe, W.L. and Smith, J.C., Unit Operations of Chemical Engineering, 3rd ed. McGraw Hill, New York (1976)
Perry, R.H. and Chilton, C.H., Chemical Engineers´ Handbook, 5th ed. McGraw Hill, (1973)
Peter, M.S. and Timmerhaus, K.D., Plant Design and Economics in Chemical, Engineering, 3rd ed. McGraw Hill (1980)
Potter, N.N., Food Science, 3rd ed. AVI (1978)
Riemann. H., Foodborne Infections and Intoxications, Academic Press, New York (1969)
Rockland, L.B. and Stewart, G.F., Water Activity ; Influences on Food Quality, Academic Press, New York (1981)
Sharma, S.K., Mulvaney, S.J. and Rizvi, S.S.H., Food Process Engineering : Theory and Laboratory Experiments, Wiley-Interscience (2000)
Simmons, N.O., Feed Milling, 2nd ed. Leonard Hill (1963)
Singh, R.P. and Heldman, D.R., Introduction to Food Engineering, Academic Press, Inc. (1984)
Spicer, A., Advances in Preconcentration and Dehydration of Foods, Applied Science Pub., London (1974)
Stumbo, C.R., Thermobacteriology in Food Precessing, 2nd ed. Academic Press (1973)
Toledo, R.T., Fundamentals of Food Process Engineering, Aspen Pub., Inc. (1991)
Van Asdel, Copley and Morgan, Food Dehydration, vols, 1&2, AVI (1992)
Watson, E.L. and Harper, J.C., Elements of Food Engineering, 2nd ed., VNR (1988)

Williams, C.T., Chocolate and Confectionary, 3rd ed. Leonard Hill (1964)

Ministry of Labour (Safety, Health and Welfare), Dust Explosions in Factories, New Series No. 22 (H.M.S.O. : 1963)

변유량, 식품공학, 탑출판사, 서울 (1980)

전재근, 식품공학, 개문사, 서울 (1980)

고정삼, 고영환, 생물공학개론, 제주대학교 생물공학연구회, 제주 (1992)

바이오과학기술산업연구원, 현대의 생물공학과 생물산업, 서울 (1997)

한국바이오산업협회, 바이오인더스트리, 서울 (2007)

高野玉吉, 食品工業の乾燥(食品工學ジリーズ, vol. 8) 光林書際

藤田重文, 東畑平一郎, 化學工學, vol.1, 東京化學同人會, 東京 (1963)

保坂秀明, 食品工學入門, 化學工業社, 東京 (1972)

小原哲二郎, 食品設備實用總覽, 産業調査會, 東京 (1981)

찾아보기

ㅂ

ㅅ

ㅇ

ㅈ

ㅊ

ㅌ

ㅍ

ㅎ

A

B

C

D

E

N

O

P

R

S

T

저자약력

◆ 오성훈

고려대학교 식품공학과 졸업
고려대학교 대학원 식품공학과 졸업(농학박사)
(주) 태평양(현 아모레퍼시픽) 기술연구원 생물공학연구실 책임연구원
(주) 태평양 생화학사업본부 기술개발팀 팀장
(현) 안산공과대학 식품생명과학과 교수

◆ 서형주

고려대학교 식품공학과 졸업
고려대학교 대학원 식품공학과 졸업(농학박사)
일본 이화학연구소 방문연구원
(현) 고려대학교 식품영양학과 교수

◆ 신광순

고려대학교 식품공학과 졸업
고려대학교 대학원 식품공학과 졸업(농학박사)
1994~1996 : 日本 北里研究所 東洋醫學總合研究所 Post Doc. Fellow
2004~2005 : Visiting Prof., Complex Carbohydrat Research Center
(현) 경기대학교 식품생물공학과 교수

기초 **식품생물공학**

2009년 5월 1일 초판 인쇄
2009년 5월 11일 초판 발행

지 은 이 • 오성훈·서형주·신광순
발 행 인 • 김홍용
펴 낸 곳 • **도서출판 효 일**
주 소 • 서울시 동대문구 용두2동 102-201
전 화 • 02) 928-6644
팩 스 • 02) 927-7703
홈페이지 • www.hyoilbooks.com
e－mail • hyoilbooks@hyoilbooks.com
등 록 • 1987년 11월 18일 제 6-0045 호

값 14,000 원

ISBN 978-89-8489-265-1